Chez le même éditeur

Collection « Sciences »

ALVAREZ Walter, *La Fin tragique des dinosaures.*

BARROW John, *Les Origines de l'Univers.*

DAVIES Paul, *Le Big Crunch. Les trois dernières minutes de l'Univers.*

DAWKINS Richard, *Le Fleuve de la vie. Qu'est-ce que l'Evolution ?*

DENNETT Daniel, *La Diversité des esprits.*

FIEBAG Johannes et SASSE Torsten, *Mars, planète de la vie.*

KANDEL Robert, *Les Eaux du ciel.*

LEBEAU André, *L'Espace. Les Enjeux et les mythes.*

LEAKEY Richard, *L'Origine de l'humanité.*

MEYER Philippe, *Leçons sur la vie, la mort et la maladie.*

MEYER Philippe, *De la douleur à l'éthique.*

STEWART Ian, *La Nature et les Nombres.*

LA RELATIVITÉ DANS TOUS SES ÉTATS
Au-delà de l'espace-temps

Du même auteur

Astronomie Flammarion. Flammarion, 1986, en collaboration, sous la direction de Jean-Claude Pecker.

Fractal Space-Time and Microphysics : Towards a Theory of Scale Relativity. World Scientific, 1993.

L'Univers et la lumière : Cosmologie classique et mirages gravitationnels. Flammarion, 1994, Nouvelle Bibliothèque scientifique, réédité dans la collection « Champs », Prix du livre d'astronomie 1995.

L'Univers des galaxies. Hachette Supérieur, 1995, collection « Les Fondamentaux », en collaboration, sous la direction de Daniel Benest et Claude Froeschlé.

Les Sciences du ciel. Flammarion, 1996, en collaboration, sous la direction de Pierre Léna.

Laurent Nottale

La relativité dans tous ses états

Au-delà de l'espace-temps

Sciences

Hachette
Littératures

Ce livre comporte une quatrième dimension : faites défiler les images en bas à droite et vous verrez s'animer la courbe fractale comme sous l'effet d'un zoom.

Avant-propos

Qu'est-ce que la relativité ? Ce nom évoque aussitôt Einstein, $E = mc^2$, le paradoxe des jumeaux... Derrière ces clichés se profile l'une des plus merveilleuses aventures de la pensée et de la science. Il s'agit là d'un changement de vision du monde qui remonte à Galilée et qui a couronné deux mille ans d'efforts de l'humanité pour sortir de la gangue de l'illusion. Il y a quatre siècles, Galilée découvrait que « le mouvement est comme rien ». Autrement dit, le mouvement ou le repos n'ont aucune existence propre, seul a un sens le mouvement d'un corps relativement à un autre. Seules comptent les relations deux à deux entre les objets, non leurs propriétés absolues, qui sont dénuées de signification physique.

Ce livre tente tout d'abord de suivre l'histoire de l'idée de relativité, depuis Copernic jusqu'à Einstein en passant par d'autres grands noms comme ceux de Galilée, Descartes, Huygens, Mach ou Poincaré. On y découvre que la relativité, postulat philosophique et physique, est aussi un principe unificateur, une méthode de construction des lois de la physique, un élément de diagnostic de ses crises, un mode de pensée même.

En 1916, Einstein énonçait ainsi le principe de relativité : « Les lois de la nature doivent être valides dans tous les systèmes de référence, quel que soit leur état. » Ce principe fondateur de la physique, portant sur l'existence même de lois fondamentales, ne pouvait qu'être appelé à jouer les premiers rôles dans la quête du sens et la recherche d'une compréhension authentique des phénomènes naturels.

Avec le triomphe de la relativité générale d'Einstein, qui englobe toute la mécanique classique et fait de la gravitation la plus précise des théories physiques actuelles, ce rôle du principe de relativité a-t-il trouvé sa fin ? Le développement de la physique au cours de ce siècle a pu nous le faire croire.

En effet, nous rappellerons comment le domaine des très petites échelles, celui des atomes, de leurs noyaux et des particules élémentaires, n'a pu être décrit que dans un cadre totalement nouveau, la mécanique quantique. Or les postulats, les outils, les modes de raisonnement même de la théorie quantique semblent définitivement impossibles à déduire des concepts de l'ancienne théorie classique, donc du principe de la relativité du mouvement.

Cependant, cette théorie quantique reste de nature essentiellement axiomatique et ne peut, même aujourd'hui, être considérée comme vraiment comprise, au sens où ses nombreux postulats semblent posés de manière arbitraire, quand on aimerait les voir ramenés à un principe premier.

L'idée développée dans la deuxième partie de cet ouvrage suggère qu'il existe bien un principe fondamental sur lequel fonder la mécanique quantique : il s'agit du principe de relativité lui-même. Mais à condition de le généraliser encore, et de ne plus l'appliquer seulement aux déplacements et aux mouvements, mais aussi aux changements d'échelle, c'est-à-dire aux transformations qui nous font passer des petites aux grandes échelles ou inversement. Un exemple de telles transformations se rencontre en microphysique dans l'utilisation d'une loupe, d'un microscope ou d'un accélérateur de particules, et en physique macroscopique dans celle d'une lunette ou d'un télescope.

Que pouvons-nous attendre d'une telle extension de notre cadre de pensée ? Il n'est pas question, ici, de remettre en question les acquis de la physique. Bien au contraire, il s'agit, nous appuyant sur eux, de tenter d'aller au-delà. Ainsi, la relativité du mouvement avait conduit à passer de l'espace plat et absolu de la théorie newtonienne aux espace-temps courbes, relatifs, de la théorie d'Einstein. Nous montrerons de même que le concept de « relativité d'échelle » mène à introduire une nouvelle géométrie spatio-temporelle : l'espace-temps devient fractal, ce qui signifie qu'il va posséder des structures à toutes les échelles.

De nombreuses conséquences de cette nouvelle approche seront finalement évoquées, allant de la possibilité d'une compréhension renouvelée de la mécanique quantique et de sa généralisation vers les très grandes énergies, à la proposition d'effets physiques originaux, en particulier dans le domaine de l'astrophysique.

En effet, l'une des implications fondamentales de la relativité d'échelle suppose que certains des aspects de la théorie quantique pourraient s'appliquer également aux échelles macroscopiques, mais avec une interprétation différente.

On verra ainsi comment cette théorie, considérée comme une description de la tendance pour un système à former des structures, a été appliquée depuis les systèmes planétaires jusqu'aux grandes structures de l'Univers, y prédisant de nombreux effets cachés dont certains ont maintenant été dévoilés par les observations astronomiques.

Que mes amis et collègues, Pierre Grou, Jean Chaline, Gérard Schumacher et Georges Alecian, qui ont bien voulu lire les premières versions de cet ouvrage et m'apporter leurs critiques et suggestions, soient ici chaleureusement remerciés. L'exposé s'en est trouvé grandement amélioré.

Ni ce livre ni mon premier ouvrage (*L'Univers et la lumière,* Flammarion, 1995) n'auraient été ce qu'ils sont sans l'intérêt enthousiaste que Louis Audibert a bien voulu leur porter, sans sa lecture patiente, ses conseils et ses remarques stimulantes. Qu'il en soit ici profondément remercié.

Ce livre est dédié à tous ceux à qui je suis relié.

Première Partie

Les théories de la relativité du mouvement

Chapitre premier

LE PRÉCURSEUR : COPERNIC ET L'HÉLIOCENTRISME

D'une certaine façon, la relativité commence avec Copernic. Il n'y a, bien sûr, aucun principe de relativité explicite chez Copernic, la découverte de la relativité étant sans aucun doute la grande œuvre de Galilée. Mais ce n'est pas un hasard si le procès de Galilée s'est concentré sur sa défense de l'héliocentrisme copernicien : ce qui importait pour Galilée, c'était la question du mouvement de la Terre. *(Eppur, si muove !)*

Si Copernic est bien un précurseur de la relativité, c'est parce que décentrer la Terre est un premier pas nécessaire vers la compréhension de la relativité de l'origine des systèmes de coordonnées.

Avant Copernic, le monde avait un centre. Une des idées dominantes de la physique précopernicienne (physique appelée – d'une manière peut-être abusive et simplificatrice – aristotélicienne) considérait que l'état naturel des corps terrestres, celui vers lequel ils tendaient tous, était le repos. Tous les corps tendaient ainsi à se rapprocher du centre de l'Univers, et à cesser tout mouvement. Une telle théorie était déjà, en son temps, une théorie unificatrice : elle expliquait pourquoi le centre de la Terre coïncidait avec le centre du monde, lequel était le centre des mouvements célestes (eux impérissables). Elle intégrait ainsi une description de phénomènes divers que nous attribuons actuellement à la gravitation (la chute des corps) et à la dissipation (le frottement qui masque les lois de l'inertie).

Copernic, en décentrant la Terre, casse toute la construction. Il place le Soleil au centre du monde. Mais, quelques décennies plus tard, Kepler découvre que les planètes suivent non des cercles mais des ellipses, et que le Soleil n'est pas au centre, mais au foyer. Galilée découvre les lois de l'inertie ; Descartes les énonce correctement et les formalise, les applique aux corps célestes et affirme la loi de conservation de la quantité de mouvement. Le Soleil lui-même ne peut donc rester immobile au foyer, mais doit aussi décrire une petite ellipse... De proche en proche, il apparaît ainsi que la Terre n'est pas au centre du monde, puis que le Soleil n'y repose pas non plus, enfin que le centre du monde, en fait, n'existe pas. Il n'y a plus, dans la physique postcopernicienne, d'origine particulière à laquelle comparer les positions des autres objets. Tout point est également qualifié pour servir d'origine du système de coordonnée. Le choix de cette origine n'est plus qu'un choix arbitraire, et n'importe quel autre choix est possible et équivalent du point de vue des lois fondamentales de la physique.

C'est en ce sens que la relativité commence avec Copernic, même si c'est de manière implicite, et si seule l'évolution ultérieure des idées allait le manifester : la révolution copernicienne implique la relativité des positions. Aucune position n'est absolue ; les mêmes lois s'appliquent quelle que soit l'origine du système de coordonnées : il y a donc invariance des lois dans les déplacements de ce système de coordonnées, ce qu'on appelle mathématiquement ses *translations*.

Mais la révolution copernicienne va plus loin encore et ébranle tout l'édifice de la connaissance. La Terre est ramenée au rang d'une planète comme les autres, ce qui implique son mouvement et ouvre la voie à la relativité galiléenne. La séparation aristotélicienne entre lois terrestres et lois célestes ne peut plus tenir. Avant Copernic, les cieux existent en tant qu'« objet ». Ils sont formés de sphères concentriques, faites d'une substance particulière, cristalline, incorruptible, parfaitement dure et transparente.

Même si Copernic lui-même n'a pas remis explicit ement cette croyance en cause, les conséquences sur la nature des cieux de son nouveau système apparaissent très vite. Tycho Brahé déclare en 1588 que « la machine du ciel n'est pas un corps dur et impénétrable rempli de sphères réelles comme cela a été cru jusqu'à présent par la plupart des gens », que le ciel est « fluide et simple », et que les planètes y circulent librement[1]. Les deux novae de 1572 et 1604 apportèrent de nouvelles preuves sur le fait que les cieux sont, eux aussi, soumis à la corruption et au changement.

La disparition du concept de centre du monde entraîne très vite celle de ses limites. Thomas Digges fit connaître la théorie de Copernic à un vaste public en Angleterre dès 1576, en tirant les conséquences et abandonnant la sphère des fixes : pour lui, déjà, l'Univers est infini et les étoiles sont des soleils lointains. Giordano Bruno soutiendra les mêmes thèses, en rajoutant celle de l'omniprésence de la vie dans l'Univers. Ces idées, avec la négation de la divinité du Christ, lui valurent le bûcher…

On sait aujourd'hui qu'il existe un lien extrêmement profond entre la relativité des positions (et des instants quand on l'applique au temps) et l'existence de lois de conservation. Ce lien constitue l'essence même de la physique moderne, qui remonte ainsi à la révolution copernicienne, principalement à travers l'œuvre de Descartes. Le système physico-mathématique de Descartes soutenait clairement la théorie copernicienne avec une cohérence qui contribua grandement à son acceptation définitive en Europe. Ce système comprenait l'impossibilité de poser une limite à l'étendue de l'Univers et donc son infinitude et, complémentairement, l'impossibilité de limiter la division à l'infini vers l'infiniment petit (mais Descartes l'appliquait à la matière et non à l'espace, ce qui l'amena à refuser la notion d'atomes ainsi que celle du vide). Nous reviendrons sur ces questions avec les antinomies de Kant, puis avec les fondements de la relativité d'échelle. Ce qui nous importe ici, c'est que, toujours pour la cohérence de sa vision de l'Univers, Descartes fut amené à affirmer que : « Dieu préserve toujours la même quantité de matière et de mouvement. »

Les concepts d'énergie et de quantité de mouvement virent ainsi le jour sous leur forme moderne en tant que grandeurs se conservant au cours du temps. Il s'agissait là d'un tournant essentiel pour la construction de la toute nouvelle science que Newton allait synthétiser quarante ans plus tard. Il faut comprendre, en effet, qu'avec le « nouveau système du monde », on semblait devoir abandonner définitivement l'idée de pérennité et d'impérissabilité des lois célestes, même en ce qui concernait les cieux, au profit de la variation, de l'instabilité et de la « corruption » caractérisant les lois terrestres. Ce que montre Descartes, avec sa découverte de la conservation de la matière et du mouvement (il est aussi le premier à énoncer le principe d'inertie sous sa forme actuelle de conservation de la direction et de la vitesse d'un corps libre, alors que, pour Galilée, seul le mouvement circulaire se prolongeait sans fin), c'est que, au-delà des apparences du changement, des structures plus profondes se conservent. L'évolution temporelle, dont on découvrait que l'essence était le changement, permettait néanmoins et s'accompagnait nécessairement aussi de l'inaltérabilité de quelque chose, de l'existence de grandeurs restant invariantes malgré le changement.

Or on sait maintenant que ces invariants, dont les plus fondamentaux sont l'énergie, l'impulsion et le moment angulaire, sont une conséquence directe de la relativité des instants, des positions et de l'orientation. C'est parce que n'importe quel instant peut être pris d'une manière équivalente comme temps d'origine d'une expérience physique, et que cette expérience se déroule exactement de la même manière maintenant, il y a un an ou dans une heure, que l'énergie existe et se conserve. L'énergie naît de l'uniformité du temps, c'est-à-dire de la relativité de l'origine temporelle du système de coordonnées.

De même, l'origine spatiale du système de coordonnées auquel se rapporte une expérience peut être prise ici, ou 10 m à droite, 1 km devant ou 5 cm plus bas, et rien ne changera dans les résultats de cette expérience. Dans ce cas, il n'y a pas seulement un déplacement sur un axe, et donc une unique quantité conservative (comme pour le temps et l'énergie), mais des translations possibles sur les trois axes spatiaux. Ce seront donc trois grandeurs, les trois composantes de l'impulsion (produit de la masse par la vitesse), qui vont apparaître du fait de l'uniformité de l'espace, donc de la relativité des positions. Chacune d'entre elles n'est pas invariante, car sa valeur numérique dépend du choix de l'orientation du système de coordonnées. C'est leur ensemble, formant une quantité vectorielle, qui forme un invariant.

Enfin, toutes les orientations des axes du référentiel choisi sont équivalentes, ce qui implique l'apparition de trois nouvelles grandeurs, composantes du moment angulaire. La conservation de celui-ci (bien connue du patineur qui accélère sa rotation en baissant les bras) est donc liée à l'isotropie de l'espace, c'est-à-dire à la relativité de l'orientation.

Ce lien entre symétries et lois de conservation a été formalisé au début du siècle par Emy Noether et constitue l'un des théorèmes les plus fondamentaux de la physique théorique. Il peut en effet se généraliser à des symétries qui ne sont pas seulement spatio-temporelles, et représente ainsi l'une des clés principales dans la recherche des invariants en physique.

Chapitre II

LE DÉCOUVREUR : GALILÉE ET LES LOIS DE L'INERTIE

Bien que le nom de « relativité » soit désormais indissolublement lié à celui d'Einstein, et qu'inversement Copernic puisse être considéré comme un précurseur de la relativité, l'histoire de ce concept commence véritablement avec Galilée. La relativité des positions est une conséquence de la découverte de Copernic, mais n'a été ni analysée ni vue par lui. La relativité du mouvement, cependant, a été explicitement découverte, décrite et étudiée par Galilée, qui a vraiment compris la portée de cette découverte.

Ce n'est pas un hasard si la relativité du mouvement, au sens où on l'entend actuellement, fut découverte par Galilée, le plus ferme et actif tenant de la théorie copernicienne. En effet, la pensée relativiste ne peut tout simplement pas apparaître s'il est universellement admis (souvent implicitement) qu'il existe un système de référence absolu. Ce lien est explicite chez Galilée, qui commence son *Dialogue* directement par l'énoncé du mouvement de la Terre :

> « Si, avec Copernic, on fait de la Terre un corps mobile dans le ciel, on fait d'elle un globe semblable aux planètes[2]. »

La relativité du mouvement a bien sûr eu des précurseurs, au rang desquels Aristote et Copernic eux-mêmes. Aristote faisait remarquer qu'un navire sur un fleuve est « comme dans un vase », entraîné dans le mouvement du fleuve. Mais il s'agissait chez Aristote plutôt de souligner la difficulté qu'il pouvait y avoir à découvrir le vrai mouvement, dont l'existence n'était pas mise en cause. Guillaune de Conches, au XIe siècle, fait déjà remarquer que si nous bougeons sans avoir pour référence un objet immobile, le mouvement ne sera pas senti. Là encore, il n'y a pas de mise en doute du sens de l'« immobilité », seulement insistance sur le fait que le mouvement doit être vu, car il semble échapper à d'autres sens. Il en va de même chez Nicolas Oresme, qui fait remarquer que la Terre pourrait être en mouvement sans que l'on s'en rende compte : on peut effectivement détecter le mouvement par la vue, mais sans savoir ce qui bouge, de celui qui regarde (la Terre) ou des objets observés (les étoiles). Mais, chez lui, le but est plutôt de souligner la difficulté à démontrer l'immobilité de la Terre que de prouver son mouvement. Pour Copernic, enfin, qui reprend à nouveau l'argument du bateau, ce relativisme lui permet de soutenir son nouveau système du monde sans que le mouvement de la Terre, qu'il implique, ne puisse être considéré comme l'infirmant[3] :

> « Pourquoi donc hésitons-nous jusqu'ici à lui concéder la mobilité [...] et à reconnaître dans le ciel qu'il y a l'apparence de sa révolution quotidienne et dans la terre la vérité de cette révolution ? Cela se tient pareillement que si [l'on] disait : nous nous éloignons du port et les terres et les villes reculent. Tout ce qui est à l'extérieur d'un navire est distingué se mouvoir [...] par les navigateurs, et inversement ils pensent être au repos avec tout ce qui est avec eux. »

Mais Galilée va beaucoup plus loin que ses prédécesseurs en affirmant une thèse si révolutionnaire qu'elle peut encore paraître choquante, aujourd'hui, à ceux qui la découvrent pour la première fois. Dans cette expérience sensible de la relativité du mouvement, il ne s'agit pas d'une simple difficulté à détecter le « vrai mouvement » ou le « vrai repos », mais de quelque chose de beaucoup plus essentiel. Ce que Galilée affirme, c'est que le « vrai mouvement » n'existe pas. Il est dans la nature même du mouvement de n'être que relatif. Aucune expérience locale ne peut décider du mouvement ou du repos d'un corps, si bien que seul le mouvement inertiel d'un corps *par rapport à un autre* possède un sens[4] :

> « Le mouvement est mouvement et agit comme mouvement pour autant qu'il est en rapport avec des choses qui en sont dépourvues ; mais, pour toutes les choses qui y participent également, il n'agit pas, il est comme s'il n'était pas. »

Galilée, en particulier dans le *Dialogue,* a multiplié à l'infini les exemples et les expériences de pensée pour convaincre ses lecteurs de ce fait renversant. Il ne s'agit plus, chez lui, d'une simple indétectabilité du mouvement par nos sens, mais bien d'une impossibilité physique universelle, quel que soit le type d'expérience tenté pour le déceler. L'exemple de la cale du navire est à cet égard frappant[5] :

> « Enfermez-vous avec quelques amis dans une vaste salle, bien à couvert, au fond d'un grand navire ; munissez-vous de mouches, de papillons et d'autres petits animaux volants ; prenez un grand vase d'eau et mettez-y des poissons, suspendez au plafond un petit seau dont l'eau tombe goutte à goutte dans un autre vase à col étroit posé sur le sol : le navire restant immobile, observez soigneusement comme les petits animaux volettent avec des vitesses égales dans toutes les directions de la salle ; les poissons nageant indifféremment de tous côtés ; les gouttelettes tombant toutes dans le vase posé par terre ; et vous-même lançant quelque chose à un ami, n'aurez pas besoin de lancer avec plus de force dans une direction que dans une autre, pour des distances égales dans tous les sens... Mettez maintenant le navire en marche, aussi vite que vous voudrez. Alors (pourvu que le mouvement soit

uniforme, et non oscillant de-ci, de-là) vous ne discernerez pas le moindre changement dans les effets décrits et aucun d'entre eux ne pourra nous indiquer si le navire est en mouvement ou arrêté ; la cause de la permanence de tous ces effets est que le mouvement est commun au navire et à tout ce qu'il contient, y compris l'air... Posons donc comme principe de notre investigation que, quel que soit le mouvement que l'on attribue à la terre, il est nécessaire que, pour nous qui sommes les habitants d'icelle et par conséquent participants de celui-là, il reste parfaitement imperceptible et comme n'étant pas... »

Galilée donne un autre exemple remarquable et particulièrement impressionnant (qui mériterait encore d'avoir sa place dans l'enseignement d'aujourd'hui)[6] :

« SAGREDO : Voilà qui me rappelle une fantaisie qui m'a traversé un jour l'imagination [...]; peut-être cela pourrait-il aider un peu à expliquer cette absence d'opération du mouvement commun et ce fait qu'il est comme s'il n'était pas pour tous ceux qui y participent. [...] Supposons que la pointe d'une plume à écrire, placée à l'intérieur du navire tout au long de la traversée qui m'emportait de Venise à Alexandrie, ait pu laisser un signe visible de la totalité de son voyage : quelle trace, quelle marque, quelle ligne aurait-elle laissée ?

SIMPLICIO : Elle aurait laissé comme trace une ligne qui serait allée de Venise jusque là-bas ; [...] on ne se tromperait guère en disant que cette ligne est une partie d'un arc parfait.

SAGREDO : Et si c'était moi qui avais continuellement tenu la plume en main, me contentant de la déplacer parfois d'un ou deux doigts d'un côté ou de l'autre, quelles modifications aurais-je apportées à ce tracé principal très long qui serait le sien ?

SIMPLICIO : Cela représenterait bien moins, pour une ligne droite de mille coudées, que des écarts d'un œil de puce à certains endroits, par rapport à la rectitude absolue.

SAGREDO : Si donc un peintre avait commencé, en quittant le port, à dessiner avec cette plume sur un papier et continué à le faire jusqu'à Alexandrie, il aurait pu tracer à

> la plume toute une histoire avec beaucoup de figures aux contours parfaits et hachurés en mille et mille directions, avec des villages, des édifices, des animaux et toutes sortes d'autres choses, et pourtant tout le mouvement véritable, réel et essentiel de la plume n'aurait été qu'une ligne très longue mais toute simple ; le peintre, lui, pour ce qui est son opération propre, aurait tracé exactement les mêmes lignes que si le navire était resté immobile. Qu'il n'y ait d'autre trace du très long mouvement de la plume que les traits sur le papier, la raison en est que le grand mouvement de Venise à Alexandrie était commun au papier, à la plume, ainsi qu'à tout ce qui se trouvait sur le navire ; mais parce que les minuscules mouvements [...] que les doigts du peintre ont communiqués à la plume, mais pas à la feuille, étaient propres à celle-là, ils ont laissé des traces sur le papier qui, lui, restait immobile par rapport à ces mouvements. »

La conclusion est claire. Aucun des deux points de vue ne peut être considéré comme plus « vrai » que l'autre. Si une grande feuille de papier avait été déployée de Venise à Alexandrie et si le peintre avait dessiné sur du papier calque de manière à marquer à la fois sa feuille liée à lui et au navire, et la grande feuille immobile par rapport aux côtes, le résultat final aurait été les *deux* traces du mouvement, la grande ligne droite déroulée sur plusieurs milliers de kilomètres et le tableau avec tous ses signes. Aucun des deux repères ne peut être considéré comme en mouvement en soi, mais seulement chacun des deux comme étant en mouvement l'un par rapport à l'autre.

D'où vient alors l'illusion, pourquoi l'humanité est-elle restée dans l'erreur pendant si longtemps sur un sujet aussi fondamental ? La réponse est sans doute dans le caractère particulier et restreint du type de repères dans lesquels nous évoluons ordinairement. C'est l'existence du sol terrestre, et le simple fait qu'il soit beaucoup plus grand que nous, qui nous a fait attribuer à ce repère un rôle particulier. Aujourd'hui encore, le langage courant semble pouvoir se passer des subtilités de la relativité : dans la plupart des situations, il est possible d'énoncer que l'on bouge ou que l'on est immobile sans avoir à préciser « par rapport », simplement parce qu'il est évident que c'est par rapport à la Terre.

Chapitre III

NEWTON : GRAVITATION UNIVERSELLE ET ESPACE ABSOLU

La théorie de la gravitation universelle constitue sans conteste l'une des plus impressionnantes unifications de l'histoire de la physique. Il n'était en rien évident de comprendre que des phénomènes apparemment aussi contradictoires que la chute systématique des corps sur notre Terre et la permanence de la Lune dans le ciel pouvaient se déduire d'une même théorie, se ramener à une même cause.

Même si l'existence d'une force d'attraction entre le Soleil et les planètes avait été envisagée avant Newton, il pouvait fort bien s'agir d'une force nouvelle, propre aux corps célestes, ou de la force magnétique comme le proposait Kepler. Il n'était nullement évident que cette force soit précisément celle qui faisait tomber tous les corps sur Terre.

La gravitation universelle

Le raisonnement tenu par Newton peut se ramener au suivant. Apparemment la pomme tombe, alors que la Lune ne tombe pas. Comment une même loi universelle peut-elle régir ces deux comportements opposés ? La réponse de Newton est qu'en fait *la Lune tombe elle aussi !* Pour s'en convaincre, il suffit de se remémorer les lois de l'inertie de Galilée (telles qu'elles ont été reformulées par Descartes). Si la Lune suivait une trajectoire libre, son mouvement serait rectiligne, uniforme. Elle s'éloignerait donc continûment de la Terre, au lieu de rester à une distance constante de celle-ci. Sur tout intervalle de temps, aussi petit soit-il, la Lune « tombe » donc d'une quantité qui est l'écart entre un cercle et sa tangente. Ce raisonnement permet de ramener le mouvement de la Lune à celui de la pomme, et réciproquement. Du point de vue du mode de pensée relativiste, on peut dire que la différence observée entre les phénomènes (dans ce cas, ils semblaient même opposés) n'est pas la manifestation de lois différentes, mais au contraire d'une loi unique qui s'applique dans des *conditions* différentes (c'est-à-dire dans des systèmes de coordonnées dont l'« état » est différent).

Quant à cette loi, Newton postula qu'entre deux corps quelconques s'exerce une force d'attraction qui varie en raison directe de leurs masses et en raison inverse du carré de leur distance. La constante de proportionnalité intervenant dans cette relation est la constante universelle de la gravitation G. Cette hypothèse permit de démontrer les trois lois de Kepler régissant le mouvement des planètes, puis de développer les remarquables prédictions de la mécanique céleste.

Dans son entreprise, Newton fut guidé par les grands principes physiques établis par Galilée et Descartes, et auxquels il donna une formulation mathématique plus définitive[7]. Il s'agit du principe d'inertie, de la superposition additive des mouvements, de l'idée de la force non comme mouvement, mais comme le changement du mouvement, et enfin du principe de l'action et de la réaction.

Cette théorie, sous la forme que Laplace lui a donnée, est devenue un archétype de théorie des champs, qui servit de modèle au XIXe siècle pour le développement des théories de l'électricité et du magnétisme.

Cependant, malgré ses succès, la formulation newtonienne de la théorie de la gravitation n'en était pas moins affectée de problèmes conceptuels graves. Le plus flagrant était *l'instantanéité* supposée de l'action à distance de la force gravitationnelle. La théorie de la relativité d'Einstein allait, dans sa forme restreinte, établir définitivement l'impossibilité physique d'une telle transmission d'interaction à vitesse infinie et, dans sa forme générale, résoudre le problème en montrant que la gravitation se propage à la vitesse de la lumière (résultat que Poincaré avait néanmoins obtenu dès 1900). La théorie de Newton semblait aussi insuffisante au niveau de ses fondations : Pourquoi la force dépend-elle de l'inverse du carré de la distance et non pas d'une autre fonction de celle-ci ? Pourquoi ne dépend-elle que des masses, et non pas d'autres caractéristiques des corps (composition chimique, forme, etc.) ? Là encore, la relativité générale se montrera capable de répondre à ces « pourquoi », quand la gravitation newtonienne semblait ne traiter que du « comment ».

« Je ne feins pas d'hypothèse », affirmait Newton, pour bien marquer à quel point il était conscient des problèmes et de l'incomplétude de sa théorie, tout en refusant de spéculer sur l'origine de cette action à distance. Il voulait une authentique explication ou rien.

Le problème du pourquoi et du comment est souvent, en fait, une affaire de poupées russes qui s'emboîtent à l'infini (nous y reviendrons par la suite). Ce qui est du domaine du « comment » (c'est-à-dire d'une description relevant plus d'un modèle que d'une théorie qui reposerait sur un principe premier) peut être expliqué dans un cadre élargi. C'est ainsi que les lois de Kepler ont tout d'abord été découvertes de manière empirique. Mais, une fois celles-ci connues et admises, il est légitime de se demander pourquoi les planètes suivent des ellipses et pas d'autres trajectoires, pourquoi la loi des aires s'applique, pourquoi les carrés des périodes planétaires sont comme les cubes des demi-grands axes. La théorie de Newton répond bel et bien à ces « pourquoi », car elle explique ces structures à l'aide de démonstrations mathématiques.

Cependant, cette explication est fondée sur des postulats plus profonds, dont celui de l'action d'une force à distance. Mais des questions nouvelles émergent alors : Pourquoi la force est-elle inversement proportionnelle au carré de la distance ? Pourquoi dépend-elle des masses seules et non d'autres propriétés des corps ? La théorie d'Einstein répond à toutes ces questions, démontre mathématiquement ces lois. Mais la relativité générale possède, à nouveau, ses propres zones d'ombre, par exemple au niveau de la nature des sources : la théorie décrit comment les masses courbent l'espace-temps, mais n'explique pas pourquoi elles le font, ce qui reste un problème ouvert à l'heure actuelle.

Le calcul différentiel

Nous arrivons maintenant à l'un des points essentiels de l'histoire des sciences, point central pour le présent ouvrage : l'invention par Leibniz et Newton du calcul différentiel, qui marque la naissance de la physique moderne mathématisée. L'idée que le calcul différentiel s'applique à la description du monde physique est sous-tendue par une hypothèse implicite : celle que les grandeurs physiques, au premier rang desquelles les positions et les instants eux-mêmes (donc l'espace-temps), soient différentiables (on dit aussi : dérivables). Cela veut dire que les trajectoires des objets physiques dans l'espace possèdent une tangente (une « pente »), autrement dit qu'on peut définir une vitesse (qui est la dérivée de la position par rapport au temps). C'est cette hypothèse que la théorie de la relativité d'échelle tente d'abandonner. Mais, avant d'expliciter ce que cet abandon implique, il nous faut comprendre sa signification physique profonde et son rôle primordial dans l'invention de la physique mathématique.

Le caractère remarquable de la construction newtonienne se lit dans le titre de son ouvrage majeur : *Principes mathématiques de la philosophie naturelle*. La possibilité de l'existence d'une science physique au sens où on l'entend aujourd'hui n'avait rien d'évident *a priori* à l'époque. Galilée avait déjà affirmé dans l'*Essayeur* :

> « La Nature est [...] écrite en langage mathématique. »

Entre simplement décrire et prédire, il y a un énorme pas que l'invention par Leibniz et Newton du calcul différentiel permet de franchir. La théorie de Newton fait plus que rendre compte d'observations déjà connues. Elle permet aussi de prédire par le calcul des phénomènes que seules des observations futures permettent de vérifier, comme le prouvèrent le retour de la comète de Halley et la découverte de Neptune par Le Verrier et Adams. Newton démontre dans son ouvrage que ce qui semblait relever du seul discours philosophique (même appliqué à la description de la Nature) pouvait être écrit en langage mathématique. Il fait mieux encore quand il ne se contente pas d'utiliser des mathématiques déjà connues, mais construit lui-même son outil d'investigation quand celui-ci lui fait défaut.

L'exemple de Newton montre que la question que se posait Einstein et tant d'autres physiciens : « Comment se fait-il que les mathématiques puissent servir à décrire le monde ? » est peut-être une fausse question. Seule l'existence de lois pose un problème (nous discuterons, dans la deuxième partie, de la difficulté à définir ce que serait un monde sans loi). Une fois celle-ci admise, leur expression trouve une forme naturellement « compactée » dans le langage mathématique.

Il a pu paraître étonnant que, parfois, les outils dont un physicien avait besoin pour mettre en œuvre sa théorie aient été déjà construits par des mathématiciens. Un exemple typique en est le concept d'espace courbe, déjà développé en mathématique presque un siècle avant son

utilisation par Einstein pour construire la relativité générale. C'est oublier que son inventeur était Gauss lui-même, aussi grand physicien que mathématicien, et que Riemann, qui l'a développé, avait envisagé que la courbure de l'espace apporte une nouvelle vision de la gravitation (mais il lui manquait le concept préalable d'espace-*temps,* sans lequel toute tentative de ce type était vouée à l'échec).

Mais, pour un exemple de ce type, combien d'exemples contraires, de Newton qui invente le calcul différentiel pour unifier les mouvements célestes et l'attraction terrestre, de Heisenberg qui (ré-)invente le calcul des matrices et fonde ainsi la mécanique quantique (ce n'est qu'après que Born et Jordan lui apprirent que ce type de calcul existait déjà), d'Einstein qui pose les processus de Wiener pour décrire le mouvement brownien et démontrer les limites de la thermodynamique... En physique, les mathématiques sont, dans la plupart des cas, un outil qui vient mettre en œuvre des concepts et des idées qui ne sont pas mathématiques dans leur essence (mais il existe aussi, bien sûr, une *science* mathématique autonome qui ne se réduit pas à l'utilisation que le physicien en fait).

Revenons-en au calcul différentiel. Il y avait là un double problème : mathématique qui remontait aux Grecs, et physique qui avait été posé déjà par Galilée. La première tentative connue de calcul infinitésimal fut la « méthode d'exhausion » d'Eudoxe de Cnide. Eudoxe, né vers 408 av. J.-C. fut peut-être le plus grand homme de science de l'Antiquité. On lui doit la théorie des sphères homocentriques qui domina l'astronomie pendant presque deux mille ans par sa capacité à rendre compte des différents mouvement célestes ; la formalisation de la géométrie « euclidienne » sous forme d'« axiomes » (posés) et de « théorèmes » (démontrés à partir des axiomes) ; la démonstration que les nombres irrationnels ne pouvaient être exprimés sous forme de proportions simples, mais étaient une nouvelle sorte de nombres. Eudoxe, dans le but de calculer les volumes de corps solides complexes, tels le cône ou la sphère, fut amené à définir des sections infinitésimales de ces volumes, puis une méthode pour les additionner, anticipant ainsi sur le calcul intégral moderne. Kepler lui-même inventa une méthode semblable pour calculer le volume des barriques de sa cave à vin et publia un court traité sur le sujet[8]. Tout au long du XVIIe siècle les recherches mathématiques se poursuivirent sur le sujet. Descartes découvrit qu'on pouvait définir des courbes sous forme d'une équation algébrique à l'aide d'un quadrillage du plan. Fermat approcha sans doute encore plus près du calcul infinitésimal et savait en particulier résoudre les problèmes de minima et maxima.

Les approches de Newton (ce qu'il appelait le « calcul des fluxions ») et de Leibniz sont très différentes, ce qui suffit à infirmer leurs accusations réciproques de plagiat. Newton cherchait à résoudre le problème de la « chute » de la Lune. Pour cela, il lui fallait démontrer que la gravité sur Terre serait inchangée si toute la masse de la Terre était concentrée en son centre, ce qui impliquait de pouvoir intégrer les forces individuelles de chaque petit élément de volume terrestre sur un corps situé à sa surface. Pour Leibniz, il s'agissait davantage d'un problème idéal de définition de nombres infiniment petits ou infiniment grands. L'ironie veut que la version moderne de la différentiation, qui implique la notion de limite, se soit développée en mathématique à partir de la conception newtonienne, et que la notation de Leibniz ait triomphé chez les physiciens (car plus descriptive et plus pratique).

Que représente donc le calcul différentiel et intégral pour le physicien, et pourquoi cette efficacité si grande qu'on en est venu à identifier ce calcul et les équations différentielles qu'on peut établir grâce à lui à la physique elle-même ? La réponse est peut-être que le calcul différentiel est la traduction pratique de la méthode de Descartes.

Descartes a fondé la méthode d'analyse scientifique en

posant que, pour résoudre un problème complexe, il suffit de le séparer en parties plus simples, de décrire ces parties plus simples, puis de les réintégrer pour obtenir une compréhension du tout. C'est précisément ce que le calcul différentiel réalise : au lieu de tenter de saisir d'un coup comment une quantité physique a varié d'un point à un autre de l'espace, ou d'un instant à un autre, on décrit cette variation entre un point et un autre point infiniment voisin (ou d'un instant à un instant suivant infiniment proche), en considérant qu'ainsi la variation n'a pu être que simple. On obtient ensuite la variation totale cherchée sur des distances ou des temps finis (qui ne sont plus infinitésimaux) en faisant la somme de toutes ces petites variation (c'est le calcul intégral).

Plus généralement, les équations de la physique décrivent des relations simples entre les grandeurs physiques, définies localement par le biais de leur dérivation. Ce sont donc, la plupart du temps, des équations différentielles.

La méthode cartésienne a parfois été taxée de réductionnisme. C'est, à mon avis, un faux procès qui procède précisément d'une réduction de la pensée cartésienne. Peut être réductrice, effectivement, une application restreinte de cette méthode à un problème particulier. Mais il est remarquable qu'au cas où un tel blocage de la pensée survienne (ce qui arrive périodiquement en physique), l'appel au mode de pensée cartésien apporte souvent la solution au problème : tout simplement parce qu'il s'agit en fait d'une méthode générale d'*analyse* des lois de la nature. Par exemple, l'idée que le *tout* soit la somme directe et simple des parties (exemple d'idée « réductionniste ») ne fait pas explicitement partie du point de vue cartésien. Il s'agit d'analyser le système considéré pour y découvrir des parties plus simples dans leur description, mais l'identification de ces parties peut parfaitement être plus complexe qu'un simple découpage, et la reconstruction du *tout* plus élaborée qu'un simple collage...

Nous verrons précisément un exemple de la puissance du mode d'analyse cartésien avec la théorie de la relativité d'échelle, dans laquelle on abandonne l'hypothèse de différentiabilité. La motivation de cet abandon est l'observation que, dans les expériences réelles, le découpage de plus en plus fin de l'espace ou du temps ne donne en rien des parties plus simples que le système initial (par exemple, un électron est simple à grande échelle, mais à petite échelle sa structure interne devient énormément complexe, impliquant le spectre entier des différentes particules élémentaires). Au premier abord, ce point de vue pourrait sembler en désaccord avec celui de Descartes : les parties ne sont pas plus simples que le tout. Pourtant, une solution peut être trouvée à ce problème en appliquant l'analyse cartésienne à un niveau plus profond. L'espace-temps lui-même possède une sous-structure interne (en échelle) à laquelle le calcul différentiel peut être appliqué, même dans le cas où il n'est pas différentiable...

L'espace absolu de Newton

Si la contribution de Newton a fondé la physique moderne à beaucoup d'égards, en particulier avec la théorie de la gravitation et l'efficacité prédictive de celle-ci, elle a aussi bloqué l'évolution des idées sur un autre point essentiel, celui de la relativité du mouvement. Newton fut amené à soutenir l'idée de l'existence d'un espace absolu. Cette idée, en contradiction avec les conceptions de Galilée, Descartes et Huygens, s'imposa pour plus de deux siècles. Si Newton fut amené à prendre une telle position, alors qu'il avait explicitement utilisé la méthode de pensée relativiste dans sa construction de la théorie de la gravitation universelle, c'est en raison d'un problème extrêmement difficile, dont la solution n'est peut-être toujours pas complète à ce jour. Il s'agit du caractère apparemment absolu des forces d'inertie qui apparaissent au cours du mouvement accéléré.

L'expérience fondatrice qui amena cette crise si longue de la physique peut se ramener à nouveau à celle de la cale de navire imaginée par Galilée. L'argument de Galilée était qu'aucune expérience purement locale (à l'intérieur de la cale et ne faisant pas référence à l'extérieur) ne pouvait permettre de décider du mouvement ou du repos du navire, tant que celui-ci se déplaçait à vitesse uniforme et constante par rapport à la côte. Mais qu'en est-il dans le cas d'un mouvement de rotation du bateau sur lui-même ? Dans ce cas, l'apparition d'une force centrifuge à l'intérieur de la cale, dont l'expérimentateur peut se rendre compte sans regarder à l'extérieur, semble impliquer que le mouvement de rotation, contrairement à celui de translation, peut être défini de manière absolue. Newton utilisait l'exemple d'un baquet rempli d'eau. En cas de repos du baquet, la surface de l'eau est plane, mais dès que celui-ci tourne, la surface s'incurve. On peut donc, apparemment, définir le repos ou le mouvement du baquet « en soi », d'une manière purement « locale », sans référence à un autre objet. Il existerait alors un espace absolu : les corps qui seraient au repos par rapport à cet espace ne sentiraient aucune force d'inertie…

De célèbres contemporains de Newton s'opposèrent à cette vision du monde. Pour Huygens, bien avant Poincaré, Mach et Einstein, il devait y avoir relativité de tout mouvement[9]. Pour Leibniz, définir un espace indépendamment des objets qu'il contient ne pouvait avoir de sens. Mais ces quelques résistants n'empêchèrent pas l'idée d'espace relatif de pratiquement disparaître de la physique pour deux siècles, et la recherche de l'éther, introduit par ailleurs comme milieu nécessaire à la propagation des ondes lumineuses, d'en devenir l'un des problèmes dominants. Il fallut attendre la fin du XIXe siècle et le début du XXe avant de voir Poincaré reprendre en détail l'analyse du caractère relatif de tout mouvement, Mach proposer une solution au problème des forces d'inertie et, enfin, Einstein construire la théorie de la relativité générale... Mais, de même qu'il ne faut pas mettre la charrue avant les bœufs, celle-ci ne saurait se construire avant la relativité restreinte, c'est-à-dire avant la découverte que l'espace et le temps ne sont pas des entités séparées, mais ne sont que des sous-espaces (respectivement à trois dimensions et une dimension) d'un espace-temps à quatre dimensions.

Chapitre IV

LA RELATIVITÉ RESTREINTE

Avec la relativité restreinte, découverte indépendamment par Poincaré et Einstein pratiquement à la même époque, le concept de relativité va se renforcer et prendre un sens plus profond. Cette construction s'est faite par nécessité : plusieurs problèmes graves relevant des bases de la physique, parmi celles qui semblaient les plus solides, apparurent à la fin du XIXe siècle. Ces difficultés concernaient en particulier les rapports entre lumière et mouvement.

L'un de ces problèmes était de nature expérimentale. Les travaux de Fresnel et de Young, au début du siècle, puis le succès de la théorie électromagnétique de Maxwell avaient définitivement établi, dans les années 1880, le statut ondulatoire de la lumière. Il semblait alors inévitable que, si la lumière était une onde électromagnétique, il lui fallait un milieu pour se propager, qui avait été appelé « éther ». Le physicien américain Albert Michelson se proposa de vérifier l'existence de l'éther grâce à la mesure du mouvement de la Terre. Pourtant, cette mesure se révéla impossible. Quand Michelson et Morley voulurent déterminer par interférométrie la vitesse combinée de la lumière et du mouvement de notre Terre sur son orbite autour du Soleil, ils obtinrent un résultat étrange. Quand la lumière était émise en sens inverse du mouvement de la Terre, ils s'attendaient à trouver la différence de leur vitesse ; dans le cas où la Terre et la lumière allaient dans le même sens, ils auraient dû trouver leur somme. Or ils obtinrent dans tous les cas le même résultat : la vitesse de la lumière, *c*, inchangée !

Les lois les plus solides de la mécanique classique étaient ainsi mises en défaut par l'expérience. Il devrait pourtant sembler évident que, si nous marchons à la vitesse de 5 km/h vers l'avant d'un bateau se déplaçant à 15 km/h par rapport à la Terre, notre vitesse est de 20 km/h par rapport au rivage. L'expérience de Michelson indiquait un résultat différent : on pouvait ajouter à la vitesse de la lumière toutes les vitesses que l'on voulait, celle-ci restait invariante. Il semblait que les lois de l'addition elles-mêmes étaient remises en cause : 2 + 2 ne faisaient plus 4 ! Voilà une propriété qui semblait réservée... à une vitesse infinie : seul l'infini plus quelque chose redonne toujours l'infini.

A cet énorme problème expérimental vint rapidement s'ajouter un problème théorique tout aussi colossal. Oersted, Ampère et Faraday avaient compris, dès le début du XIXe siècle, que l'électricité et le magnétisme étaient vraisemblablement des manifestations d'un champ unique. Oersted mit en évidence le champ magnétique associé au courant électrique qui parcourt un fil. Puis, Ampère établit les relations entre courants et aimants, ce qui l'amena à proposer une théorie de l'aimantation très proche de la théorie actuelle. Faraday alla plus loin encore en découvrant l'induction. Non seulement les courants et les aimants s'influencent les uns les autres, un courant produit un champ magnétique (on peut fabriquer un aimant « artificiel » avec du courant), mais la réciproque est vraie : les aimants peuvent induire un courant. On peut observer ainsi la « conversion directe du magnétisme en électricité[10] ». Faraday commença à développer une théorie du champ électrique et magnétique en utilisant le concept de lignes de force : une telle approche permettait de résoudre le problème de l'action à distance, qui restait posé en théorie newtonienne de la gravitation.

Mais c'est Maxwell qui réussit, au début des années 1860, à construire une théorie complète du champ électromagnétique. Il s'agit là d'une des plus belles unifications de la physique. Non seulement l'électricité et le magnétisme se retrouvent tous deux comme manifestation d'un champ unique, mais ce champ peut lui-même se propager sous forme d'une onde, et les équations de cette onde sont exactement semblables à celles qui décrivent le comportement des ondes lumineuses. La lumière s'identifie ainsi à une onde électromagnétique parmi d'autres. Inversement, les ondes électromagnétiques de plus grande et plus petite longueur d'onde que la lumière visible devaient pouvoir être traitées comme elle, c'est-à-dire émises, réfléchies, diffractées, focalisées, comme le prouva la découverte des ondes radio par Hertz...

Ces découvertes allaient changer le monde : elles menèrent à l'invention du moteur électrique, du télégraphe, du téléphone, des transmissions radio, et sous-tendent toute notre technologie moderne... Elles fournissent aussi un exemple frappant des liens, souvent cachés mais profonds, qui relient la science fondamentale et l'innovation technologique. Les inventions d'un Bell ou d'un Edison n'ont été possibles que dans le cadre posé par un Faraday et un Maxwell. Eux-mêmes et leurs prédécesseurs n'ont pu construire la théorie électromagnétique qu'inspirés par la théorie de la gravitation. Le concept de champ gravitationnel a servi de modèle à celui de champ électromagnétique. Auparavant, Coulomb avait directement calqué sa loi d'attraction électrique en $1/r^2$ sur la force newtonienne. Newton lui-même a construit sa théorie sur les principes d'inertie et d'additivité des mouvements posés par Galilée et Descartes : comme il l'exprimait lui-même, il était « juché sur les épaules de géants ». Le progrès technologique vraiment innovant n'est pas possible sans les grands changements de paradigme de la science fondamentale. Bien qu'il semble, au premier regard, n'y avoir aucun lien entre, par exemple, la télévision et la théorie de la gravitation universelle de Newton, ce lien existe de fait et est même majeur, car le progrès fondamental, en définissant des cadres de pensée nouveaux, sert de socle sans lequel l'édifice de la connaissance ne pourrait s'élever.

Revenons à l'électromagnétisme et à son lien avec la théorie de la relativité. Remarquons déjà que les effets d'induction sont directement liés à la relativité du mouvement et la font voir sous un jour nouveau qui sera pleinement expliqué par Einstein. Ils ne dépendent, en effet, que du mouvement relatif. Mais si l'on peut comprendre, ou au moins admettre assez aisément, qu'en bougeant un corps par rapport à soi-même on fait apparaître un champ magnétique qui n'était pas là avant cette action (après tout, on agit sur le corps en le faisant passer du repos au mouvement), comment comprendre, en revanche, qu'un tel champ apparaisse aussi sans que l'on touche au corps en quoi que ce soit, simplement en décidant de bouger par rapport à lui. C'est notre seul état de mouvement *relatif* par rapport au corps qui détermine l'« existence » du champ. Anticipons sur l'explication einsteinienne pour rappeler dès maintenant la merveilleuse explication relativiste de ce « miracle » de l'induction : si le champ magnétique semble apparaître ou disparaître suivant le mouvement relatif entre le système et l'observateur, c'est de la même manière que l'on peut faire « disparaître » la face d'un cube en le tournant de 90°. Notre expérience des rotations dans l'espace nous fait savoir que la face n'a pas vraiment disparu, qu'elle est toujours là, mais que, en raison de l'effet de projection, une de ses composantes sur le « plan du ciel », auquel seuls nos yeux ont accès, est devenue nulle. Il en est de même du champ magnétique : celui-ci n'est qu'un sous-ensemble du champ électromagnétique qui, lui, reste globalement inaffecté par le mouvement. Un mouvement n'est rien d'autre qu'une rotation dans l'espace-temps, rotation qui permet l'annulation de certaines de ses composantes sur certains axes et l'apparition d'autres composantes qui étaient nulles dans des repères particuliers...

Venons-en, enfin, à la raison principale pour laquelle la théorie de Maxwell a joué un rôle crucial dans la construction de la théorie de la relativité d'Einstein. Une des questions qui se posa rapidement, une fois les équations de Maxwell écrites sous leur forme définitive, est celle de leur invariance sous les lois de transformation des systèmes de coordonnées. Il était à l'époque bien établi que les lois de la mécanique, gravitation comprise, étaient invariantes sous la transformation de Galilée (qui est le changement de coordonnées à vitesse uniforme constante). Il était facile de vérifier que les équations de Maxwell n'étaient pas invariantes sous cette transformation ! La tâche de découvrir les nouvelles lois de transformation qui les laissaient invariantes se révéla plus difficile. Celles-ci, sous leur forme exacte, ne furent découvertes qu'en 1904 par... Henri Poincaré, qui les nomma « transformations de Lorentz » en l'honneur du grand physicien hollandais (lequel en avait obtenu des versions approchées). L'histoire de cette découverte vaut d'être contée, ne serait-ce que parce qu'il est étonnant de constater comment elle est universellement attribuée à Lorentz, alors qu'il est manifeste, d'après ses écrits, qu'il n'a jamais obtenu la transformation correcte, bien qu'il ait joué un rôle essentiel dans sa découverte.

Poincaré et la relativité

On rencontre souvent, en effet, au détour de tel ou tel livre ou article, un énoncé du genre : « Pourquoi Poincaré n'a-t-il pas découvert la relativité ? Sans doute parce qu'il était trop mathématicien et pas assez physicien. » Un tel jugement est profondément injuste envers Poincaré, pour deux raisons.

La première est que Poincaré a bel et bien découvert la relativité, un peu avant Einstein. La transformation de Lorentz n'a jamais été établie par Lorentz, mais bien la première fois par Poincaré. Il est intéressant, d'ailleurs, de constater que Poincaré, bien qu'ayant été « banni » de l'histoire officielle de la relativité restreinte, y est présent en permanence dans la pratique et le vocabulaire de tous les jours du physicien d'aujourd'hui. C'est ainsi que le groupe complet de la relativité restreinte, celui qui contient les transformations de Lorentz (les rotations dans l'espace-temps) ainsi que les translations, s'appelle « groupe de Poincaré ».

La deuxième est qu'il suffit de le relire pour se rendre compte que Poincaré fut autant un physicien qu'un mathématicien extraordinaire (dans la tradition d'un Newton, d'un Euler ou d'un Gauss), intuitif et rigoureux à la fois, et qu'il a tout simplement fondé la physique moderne. Alors que les articles d'Einstein ou de Lorentz sur (ce qui est devenu) la relativité restreinte semblent (du point de vue mathématique) encore des textes du XIXe siècle, ceux de Poincaré sont les premiers à utiliser les méthodes de la physique du XXe siècle : théorie des groupes et raisonnements liés aux propriétés de symétrie.

Il n'est pas question non plus de prétendre que la relativité restreinte doit être attribuée à Poincaré aux dépens d'Einstein. Il ne fait aucun doute qu'Albert Einstein a bien établi les lois de la relativité restreinte indépendamment de Poincaré. Il semble qu'Einstein ait formé sa pensée sur la relativité en grande partie par la lecture des œuvres de Poincaré jusqu'en 1902, puis ait évolué par lui-même à partir de cette date. Il lui a immédiatement donné tout son sens, celui qui est physiquement le plus profond. Ainsi, Einstein écrit dans son article de 1905 :

> « La vitesse de la lumière dans notre théorie joue le rôle, physiquement, d'une vitesse infiniment grande. »

Enfin, la relativité restreinte n'était pour lui qu'une étape dans la gigantesque construction qu'il avait entreprise vers la relativité générale (comme on le verra dans la suite, Einstein a posé le principe d'équivalence dès 1907), alors que Poincaré semble avoir sous-estimé le problème de la construction d'une théorie relativiste de la gravitation.

Ils ont tous deux découvert la relativité restreinte, pratiquement au même moment, et ont compris *tous deux,* d'une manière très profonde, sa signification physique, même si leurs énoncés diffèrent dans la forme. Voici quelques exemples portant sur les bases de l'analyse relativiste, qui montrent que Poincaré avait effectivement franchi le pas vers la nouvelle physique de l'espace-temps (relativité du mouvement inertiel, inexistence de l'éther, absence de temps absolu, relativité de la simultanéité...). Dès 1899, Poincaré affirme [11] :

> « Je considère comme très probable que les phénomènes optiques ne dépendent que des mouvements relatifs des corps matériels en présence. »

Il écrit dans *La Science et l'hypothèse,* paru en 1902 [12] :

> « Il n'y a pas d'espace absolu, et nous ne concevons que des mouvements relatifs. »
>
> « Il n'y a pas de temps absolu. »
>
> « Nous n'avons pas l'intuition directe de la simultanéité de deux événements qui se produisent sur deux théâtres différents. »
>
> « L'espace absolu, le temps absolu, la géométrie elle-même ne sont pas des conditions qui s'imposent à la mécanique. »
>
> « Cela n'empêche pas que l'espace absolu, c'est-à-dire le repère auquel il faudrait rapporter la Terre pour savoir si réellement elle tourne, n'a aucune existence objective. »
>
> « Peu nous importe que l'éther existe réellement [...]. [Cette] hypothèse ne joue qu'un rôle secondaire, on pourrait [la] sacrifier. »

Dans la conférence qu'il donne le 24 septembre 1904 au Congrès d'art et de science de Saint Louis, aux Etats-Unis[13], Poincaré dresse un état des lieux général de la physique mathématique à cette époque et s'interroge sur son avenir. Ce texte est une merveille. Poincaré y résume de manière fulgurante la nature de ce que sont les lois de la physique, identifie les problèmes essentiels qu'elle rencontre alors, dresse un diagnostic de crise, rappelle les grands principes fondamentaux en identifiant ceux qui doivent subsister à la transformation en cours et ceux qui sont appelés à disparaître ou à évoluer, et propose, enfin, des solutions qui réalisent une incroyable prophétie de ce qu'allait effectivement être la physique du XXe siècle (bien qu'il s'en défende d'emblée). En voici quelques extraits :

> « Il y a des indices d'une crise sérieuse, comme si nous devions nous attendre à une transformation prochaine. »
>
> « Cette crise sera salutaire. [Elle] n'est pas la première et il importe, pour la comprendre, de se rappeler celles qui l'ont précédée. »
>
> « La physique mathématique est née de la mécanique céleste. [...] Beaucoup d'entre nous savent qu'on n'atteindra les éléments ultimes des choses qu'en débrouillant patiemment l'écheveau compliqué que nous donnent nos sens ; [...] ils croient que, quand on arrivera à ces éléments ultimes, on y retrouvera la simplicité majestueuse de la Mécanique céleste. »
>
> «[Pour les anciens, la Loi], c'était une harmonie interne, statique pour ainsi dire et immuable. [...] Une loi, pour nous, ce n'est plus cela du tout ; c'est une relation constante entre le phénomène d'aujourd'hui et celui de demain ; en un mot, c'est une équation différentielle. »

Après avoir résumé de manière si forte le passage de la conception ancienne de la science à la vision moderne (dans laquelle on ne cherche plus une harmonie préétablie mais des relations, plus à établir d'emblée ce que sont les structures réelles, mais à construire des équations dont elles seront solutions, étendant ainsi le domaine du possible), Poincaré poursuit par une analyse de ce qui est précisément l'un des principaux thèmes du présent ouvrage : l'invariance d'échelle de beaucoup de lois empiriques rencontrées en physique, qui prennent la forme de lois de puissance.

> « Comme les astres proprement dits, [les atomes] s'attirent ou se repoussent et cette attraction [...] ne dépend que de la distance. La loi suivant laquelle cette force varie en fonction de la distance n'est peut-être pas la loi de Newton, mais c'est une loi analogue ; au lieu de l'exposant – 2, nous avons probablement un exposant différent, et c'est de ce changement d'exposant que sort toute la diversité des phénomènes physiques. [...] Nous avons l'exposant – 6, ou – 5, mais c'est toujours un exposant. [...] Telle est la conception primitive dans toute sa pureté [...][14]. »

Mais cette pureté n'est que simplification arbitraire. L'évolution de la physique sur laquelle veut insister Poincaré consiste précisément à dépasser cette approche empirique, et à privilégier une compréhension plus profonde fondée sur des principes premiers, même si cela implique l'abandon de l'espoir de « tout connaître » :

> « Néanmoins, il est arrivé un jour où la conception des forces centrales n'a plus paru suffisante. Que fit-on alors ? On renonça à pénétrer dans le détail dans la structure de l'Univers [...] et l'on se contenta de prendre pour guides certains principes généraux. »

Puis Poincaré dresse la liste des grands principes de la physique : principe de conservation de l'énergie, principe de conservation de la masse (Lavoisier), principe de dégradation de l'énergie de Carnot, principe d'égalité de l'action et de la réaction de Newton, principe de moindre action, et enfin le

> « principe de la relativité, d'après lequel les lois des phénomènes physiques doivent être les mêmes, soit pour un observateur fixe, soit pour un observateur entraîné dans un mouvement de translation uniforme : de sorte que nous n'avons et ne pouvons avoir aucun moyen de discerner si nous sommes, oui ou non, emportés dans un pareil mouvement ».

Et Poincaré de conclure :

> « L'application de ces cinq ou six principes généraux aux différents phénomènes physiques suffit pour nous en apprendre ce que nous pouvons raisonnablement espérer en connaître. »

C'est la physique du XXe siècle que Poincaré fonde par ce texte. En outre, le principe de relativité restreinte est énoncé là pour la première fois sous sa forme constructive d'invariance des lois sous les changements de repère, qui va au-delà de la forme « passive » galiléenne (« le mouvement est comme rien »), car il permet non seulement de vérifier la relativité de lois déjà existantes (par exemple les lois du mouvement et de la dynamique galiléenne et newtonienne), mais aussi d'en établir de nouvelles. Etant donné les énoncés faits par Poincaré dans la suite de ce texte vulgarisé – il affirme en particulier :

> « de tous ces résultats, s'ils se confirmaient, sortirait une mécanique entièrement nouvelle qui serait surtout caractérisée par ce fait qu'aucune vitesse ne pourrait dépasser celle de la lumière », –

il est fort probable qu'il avait déjà obtenu, dans ses grandes lignes, l'essentiel de la relativité restreinte. Ce travail sera en effet publié six mois plus tard[15], quelque temps avant celui d'Einstein. Il est en particulier remarquable qu'il parle ici de mécanique et pas seulement d'électrodynamique : il ne s'agissait donc pas pour lui seulement de trouver le groupe d'invariance des équations de Maxwell mais, comme c'est le cas dans le travail d'Einstein, de trouver une loi de transformation unique qui s'applique aussi bien à la mécanique dans son ensemble (pas seulement à l'électron) qu'à l'électromagnétisme.

Il faut cependant atténuer légèrement ce succès : Poincaré a toujours considéré que le principe de relativité seul ne suffisait pas à établir la transformation de Lorentz, et qu'il fallait une « hypothèse complémentaire » (qu'il choisissait être celle de la contraction de Lorentz). C'est sur ce point que Pais se fonde pour ne pas attribuer totalement la relativité restreinte à Poincaré[16]. Nous verrons plus en détail de quoi il s'agit en analysant la démonstration d'Einstein puis les démonstrations plus récentes. En fait, Einstein avait d'emblée une vision plus large que Poincaré du principe de relativité, ce qui lui a permis de poser certains axiomes essentiels à partir de ce principe, puis de l'étendre vers la relativité générale, ce que n'a pas fait Poincaré. Il rajoutait pourtant aussi une hypothèse supplémentaire au principe de Galilée (celle de l'invariance de la vitesse de la lumière) et ce choix, bien qu'équivalent du point de vue mathématique (tous deux utilisant le même nombre d'axiomes) s'est révélé beaucoup plus parlant et convaincant que celui de Poincaré.

Dans la suite de son texte, Poincaré met en lumière les problèmes expérimentaux qui mettent en cause les grands principes. La convergence de son diagnostic avec celui d'Einstein un an plus tard est remarquable. Les quatre problèmes essentiels qu'il soulève peuvent être mis en correspondance directe avec les quatre articles célèbres d'Einstein de 1905, sur le mouvement brownien, la relativité restreinte, la nature de la masse et l'effet photoélectrique.

Poincaré élucide tout d'abord la nature du mouvement brownien et relève son importance par rapport à la question, centrale pour la physique, de l'irréversibilité macroscopique :

« Le biologiste, armé de son microscope, a remarqué il y a longtemps dans ses préparations des mouvements désordonnés des petites particules en suspension ; c'est le mouvement brownien. [...] Ces mouvements ne cessent pas, ou plutôt renaissent sans cesse, sans rien emprunter à une source extérieure d'énergie. [...] Nous voyons sous nos yeux [tantôt le mouvement se transformer en chaleur par le frottement, tantôt la chaleur se changer inversement en mouvement], et cela sans que rien ne se perde, puisque le mouvement dure toujours. Pour [voir le monde revenir en arrière,] nous n'avons plus besoin de l'œil infiniment subtil du démon de Maxwell, notre microscope nous suffit. Les corps trop gros sont heurtés de tous les côtés par les atomes en mouvement, mais ils ne bougent pas parce que ces chocs sont très nombreux et que la loi du hasard veut qu'ils se compensent ; mais les particules plus petites reçoivent trop peu de chocs pour que cette compensation se fasse à coup sûr et sont incessamment ballottées. »

Ainsi, pour Poincaré, la nature du mouvement brownien comme dû aux chocs atomiques et moléculaires ne fait aucun doute, non plus que son importance en tant qu'expérience cruciale montrant les limites de la thermodynamique. Démontrer cette limite est exactement le but qu'Einstein se donna dans son article de 1905 (où il en développa la théorie quantitative). Il l'a exprimé[17] en 1915 par des mots qui rappellent ceux de Poincaré :

« Sa signification essentielle se situe au niveau des principes [...] on voit directement au microscope une partie de l'énergie thermique sous forme d'énergie mécanique. »

Il est également remarquable que, pour Poincaré déjà, la question de la réversibilité est une question d'échelle. On voit, à travers le mouvement brownien, des lois physiques microscopiques réversibles donner naissance à des lois macroscopiques irréversibles. Poincaré aborde ensuite le problème de la relativité.

> « Toutes les tentatives pour mesurer la vitesse de la Terre par rapport à l'éther ont abouti à des résultats négatifs. [...] Michelson a poussé la précision jusqu'à ses dernières limites ; rien n'y a fait. »

Poincaré explique alors la méthode de la synchronisation des horloges (qui est aussi un des raisonnements essentiels chez Einstein) :

> « Les montres [A et B] réglées de la sorte ne marqueront donc pas le temps vrai, elles marqueront ce qu'on peut appeler le temps local, de sorte que l'une d'elles retardera sur l'autre. Peu importe, puisque nous n'avons aucun moyen de nous en apercevoir. Tous les phénomènes qui se produiront en A, par exemple, seront en retard, mais tous le seront également, et l'observateur ne s'en apercevra pas puisque sa montre retarde ; ainsi, comme le veut le principe de relativité, il n'aura aucun moyen de savoir s'il est en repos ou en mouvement absolu. »
>
> « [Nous devons] construire toute une mécanique nouvelle que nous ne faisons qu'entrevoir où, l'inertie croissant avec la vitesse, la vitesse de la lumière deviendrait une limite infranchissable. »

Il poursuit avec les problèmes rencontrés par les principes de conservation de la masse et de l'énergie, en particulier du fait des expériences de radioactivité de Becquerel et de Pierre et Marie Curie :

> « La scène changea quand Curie s'avisa de mettre le radium dans un calorimètre ; on vit alors que la quantité de chaleur incessamment créée était très notable. »

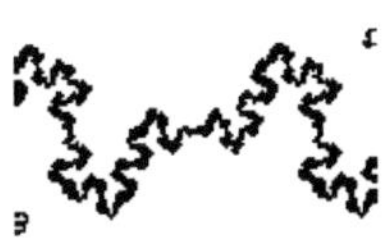

> «[Le principe de conservation des masses] cesserait d'être vrai pour des corps animés de vitesses comparables à celle de la lumière. Or ces vitesses, on croit maintenant les avoir réalisées (rayon cathodique, radium). »
>
> « Nous ne pouvons plus distinguer la masse mécanique et la masse électrodynamique. [...] Dans ce cas, la masse ne peut plus être constante, elle augmente avec la vitesse. »

Dès 1900, Poincaré avait d'ailleurs compris[18] qu'on pouvait attribuer à une énergie de rayonnement E une inertie $m = E/c^2$:

> « Si un appareil a une masse de 1 kg, et s'il a envoyé dans une direction unique 3 Mjoules, avec la vitesse de la lumière, la vitesse de recul est de 1 cm/s. »

Il y a bien sûr beaucoup plus chez Einstein, quand il identifie la masse d'un corps solide à une énergie de repos.

Un dernier sujet d'étonnement à la lecture de cet extraordinaire article de Poincaré concerne le problème final qu'il soulève :

> « Parmi les chemins qui conduisent [à la dynamique de l'électron], il y en a un qui a été quelque peu négligé, et c'est pourtant un de ceux qui nous promettent le plus de surprises. Ce sont les mouvements des électrons qui produisent les raies des spectres d'émission. Pourquoi les raies du spectre sont-elles distribuées d'après une loi régulière ? [...] Je crois que c'est là un des plus importants secrets de la nature. [...] Les électrons ne se comportent pas comme la matière qui nous est familière. »

Il était ainsi évident pour Poincaré que les raies étaient d'origine électronique (alors qu'on est loin, à l'époque, d'avoir élucidé la structure de l'atome en noyau + nuage électronique), et que le problème de leur quantification (seules certaines valeurs discrètes étaient réalisées) pouvait se révéler un des plus cruciaux problèmes de la physique. Là, encore, le même constat était fait par Einstein, qui aborda quant à lui le problème des quanta à travers l'effet photoélectrique.

Les conclusions de Poincaré sont elles-mêmes tout aussi prophétiques :

> « Nous devrions rebâtir à neuf. [...] Peut-être est-ce la théorie cinétique des gaz qui va [...] servir de modèle aux autres. [...] La loi physique alors prendrait un aspect entièrement nouveau ; ce ne serait plus une équation différentielle, elle prendrait le caractère d'une loi statistique. »

Formidable vision d'avenir du caractère probabiliste de ce que sera la future théorie quantique ! On pourrait arguer que les lois quantiques s'écrivent malgré tout en termes d'équations différentielles, mais la suite de cet ouvrage donnera tout son sens à cette intuition...

Bien sûr, il aurait pu advenir que Poincaré n'ait fait qu'entrevoir la nouvelle physique en émergence. Il se trouve qu'il a fait plus, et qu'il a bel et bien été un des auteurs essentiels de sa construction effective : il est en effet le premier à avoir établi la transformation de Lorentz correcte, aussi bien en tant que groupe d'invariance de l'électromagnétisme que de la mécanique.

Hendrick Lorentz aurait établi la transformation qui porte son nom dans un article de 1904[19]. Reportons-nous à cet article. Son but est d'y répondre à une objection de Poincaré sur ses premiers travaux. Lorentz avait jusqu'alors proposé une loi de transformation approchée, valable seulement pour des vitesses petites. Poincaré lui avait fait remarquer, en 1900, que seule une loi de transformation exacte serait convaincante. Lorentz pense, en 1904, avoir enfin obtenu cette transformation. Mais celle qui figure dans cet article célèbre[20] n'est pas ce qu'on appelle aujourd'hui la transformation de Lorentz ! Abraham Pais[21], qui a pourtant grandement contribué à redonner à Poincaré sa place dans l'histoire de la relativité (c'est ainsi que Steven Weinberg, auteur de l'unification électrofaible et prix Nobel de physique, a récemment affirmé, après la lecture de l'essai de Pais, que la relativité restreinte devait être attribuée à Einstein et Poincaré sur un pied d'égalité), n'a pas relevé cette erreur, et constate seulement que Lorentz s'était trompé sur la loi de transformation des vitesses et n'avait pu établir la covariance (dite maintenant de Lorentz). Il n'attribue ensuite à Poincaré que la correction de l'erreur sur les vitesses.

Qui a donc découvert la transformation de Lorentz ? Henri Poincaré ! Pourquoi s'appelle-t-elle alors du nom de Lorentz ? Parce que Poincaré lui-même l'a nommée ainsi en son honneur ! Dans sa note[22] à l'Académie des sciences du 5 juin 1905 (donc datant d'un mois avant l'article d'Einstein), il écrit :

> « Les résultats que j'ai obtenus sont d'accord sur tous les points importants avec ceux de Lorentz ; j'ai seulement été conduit à les modifier et à les compléter dans quelques points de détail. Le point essentiel, établi par Lorentz, c'est que les équations du champ électromagnétique ne sont pas altérées par une certaine transformation (que j'appellerai du nom de Lorentz) et qui est de la forme suivante[23]. [...] L'ensemble de toutes ces transformations, joint à l'ensemble de toutes les rotations de l'espace, doit former un groupe[24]. »

Après rétablissement des unités et combinaison des équations de Poincaré, on reconnaît dans la transformation établie par Poincaré l'authentique « transformation de Lorentz ». Ainsi, c'est Poincaré lui-même qui, grand seigneur, attribue la découverte à Lorentz. L'erreur de Lorentz ne lui paraît être qu'un point de détail ! Et, pourtant, cette erreur n'est pas une simple faute de frappe et certainement pas un point de détail. Les raisons pour lesquelles Lorentz se trompe, alors que Poincaré établit d'emblée la bonne transformation, trouvent leur origine directement dans le sens physique que chacun attribuaient à cette transformation. Pour Lorentz, il ne s'agissait en rien d'un problème de relativité, mais d'une question de contraction mécanique des objets, du fait de leur mouvement par rapport à l'éther. Ce n'est sans doute pas un hasard si son erreur initiale porte sur la transformation des positions et se répercute sur celle des temps. Pour Poincaré, au contraire, le problème posé était de généraliser la transformation de Galilée. La nouvelle transformation devait donc forcément se ramener à celle de Galilée pour les petites vitesses, ce qui a permis de rétablir immédiatement la bonne formule.

Einstein et la relativité restreinte

Quelques mois après Poincaré, et indépendamment de lui[25], Einstein proposait une construction extrêmement profonde et complète de la nouvelle théorie. Elle était l'aboutissement de réflexions qui remontaient presque à son enfance. Einstein avait très tôt et naturellement mis en œuvre ce mode d'investigation, (qu'on peut appeler « relativiste » *a posteriori*), qui consiste à se placer par la pensée dans le système entraîné avec l'objet qu'on veut comprendre. Dès l'âge de seize ans, Einstein s'interrogeait sur ce que verrait un observateur entraîné par une onde électromagnétique. Il écrit dans ses notes autobiographiques[26] :

> « Plus je persévérais dans ces efforts désespérés, plus j'acquérais la conviction que seule la découverte d'un principe formel général pourrait mener à des résultats sûrs. [...] Au bout de dix ans de réflexion, ce principe émergea d'un paradoxe auquel je m'étais déjà heurté à l'âge de seize ans. Si je poursuis un rayon lumineux à la vitesse c (vitesse de la lumière dans le vide), je devrais percevoir ce rayon de

lumière comme un champ électromagnétique oscillant sur place dans l'espace ; or il semble bien qu'il n'existe rien de tel ni dans le domaine de l'expérience ni dans les équations de Maxwell. [...] On voit que ce paradoxe contient déjà en germe la théorie de la relativité restreinte. »

L'état d'esprit « relativiste » est d'emblée présent chez le jeune Einstein, non seulement dans les méthodes utilisées, mais dans la manière de poser le problème. Il s'agit de réconcilier des énoncés ou des lois apparemment contradictoires : invariance de la vitesse de la lumière et principe de relativité, mécanique et électrodynamique. Ainsi, chez lui, le mode de pensée relativiste est déjà à l'œuvre pour construire une théorie de la relativité. C'est le principe « philosophique » de relativité, exigeant l'unité des lois (voir deuxième partie), qui interdit au physicien de rester dans un mode de description où les lois de la mécanique et celles de l'électrodynamique sont différentes, sinon opposées. Et la solution au dilemme n'est rien d'autre que la relativité de l'espace et du temps, en une sorte de bouclage du principe de relativité sur lui-même.

Einstein a tenté d'éclairer la manière dont il résolut finalement le problème, aidé en cela par une conversation avec son ami Michele Besso[27] :

« Nous commençâmes à discuter les divers aspects du problème. Et tout d'un coup, je compris quelle était la clef de la solution. [...] L'analyse du concept de temps, telle était la solution que j'avais trouvée. [...] Cinq semaines après, l'élaboration de la théorie de la relativité restreinte était achevée. »

Dans son article de 1905, Einstein énonce d'emblée le principe de relativité sous une forme qui annonce son but, qui est de réunifier l'électrodynamique et la mécanique[28] :

« Les lois de l'électrodynamique et de l'optique doivent être valides dans tous les systèmes de référence dans lesquels les équations de la mécanique sont valables. »

Puis il ajoute un autre postulat à ce principe :

« La lumière se propage dans l'espace vide avec une vitesse bien définie *c* qui est indépendante de l'état de mouvement du corps émetteur. »

C'est la combinaison de ces deux postulats qui constitue le principe de relativité d'Einstein : le premier est celui de la relativité galiléenne supposée universellement valable (pour la mécanique, mais aussi pour la nouvelle électrodynamique qui était, bien sûr, inconnue de Galilée) ; le second est celui d'invariance de la vitesse de la lumière. Einstein est conscient du caractère choquant de cette proposition, puisqu'il précise d'emblée que le deuxième postulat

« n'est qu'apparemment irréconciliable avec le premier ».

Le lecteur physicien de cette époque ne pourra, en effet, s'empêcher de penser que le principe de relativité galiléen devrait se traduire par la transformation de Galilée, dans laquelle la vitesse de la lumière n'est certainement pas invariante, et qui justement ne s'applique pas à l'électrodynamique… La solution de ce casse-tête est que la transformation de Galilée peut être généralisée ; et que la transformation plus générale, celle de Lorentz, satisfait au deuxième postulat[29].

C'est, finalement, dans sa manière de présenter la relativité qu'Einstein diffère de Poincaré : tous deux rajoutent bien un axiome supplémentaire, mais Einstein choisit le postulat physique essentiel qui résume la nouvelle théorie puis l'érige en principe (l'invariance de *c*), quand Poincaré, pour qui un axiome en vaut un autre, choisit une hypothèse abstraite et technique (la forme du « facteur de Lorentz[30] »). Chez Poincaré, la nature s'arrange pour qu'on ne puisse jamais voir le mouvement absolu ; chez Einstein, le mouvement absolu *n'existe pas,* les vitesses supérieures à celle de la lumière *perdent toute signification,* etc.

Il faut se replacer dans l'état d'esprit de l'époque pour saisir pleinement le bouleversement apporté par ces nouvelles conceptions. Bien que l'idée de l'existence d'un référentiel universel définissant le repos absolu ait été déjà rejetée par Galilée et Leibniz, le concept d'espace absolu avait été réintroduit par Newton et constitua le cadre de pensée de la majorité des physiciens pendant deux siècles. Aussi, la révolution einsteinienne porta tout autant sur l'espace que sur le temps : Einstein dut réaffirmer et démontrer physiquement et mathématiquement qu'aucune des lois physiques connues, que ce soit en mécanique ou en électromagnétisme, ne nécessitait l'existence d'un repère au repos par rapport auquel le mouvement de tous les autres aurait pu être statué. Les notions de repos et de mouvement ne peuvent être que relatives.

L'analyse de Poincaré et d'Einstein montra que la notion de simultanéité de deux événements ne pouvait être absolue : si deux événements sont simultanés dans un certain repère, ils ne le sont plus forcément dans un autre. En relativité restreinte, le temps perd son statut particulier et se trouve soumis à la même relativité que les positions spatiales. Lorsque les composantes sur un certain axe de deux points coïncident, nous savons bien que cela ne signifie pas que ces deux points soient identiques : si l'une de leurs coordonnées coïncide, ce n'est que par un effet de projection. Nous sommes habitués, du fait du caractère bidimensionnel de notre vision d'objets qui, eux, sont tridimensionnels, à voir en permanence des objets différents sur une même ligne de visée. La connaissance que nous avons en permanence du fait que l'espace est en fait à trois dimensions et que cette coïncidence est un effet de projection nous permet de corriger en temps réel cette illusion. De même, les coïncidences temporelles ne sont souvent rien d'autre que de tels effets de projection d'événements qui n'ont rien d'identiques !

Plusieurs conséquences de la relativité restreinte ont semblé extrêmement paradoxales à l'époque de sa construction, mais peuvent en fait être comprises de manière intuitive si l'on en saisit les raisons profondes. Il en est ainsi de la contraction des longueurs et de la dilatation du temps. L'application des formules de la transformation de Lorentz montre en effet qu'un objet se déplaçant devant nous semblera se raccourcir par rapport à sa longueur au repos, et qu'un phénomène temporel dure plus longtemps dans un référentiel où il est en mouvement que dans son repère de repos. Cela n'est pas une simple curiosité théorique : le ralentissement des horloges s'observe tous les jours dans les accélérateurs de particules.

L'introduction du concept d'espace-temps et des outils mathématiques quadridimensionnels qui le formalisent, par Poincaré en 1905, puis par Minkowski en 1908, donne tout son sens à la révolution einsteinienne. En mécanique classique, l'espace (à trois dimensions) et le temps (unidimensionnel) sont deux concepts absolus et indépendants. En relativité restreinte, une entité quadridimensionnelle, l'espace-temps, les englobe et recouvre ce caractère absolu, alors que ni l'espace ni le temps ne sont plus absolus pris individuellement. Ce n'est plus l'élément de longueur dl ni de temps dt qui sont invariants dans un changement de coordonnées, mais une combinaison des deux, la « distance » quadridimensionnelle minkowskienne[31] ds, construite suivant une généralisation de la relation de Pythagore (où c est la vitesse de la lumière).

La clé de la compréhension de la relativité restreinte est alors très simple : la transformation de Lorentz est une rotation dans l'espace-temps. De même qu'une rotation dans l'espace implique un changement des longueurs apparentes des corps (par effet de projection), de même les longueurs et les temps ne sont plus indépendants en relativité restreinte, et correspondent eux aussi à une « projection » de l'invariant généralisé, d'où les effets de contraction des longueurs. La dilatation des intervalles de temps est de même nature, mais est plus difficile à saisir intuitivement. Dans l'espace euclidien à trois dimensions auquel nous sommes habitués, nous voyons une règle toujours plus petite après une rotation que si elle se présente de face : il y a contraction apparente de la longueur projetée. Mais l'espace-temps de la relativité restreinte, si sa partie spatiale est bien euclidienne, correspond à une nouvelle géométrie, dite hyperbolique, en ce qui concerne les relations entre espace et temps. Dans une telle rotation hyperbolique, il y a dilatation apparente et non contraction.

Dans le cas des photons (ou plus généralement d'une particule de masse nulle), l'invariance de la vitesse de la lumière s'exprime par l'annulation de cet élément de distance quadridimensionnelle. On comprendra mieux la signification physique de l'élément ds si l'on comprend qu'il s'identifie à l'intervalle de temps propre d'une particule, défini comme le temps qui s'écoule dans le référentiel où elle est au repos, celui qui est directement lié à la particule. C'est cette propriété de la lumière de ne pas voir son temps propre s'écouler qu'Einstein avait entrevue très jeune sous forme intuitive, et qui se trouve finalement réalisée en équation dans la théorie une fois construite.

La mécanique classique a établi qu'il existe des liens profonds entre les propriétés de l'espace et du temps et ces grandeurs fondamentales que sont l'énergie, l'impulsion et le moment angulaire. Elles sont appelées « conservatives », car elles se conservent, inchangées, au cours du temps. Rien d'étonnant, dans ces conditions, qu'une évolution du concept d'espace-temps implique des conséquences fondamentales pour la nature de ces quantités. Un des résultats de la relativité restreinte est devenu connu au point de faire partie de la culture universelle : c'est la relation d'équivalence entre la masse et l'énergie découverte par Einstein, $E = mc^2$. Pour établir cette relation, on généralise en relativité restreinte la forme prise par l'énergie cinétique de mouvement[32], et l'on découvre que, même au repos, tout corps possède une énergie interne égale au produit de sa masse par le carré de la vitesse de la lumière.

Mais les travaux sur la relativité restreinte et ses fondements ne se sont pas arrêtés au début du siècle. Son interprétation était claire chez Einstein dès son article de 1905 : c'est ainsi qu'il y écrivait, comme nous l'avons vu, que la vitesse de la lumière, bien que finie, possède dans le nouveau cadre toutes les propriétés physiques d'une vitesse infinie. Cependant, ses fondements ont pu être améliorés, en particulier par les travaux de Wigner puis de Levy-Leblond et d'autres auteurs. Ces travaux ont démontré que le lien entre la relativité restreinte et la vitesse de la lumière n'était que factuel. Einstein avait obtenu la transformation de Lorentz en ajoutant au principe de relativité galiléen celui de l'invariance de la vitesse de la lumière. On sait aujourd'hui que cet axiome supplémentaire n'était pas nécessaire, et que les lois de la relativité restreinte s'imposent d'elles-mêmes comme les lois les plus générales qui satisfont au problème posé : celui de la construction des lois de transformation inertielles satisfaisant au principe de relativité, lois dont celles de Galilée ne sont qu'un cas particulier[33].

Dans une telle approche, on oublie ce qu'on sait ou croit savoir des lois de changement de repère, et l'on tente de les construire par application du principe de relativité. Celui-ci exige que les lois de la nature doivent être valides quel que soit le système de coordonnées. Les lois de transformation entre systèmes de coordonnées font partie des lois fondamentales de la nature : aussi le principe de relativité doit pouvoir s'appliquer à lui-même ! Par conséquent, si l'on fait deux transformations de système de coordonnées successives, la transformation composée doit être de même nature que chacune des transformations initiales[34].

De même, un changement de signe de la variable spatiale ou temporelle ne doit rien changer à la forme de la loi de transformation. C'est à nouveau une conséquence directe de la relativité : ce qui est arbitraire dans le choix du système de coordonnées ne doit en rien influer sur le caractère physique du résultat.

Or on peut démontrer[35] que la transformation générale de coordonnées qui satisfait à ces seules conditions prend précisément la forme de la transformation de Lorentz (dans le cas des transformations à deux variables, l'une d'espace et l'autre de temps, dites *linéaires,* qui sont spécifiques de la relativité *restreinte*). La constante *c* n'apparaît pas du tout dans cette démonstration comme vitesse de la lumière, mais comme constante purement mathématique assurant la généralité de la transformation obtenue. La loi de Galilée est également solution du même problème, mais comme le cas très particulier où cette constante serait infinie. Ainsi la constante *c* n'a rien à voir en soi avec la vitesse de la lumière, aucune allusion ou utilisation de la lumière n'intervenant dans ce type de démonstration. Quel est, alors, le rapport et pourquoi la théorie a-t-elle dû historiquement se construire à travers un tel lien ?

La réponse à cette question s'obtient en étudiant les nouvelles formes que prennent les notions d'énergie et d'impulsion dans la nouvelle théorie, comparées à la théorie galiléenne. Celles-ci impliquent l'impossibilité pour une particule massive d'atteindre la vitesse *c*. Il faudrait une énergie et une impulsion infinies à une telle particule, aussi petite soit sa masse, pour qu'elle aille à la vitesse *c*. C'est en ce sens que cette vitesse est une limite asymptotique, qui ne peut être atteinte et possède toutes les propriétés physiques auparavant dévolues à l'infini. Elle se retrouve donc fondamentalement indépassable, au sens où dépasser l'infini n'aurait pas de sens. Il ne s'agit pas d'une barrière, d'une sorte de frontière au sens ordinaire du terme. Dans ce cas, il n'y a pas d'au-delà de cette frontière, celui-ci n'existe tout simplement pas.

Les nouvelles lois d'énergie et d'impulsion ont une autre propriété remarquable. S'il est vrai qu'aucun objet massif ne peut atteindre c, par contre un objet de masse totalement nulle, dont l'énergie et l'impulsion seraient nulles dans la théorie galiléenne, retrouve une existence cohérente dans la théorie d'Einstein. Mais un tel objet est alors obligé d'aller à la vitesse c, aucune autre vitesse ne lui est permise.

Pour résumer, la relativité restreinte implique que les particules matérielles ne peuvent atteindre la vitesse c, et inversement que les particules sans masse ne peuvent aller qu'à la vitesse c. La définition correcte de la vitesse limite devient alors claire : c'est la vitesse de n'importe quelle particule de masse nulle dans le vide. La lumière n'apparaît ainsi en relativité que comme un archétype de particule ayant cette propriété. Mais elle la partage avec d'autres particules, comme les neutrinos (au cas où ils n'auraient pas de masse, ce que des résultats récents semblent infirmer). Son rôle dans la construction de la théorie venait de ce que le physicien avait ainsi à sa disposition, grâce à elle, un objet physique qui réalisait la vitesse c, et qui lui était accessible, permettant ainsi de mettre en évidence les effets relativistes. Le point essentiel ici est de comprendre que, même si aucun objet physique ne venait réaliser cette limite (c'est-à-dire si toutes les particules, y compris les photons, se révélaient posséder une masse), cela ne changerait rien à la relativité restreinte. La vitesse c resterait comme vitesse limite pour tout transport d'information quelle qu'elle soit.

Ultimement, la relativité restreinte se ramène à l'énoncé de l'existence de l'espace-temps. La complexité des formules relativistes par rapport à leur version galiléenne n'est qu'une conséquence d'une représentation « bâtarde », dans laquelle on continue à utiliser des concepts tridimensionnels comme la vitesse usuelle *v*, alors que les transformations sont de nature quadridimensionnelle (essayons d'imaginer ce que seraient les représentations des déplacements dans l'espace à trois dimensions ordinaires si l'on s'astreignait à ne traiter que de deux variables...). Ainsi, la finitude de la vitesse de la lumière n'est qu'un effet de *perspective !* Il s'agit tout simplement de l'équivalent d'un point de fuite. Là encore, on le comprendra facilement à partir des effets équivalents rencontrés par notre vision dans l'espace. Deux rails de chemin de fer qui partent à l'infini sont vus par nous, en raison de la perspective, comme convergeant en un point à distance finie sur le « plan du ciel ». Cela vient de la projection d'un infini tridimensionnel sur la sphère céleste, notre vision n'étant que bidimensionnelle. La vitesse maximale est de même nature : pour s'en convaincre, il suffit de remarquer qu'une fois passée en représentation quadridimensionnelle, la forme des relations galiléennes se retrouve, dans lesquelles à la vitesse de la lumière correspond maintenant une « quadrivitesse »... infinie.

Une dernière question est celle de la valeur de la vitesse de la lumière. Pourquoi vaut-elle 300 000 km/s (environ)[36] ? La question est en fait mal posée sous cette forme. Comme souvent en relativité, plutôt que de tenter d'y répondre, il faut renverser le point de vue. Cette valeur numérique est totalement dépendante du choix de nos unités. Mais celui-ci est *a priori* arbitraire et, de plus, le choix d'unités de temps et d'espace différentes ne se justifie que si espace et temps ne sont pas reliés. Or la relativité restreinte énonce précisément que l'espace et le temps n'existent pas indépendamment l'un de l'autre, mais sont des sous-espaces de l'espace-temps à quatre dimensions. Il suffit d'imaginer ce qui adviendrait si nous mesurions dans l'espace (à trois dimensions) les hauteurs dans une unité différente des longueurs et des largeurs. Tout irait bien jusqu'à ce qu'une rotation soit effectuée : on verrait, alors, dans le nouveau repère, le rapport des unités utilisées compliquer tous les résultats de mesures et leur interprétation.

Il en est ainsi de l'espace-temps et de la vitesse c, qui n'est qu'un artefact d'un tel choix d'unités différentes : de même que le rapport d'une hauteur sur une largeur est un nombre pur, sans dimension, la nature profonde d'une vitesse (rapport d'une longueur sur un temps) est aussi d'être sans dimension. Autrement dit, dès l'instant où l'on mesure l'espace et le temps avec la même unité, ce qu'exige leur nature profonde, la vitesse c disparaît des lois physiques, devenant le nombre pur $c = 1$. Depuis 1985, par décision du Bureau international des poids et mesures, il n'y a plus effectivement deux unités séparées de temps et de longueur, mais une seule unité de temps. L'unité de longueur s'en déduit, une fois c définitivement fixé. Cette méthode a permis de tenir compte de la révolution relativiste tout en assurant la continuité avec les anciennes unités. Peut-être un jour irons-nous jusqu'au bout des implications de la relativité restreinte et mesurerons-nous les longueurs en nanoseconde[37] ?

Les vitesses deviendraient alors définitivement des quantités non dimensionnées ne pouvant varier qu'entre -1 et $+1$. La question de la valeur de la vitesse de la lumière ne se poserait plus, mais seulement celle des valeurs typiques des vitesses auxquelles nous nous déplaçons couramment (par exemple, 3 m/s correspond à 10^{-8}).

Chapitre V

LA RELATIVITÉ GÉNÉRALISÉE D'EINSTEIN

En 1907, soit deux ans seulement après la mise au point de la relativité restreinte, Einstein eut l'idée qu'il qualifia plus tard de « la plus heureuse de toute sa vie ». Dans cette vision (intérieure), ce qui devait se révéler comme la base physique essentielle de la relativité générale lui apparut, même s'il lui fallut ensuite presque dix ans pour élaborer mathématiquement la théorie. Einstein réalisa que « si une personne tombe en chute libre elle ne sentira plus son propre poids[38]. »

L'expression même de « chute libre » est significative : bien qu'on soit toujours apparemment lié au champ de gravitation, attiré par la Terre du point de vue de la théorie Newtonienne, on retrouve la liberté au cours de la chute. C'est bien cette liberté que recherchent et ressentent ceux qui pratiquent la chute libre comme sport, même si elle n'est que partielle en raison du frottement de l'air. Ce sont évidemment les astronautes en « apesanteur » qui éprouvent véritablement sur une longue période cette sensation de ne plus avoir de poids, de n'être plus soumis à la force d'attraction de la Terre. Cependant, la grande idée d'Einstein a été la compréhension que, si nous sautons vers le haut pendant la courte seconde que dure notre saut, nous faisons cette expérience d'« apesanteur ». Autrement dit, il n'y a aucune différence de principe entre un vaisseau en orbite autour de la Terre et une balle que nous lançons ici sur Terre : tous deux sont en chute libre, tous deux sont, le temps de leur mouvement, des satellites de la Terre.

Le principe d'équivalence

La compréhension de ce phénomène universel le mena à formuler le principe d'équivalence, suivant lequel *un champ de gravitation est localement équivalent à un champ d'accélération*. Einstein s'est appuyé pour cela sur une propriété fondamentale des champs de gravitation déjà mise en évidence par Galilée et comprise dans les équations de Newton : l'accélération communiquée à un corps par un champ gravitationnel est indépendante de sa masse.

Après la mise au point de la relativité restreinte, la nécessité d'une généralisation de cette théorie semblait inévitable à plus d'un titre. En effet, l'unification relativiste était loin d'être complète. Si la mécanique de la particule libre et l'électrodynamique satisfaisaient enfin aux mêmes lois, il n'en était pas de même de la théorie de la gravitation universelle de Newton, pourtant principal fleuron de la physique classique. Les équations de Newton sont invariantes sous la transformation classique de Galilée, mais pas sous celle de Lorentz. Ainsi la physique restait coupée en deux, en contradiction avec le principe de relativité, exigeant la validité des mêmes lois fondamentales dans toutes les situations.

De plus, la théorie newtonienne se fonde sur certains présupposés en contradiction avec le principe de relativité : il en est ainsi du concept de force newtonienne, qui agit à distance en se propageant instantanément à vitesse infinie. La construction d'une théorie relativiste de la gravitation semblait donc à Einstein (et à d'autres physiciens) une nécessité logique.

Autre problème tout aussi profond : l'approche relativiste se pose explicitement le problème des changements de système de référence et de leur influence sur la forme des lois de la physique. Mais la réponse fournie par la relativité restreinte n'est que partielle : elle ne considère que les repères en translation uniforme, à vitesse constante les uns par rapport aux autres. Pourtant, le monde réel nous montre constamment des rotations et des accélérations, du fait des multiples forces qui y agissent (telle la gravitation), ou inversement impliquant des forces nouvelles (telles les forces d'inertie).

Quelles sont les lois de transformation dans le cas des référentiels accélérés ? Pourquoi de tels référentiels ne seraient-ils pas aussi valides pour écrire les lois de la physique que les référentiels inertiels ? La réponse à une telle question implique aussi une généralisation de la relativité restreinte.

L'originalité de la démarche d'Einstein a été, en particulier, d'associer les deux problèmes, celui de la construction d'une théorie relativiste de la gravitation et celui de la généralisation de la relativité aux systèmes non inertiels, en une tentative unique. Cette unité de la démarche était précisément rendue possible par le principe d'équivalence : si champ d'accélération et champ de gravitation sont localement indistinguables, les deux problèmes de la description des changements de système de coordonnées incluant ceux qui sont accélérés et ceux qui sont entraînés dans un champ de gravitation n'en font plus qu'un. Mais une telle démarche ne se réduisait pas à « rendre relativiste » la gravitation newtonienne. Alors que certains physiciens pouvaient espérer, à l'époque, que le problème de la théorie de Newton pouvait se régler par une simple reformulation, en introduisant une force se propageant à la vitesse de la lumière, c'est tout le cadre de la physique classique qu'Einstein propose de reconstruire avec la relativité générale. Mieux encore, c'est un type de théorie nouvelle qu'il met au point pour la première fois : une théorie du cadre (l'espace-temps courbe, devenu variable dynamique) en liaison avec son contenu, et non plus seulement une théorie des « objets » dans un cadre rigide préétabli (comme l'était l'espace absolu newtonien).

Pourquoi un choix aussi radical ? Sans doute parce que la relativité restreinte elle-même se révélait insatisfaisante sur au moins un point essentiel : l'espace-temps qui la caractérise, même s'il inclut dans sa description un espace et un temps qui n'ont plus rien d'absolu pris individuellement, n'en reste pas moins absolu en tant qu'objet quadridimensionnel. Or, inspiré en particulier par les idées de Ernst Mach, Einstein en était venu à penser qu'un espace-temps absolu ne pouvait avoir de sens en physique, mais que sa géométrie devait être en correspondance avec son contenu matériel et énergétique. Ainsi une réflexion sur la question des forces d'inertie, qui avait amené Newton à introduire l'espace absolu, conduisit Einstein à la conclusion inverse.

Le problème des forces d'inertie

L'existence des forces d'inertie pose d'une manière aiguë le problème du caractère absolu ou relatif du mouvement et, en dernier recours, de l'espace-temps. Les idées de Mach dans ce domaine eurent une influence profonde sur Einstein. Pour Mach, la relativité du mouvement ne s'applique pas seulement au mouvement uniforme de translation, mais tout mouvement, quel qu'il soit, est par essence relatif (Poincaré et, bien avant lui, Huygens étaient arrivés aux mêmes conclusions).

Cette proposition peut sembler en contradiction avec les faits. S'il est clair, depuis Galilée, qu'il est impossible de caractériser d'une manière absolue l'état de mouvement inertiel d'un corps (seule la vitesse d'un corps *par rapport à un autre* a un sens physique), il semble ne pas en aller de même en ce qui concerne les mouvements accélérés. Ainsi, quand on considère un corps tournant sur lui-même, l'existence de son mouvement de rotation paraît pouvoir s'éprouver d'une manière totalement intrinsèque au corps. Nul autre corps de référence n'est nécessaire : il suffit de vérifier s'il y a ou non apparition d'une force centrifuge qui tend à déformer le corps en rotation.

En reprenant l'expérience (de pensée) du navire de Galilée, la différence entre mouvement inertiel et mouvement de rotation devient flagrante. Aucune expérience faite dans la cale d'un navire en mouvement rectiligne et uniforme par rapport à la Terre n'est capable de révéler l'existence du mouvement du vaisseau : comme l'avait compris Galilée, « le mouvement est comme rien ». Le mouvement relatif ne peut se révéler qu'en ouvrant un hublot dans la cale et en regardant défiler la côte. Mais, si, maintenant, le navire accélère ou tourne sur lui-même, tous les objets présents dans la cale seront poussés vers sa paroi. L'expérimentateur saura qu'il y a mouvement sans avoir à regarder à l'extérieur. Ainsi, le mouvement accéléré semble définissable par une expérience purement locale.

C'est un tel argument qui poussait Newton à admettre qu'on peut définir un espace absolu, en opposition avec Leibniz (puis Mach) pour qui définir un espace indépendamment des objets qu'il contient ne peut avoir de sens.

Mach propose une solution au problème tout autre que celle de Newton. Se fondant sur son principe de la relativité de tout mouvement, il arrive à la conclusion naturelle que ce corps tournant, dans lequel apparaissent des forces d'inertie, doit tourner non par rapport à un certain espace absolu, mais par rapport à d'autres corps matériels. Lesquels ? Il ne peut s'agir de corps proches, dont les fluctuations de distribution provoqueraient des fluctuations observables des systèmes inertiels. Cela est inacceptable, car il est aisé de vérifier la cohérence de ces systèmes sur de grandes distances. Ainsi, si nous regardons, immobiles par rapport à la Terre, le ciel la nuit, nous ne voyons pas les étoiles tourner[39]. Néanmoins, si nous tournons sur nous-mêmes, nous sentons nos bras s'écarter du fait des forces d'inertie et, en levant les yeux vers le ciel, nous voyons celui-ci tourner. Telle était la remarque initiale de Mach : c'est dans le même référentiel que les bras s'élèvent et que le ciel tourne, et cela sera vrai en deux points de la Terre éloignés par des milliers de kilomètres. Mach suggère alors que ce référentiel commun est déterminé par l'ensemble de la matière lointaine, des corps « à l'infini », dont l'influence gravitationnelle cumulée serait à l'origine des forces d'inertie. En d'autres termes, le corps tournerait par rapport à un référentiel, non pas absolu, mais *universel*. Un mouvement absolu serait défini en soi, indépendamment de tout objet. Cependant, chez Mach, tout mouvement est relatif, restant défini *par rapport* à un « objet », même si cet objet est l'Univers dans son ensemble.

La solution proposée par Einstein, celle du principe d'équivalence et de la relativité générale, incorpore certaines de ces idées tout en s'écartant finalement du principe de Mach, bien que ses prémisses soient identiques. La distribution de matière et d'énergie dans l'ensemble de l'Univers y détermine la structure géométrique de l'espace-temps, puis les mouvements des corps s'effectuent dans le cadre de cette géométrie liée à la matière.

Relativité de la gravitation

Revenons maintenant à la grande idée d'Einstein de 1907. Si un observateur tombe en chute libre dans un champ de gravitation, il ne sent plus son poids, ce qui signifie qu'il ne sent plus l'existence de ce champ lui-même. Cet énoncé, qui peut aujourd'hui nous sembler évident – nous avons tous vu, à la télévision ou au cinéma, des astronautes en « apesanteur » flotter dans leur vaisseau, et les objets qu'ils lâchent s'écarter d'eux à vitesse constante –, est pourtant véritablement révolutionnaire, car il implique que la gravitation n'existe pas en soi, mais que son existence même dépend du choix du référentiel.

Il s'écarte ainsi de la conception ancienne de la gravitation. Quoi, apparemment, de plus absolu qu'un champ de gravitation dans la conception newtonienne ? La gravitation a été reconnue par Newton comme universelle ; voilà bien un phénomène physique dont l'existence ne semble pouvoir dépendre de telle ou telle condition d'observation.

Pourtant, si on laisse tomber sans frein une enceinte fermée dans un champ de gravitation et qu'on communique à un corps une certaine vitesse initiale par rapport à cette enceinte, le corps se déplacera en ligne droite à vitesse constante par rapport aux parois de l'enceinte ; un corps initialement immobile (toujours par rapport aux parois) le restera pendant tout le mouvement de chute de l'enceinte. En d'autres termes, toutes les expériences que l'on pourra y faire nous confirmeront que nous sommes dans un référentiel *inertiel !* Ainsi, la gravitation, si universelle soit-elle, peut tout simplement être supprimée localement par un choix judicieux du système de coordonnées : ce qu'Einstein comprit en 1907, c'est que l'existence même de la gravitation était *relative* au choix du système de coordonnées.

Le principe d'équivalence peut ainsi se comprendre comme un principe de la relativité de la gravitation. Celle-ci n'existe plus « en soi », mais se manifeste du fait de notre appartenance à certains systèmes de coordonnées. Si nous ressentons la gravité sur Terre, ce n'est plus, en théorie d'Einstein, parce qu'une « force » nous attirerait vers le centre de la Terre, mais parce que l'existence du sol terrestre nous astreint à demeurer en permanence dans un « mauvais » système de coordonnées… Il suffit de se placer dans le système adapté (celui qui est en chute libre dans le champ de gravitation), pour voir à nouveau disparaître ce champ.

En effet, la chute des corps n'est qu'une illusion. Si nous lançons un corps devant nous, il se rapprochera effectivement du sol jusqu'à le heurter. Mais le choc final vient de l'existence du sol, qui ne relève pas de la seule théorie de la gravitation. Le mouvement du corps avant le choc serait inchangé si toute la masse de la Terre était concentrée en son centre. Cette expérience de pensée permet d'élucider la vraie nature du mouvement du corps. Sans le sol pour l'arrêter, il poursuivrait son mouvement vers le centre, puis s'en éloignerait à l'opposé, et finirait par revenir à son point de départ pour repartir à nouveau... Autrement dit, le corps décrirait une ellipse dont le centre de la Terre serait un foyer. Quand nous lançons un corps, nous ne faisons rien d'autre que de le satelliser autour de la Terre.

Tout se passe comme si Einstein avait pris à rebours les propositions de Newton. A la question d'origine : Pourquoi les corps tombent-ils sur Terre, alors que la Lune ne tombe pas ?, Newton répondait qu'en fait la Lune tombe en permanence si l'on compare son mouvement à ce qu'il devrait être (rectiligne uniforme), si elle était libre de toute force. Einstein fait la réponse inverse : *Ni la Lune ni le corps ne tombent, tous deux sont des satellites de la Terre.* C'est bien sûr la définition même de ce qu'on appelle « tomber » qui est ici en cause. Ces réponses permettent toutes deux de construire une théorie universelle de la gravitation, mais celle d'Einstein s'est révélée plus profonde.

Les conséquences inverses du principe d'équivalence sont également vraies. Les conditions de vie dans un vaisseau uniformément accéléré à 10 m/s^2 seront tout à fait semblables à celles que nous connaissons sur Terre : nous pèserons le même poids, un objet lancé y décrira une même parabole. Les diverses expériences que nous pourrons y mener ne permettront pas de distinguer ce champ d'accélération d'un champ de gravitation.

Cela n'est bien sûr vrai que « localement », c'est-à-dire dans une région petite par rapport à l'extension du champ. Dans un vaisseau très grand, on pourrait vérifier que l'accélération de la pesanteur artificielle reste parallèle à une même direction. Au contraire, dans un champ de gravitation créé par une masse, l'accélération est centrale : des mesures précises entre points éloignés montreraient le non-parallélisme de la force de gravitation. Pour un objet étendu, des forces de marée apparaîtront, déformant l'objet du fait de la *variation* de la force gravitationnelle entre ses extrémités.

Généralisation du principe de relativité

Les deux problèmes que se posait Einstein, trouver une théorie relativiste de la gravitation et généraliser aux référentiels non inertiels la relativité restreinte, se retrouvent ainsi indissolublement liés par le principe d'équivalence. Le seul fait de vouloir écrire les lois de la physique dans des systèmes entraînés dans un mouvement quelconque, et en particulier dans des mouvements uniformément accélérés, impliquera que, dans certains référentiels, apparaîtront des propriétés gravitationnelles en l'absence de masses, alors que, dans d'autres référentiels, même en présence de masse, on aura toutes les propriétés d'un système inertiel.

Le principe de relativité générale d'Einstein étend donc le principe de relativité à des mouvements quelconques. Il pose que les lois de la nature s'appliquent, quel que soit l'état de mouvement du système de coordonnées. En d'autres termes, tous les systèmes de référence doivent être équivalents pour l'expression des lois physiques, quel que soit leur état de mouvement.

Le principe de relativité générale se traduit mathématiquement en un autre principe, celui de *covariance généralisée*. Celui-ci exige que la *forme* des équations de la physique reste inchangée dans une transformation quelconque du système de coordonnées (c'est-à-dire, en fait, qu'elles vont garder la même forme que celle qu'elles avaient dans un système inertiel, comme nous le verrons dans la deuxième partie de cet ouvrage).

Relativité de la géométrie

Le lien entre géométrie et gravitation peut être encore resserré. Si la gravitation est relative au choix du système de coordonnées, il en est de même de certains énoncés géométriques, comme nous allons le voir.

Du point de vue d'un observateur extérieur, une station spatiale en orbite autour de la Terre décrit périodiquement des ellipses autour d'elle. Mais pour l'astronaute à l'intérieur de la station, tant qu'il ne regarde pas par le hublot, tout ce qu'il observe dans son environnement semble indiquer qu'il est vraiment situé dans un référentiel inertiel : un objet lâché par lui sans vitesse initiale flotte sans bouger ; s'il le pousse, il dérive à vitesse constante jusqu'à cogner contre une paroi. Supposons que l'astronaute lance un objet très doucement et qu'il traverse la station le temps d'une fraction de la période orbitale. Dans le vaisseau, l'objet décrit une trajectoire rectiligne à vitesse constante. Mais quelle est sa trajectoire pour un observateur terrestre ? Une ellipse, c'est-à-dire une trajectoire courbe ! Ainsi, la présence d'un champ gravitationnel se traduit par le fait que la droite dans un repère est une courbe dans un autre.

Une autre remarque faite par Einstein fut plus déterminante encore dans son choix des géométries non euclidiennes. Qu'il faille abandonner la géométrie euclidienne est en fait une conséquence directe de la relativité restreinte. Considérons, en effet, la mesure de la circonférence d'un disque à des distances variables à partir de son centre. Le rapport de la circonférence sur le rayon d'un cercle tracé sur ce disque vaut toujours 2π si celui-ci est au repos par rapport au sol.

Mais considérons maintenant un disque tournant. On peut chercher à savoir, si l'on ne dispose pas encore d'une théorie plus générale, ce que peut nous enseigner la relativité restreinte sur un tel mouvement. Si le disque tourne sur lui-même à vitesse uniforme, la vitesse de translation liée à cette rotation croît avec la distance au centre. En mesurant maintenant la circonférence avec assez de précision (ou si le disque tourne tellement vite que la vitesse de sa partie extérieure se rapproche de celle de la lumière), sa longueur est diminuée par la contraction relativiste de Lorentz, et cela d'autant plus que la vitesse linéaire est grande, donc que la distance au centre s'accroît. Ainsi, le rapport de la circonférence et du rayon d'un cercle tracé sur un disque tournant ne vaut 2π qu'au centre et *décroît vers l'extérieur*. Or la valeur de ce rapport est l'une des bases de la géométrie euclidienne, qui se trouve donc mise en échec par la relativité.

Finalement, comme ni la gravitation ni la géométrie de l'espace (et du temps) ne sont absolues, et qu'à l'absence de gravitation (l'inertie) correspond précisément l'absence d'effets géométriques (le mouvement est rectiligne), Einstein a été amené à postuler que la gravitation et la géométrie ne sont finalement qu'une seule et même chose. C'est précisément à un tel énoncé qu'arrive finalement la théorie de la relativité générale, en *identifiant les effets de la gravitation aux manifestations de la courbure de l'espace-temps*.

L'espace-temps courbe

Une fois acquises l'idée du principe d'équivalence et celle d'un espace-temps non absolu, dépendant de son contenu, un nouvel outil géométrique devient nécessaire pour mettre en œuvre la théorie de la relativité générale. Il est, en effet, clair que ni la géométrie euclidienne ni son extension en relativité restreinte, l'espace-temps de Minkowski, ne sont adaptées à un tel projet. Toutes deux sont rigides, absolues, et ne contiennent pas les structures qui permettraient de relier matière et géométrie.

En géométrie euclidienne, l'ensemble des points situés à distance constante d'un point fixé est un cercle dans un plan, une sphère dans l'espace à trois dimensions, une hypersphère au-delà. La circonférence d'un cercle de rayon r est $2\pi r$, sa surface πr^2, la surface d'une sphère $4\pi r^2$ et son volume $(4/3)\pi r^3$, etc. La somme des angles d'un triangle est de 180°, deux droites parallèles ne se coupent jamais.

Plaçons-nous maintenant sur la surface d'une sphère, et imaginons que nous soyons des êtres à deux dimensions astreints à demeurer sur cette sphère. Admettons que non seulement nous, mais tous les objets physiques se propagent exclusivement sur la sphère. Quand nous parlons de « dimension », d'« axes », d'aller « tout droit », nous faisons référence à la seule chose que nous connaissions : nous déplacer dans notre « Univers » dont nous ne savons pas, par des mesures purement locales, que c'est la surface d'une sphère. Ne pouvant nous en extraire ni observer ou utiliser quoi que ce soit qui lui soit extérieur, seules ses propriétés intrinsèques, internes, pourront nous renseigner sur la nature de notre monde. Or des mesures à grande échelle nous prouveraient que les cercles y ont une circonférence inférieure à $2\pi r$ et une surface inférieure à πr^2 ; la somme des angles d'un triangle est supérieure à 180° et les parallèles peuvent s'y couper. Cet « Univers » est sphérique et correspond à la surface d'une sphère.

Revenons dans notre Univers. La surface d'une sphère peut ainsi être vue comme un objet (à deux dimensions) plongé dans un espace euclidien à trois dimensions, mais aussi du point de vue *intrinsèque* comme un espace à deux dimensions à part entière. On peut faire des mesures de longueur et établir des relations entre ces mesures en fonction exclusivement de deux coordonnées définies le long de cette sphère et aucun changement de repère ne permettra de supprimer globalement les différences que l'on observera avec les relations obtenues dans un plan.

Ces remarques ont conduit à un saut conceptuel profond, à la création d'un nouvel univers géométrique. C'est à Gauss, Bolyai et Lobatchevski que revient le mérite d'avoir vraiment compris et accepté, au début du XIXe siècle, la possibilité logique d'une géométrie non euclidienne. Gauss a découvert que les méthodes qu'il avait mises au point pour décrire intrinsèquement la sphère lui permettaient de décrire mathématiquement une autre géométrie à deux dimensions, complètement nouvelle, cohérente, et que, pourtant, *on ne pouvait pas construire comme une surface plongée dans notre espace euclidien habituel.* Cet espace, appelé *hyperbolique,* est infini et possède tous les attributs d'une authentique géométrie, ce qui permet de le comparer à l'espace euclidien : on peut y construire des « droites » de longueur infinie, y définir des parallèles illimitées, ce qu'on ne pouvait faire sur la sphère. Mais les parallèles peuvent s'y couper, la somme des angles d'un triangle est inférieure à 180°, la circonférence d'un cercle supérieure à $2\pi r$,... Il s'agit d'une géométrie à part entière, mais qui ne satisfait plus aux axiomes d'Euclide.

Ces nouvelles géométries sont caractérisées par une propriété nouvelle, la courbure. La sphère est un espace à deux dimensions à courbure constante positive, donnée par l'inverse du carré de son rayon. On peut également envisager des surfaces à courbure négative : la surface d'une selle de cheval, qui s'incurve vers le haut ou vers le bas dans des plans orthogonaux, en est un bon exemple. L'espace hyperbolique de Gauss est précisément un espace dont la courbure est négative, mais, de plus, *constante.*

Une fois comprise la possibilité d'une géométrie ne satisfaisant pas à tous les axiomes d'Euclide restait à la construire explicitement, à faire des choix parmi toutes les possibilités ouvertes à l'imagination. Gauss décida de se limiter aux espaces *localement euclidiens,* c'est-à-dire pour lesquels la loi de Pythagore reste valable dans un domaine infinitésimal autour de tout point. Ce choix, conservé par Riemann dans sa généralisation à des espaces ayant un nombre de dimensions quelconque, va se révéler essentiel dans la construction de la relativité générale par Einstein : c'est le caractère localement plat de l'espace (plus précisément le caractère localement minkowskien de l'espace-temps) qui va permettre l'expression mathématique du principe d'équivalence.

Remarquons dès maintenant que la théorie de la relativité d'échelle, dont nous parlerons par la suite, consiste précisément à abandonner cette hypothèse. L'espace-temps n'y est plus localement plat, mais au contraire fractal, ce qui signifie qu'il possède des structures internes vers les petites échelles.

Gauss a étudié les propriétés métriques des espaces courbes, comme par exemple les relations entre les longueurs des côtés d'un triangle. Il a découvert qu'elles leur étaient propres et permettaient de les différencier, aussi bien les uns par rapport aux autres que par rapport à l'espace plat. Les propriétés internes de ces espaces se ramènent à la connaissance de la *distance* entre deux points quelconques.

L'exigence de covariance (pouvoir écrire les lois de la physique sous la même forme quel que soit le système de coordonnées) est réalisée quand on sait comment se transforment toutes les quantités physico-mathématiques définies sur un espace et quand on peut utiliser cette connaissance pour écrire des équations dont la forme ne dépend plus du système de coordonnées particulier choisi (seules les valeurs numériques prises par les grandeurs vont en dépendre).

Géodésiques

La théorie à construire doit rendre compte des trajectoires des corps. Or les lois du mouvement se ramènent toujours, en dernier recours, à un processus d'optimisation : il s'agit d'aller « au plus court ». Dans le cas de l'espace ordinaire, euclidien, la trajectoire la plus courte entre deux points est la droite : ainsi le mouvement inertiel galiléen, rectiligne uniforme, répond bien à une telle optimisation. Le principe de relativité générale exige que tous les référentiels soient équivalents dans la description du mouvement. Il faut donc que la trajectoire de la particule libre dans le champ de gravitation décrive l'équivalent d'une « droite », mais dans un espace-temps courbe. Quel est l'équivalent de la droite en géométrie riemannienne ? C'est ce qu'on appelle la *géodésique* de l'espace. Par exemple, la géodésique sur une sphère, bien connue des navigateurs, est réalisée non par un arc de latitude constante, mais par un « grand cercle » (voir *figure* 1)[40].

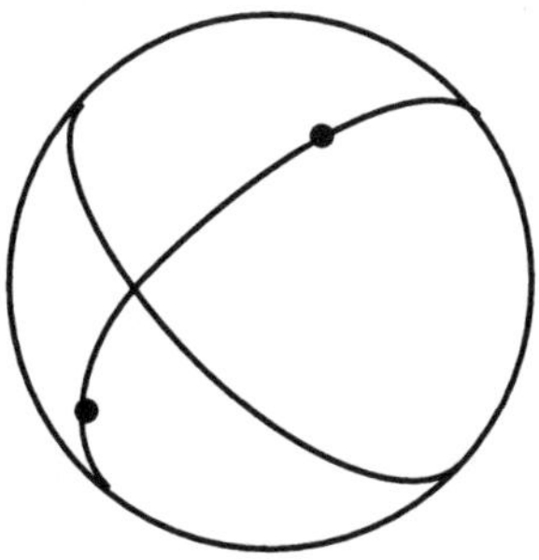

Figure 1. *Géodésique sur la surface d'une sphère.* La ligne la plus courte entre deux points est un arc d'un grand cercle, c'est-à-dire d'un équateur qui passerait par ces deux points.

Le mouvement inertiel et la chute libre dans un champ de gravitation deviennent identiques : dans les deux cas, il s'agit du mouvement libre. Ce résultat extraordinaire se traduit dans l'équation même des géodésiques qui a exactement la forme, généralisée dans un espace courbe, de l'équation du mouvement inertiel ! Elle s'exprime en écrivant tout simplement que l'accélération est nulle, donc que l'objet se meut à vitesse uniforme constante. Mais cette accélération qui s'annule n'est plus seulement l'accélération habituelle. Elle contient dans sa définition même les effets induits par la géométrie sur le déplacement, que l'on décrit à l'aide d'une généralisation de la dérivation ordinaire, appelée dérivée covariante. Ces effets, en dernier recours, manifestent simplement la relativité générale du mouvement.

Considérons en effet une grandeur physique vectorielle, comme l'est une vitesse ou une force. Elle se représente par une petite flèche – un vecteur. Changeons maintenant l'origine de cette flèche. Si, au cours d'un tel déplacement, celle-ci reste inchangée, parallèle à elle-même et de même longueur, c'est qu'elle a pu être définie de manière absolue. Inversement, l'abandon du caractère absolu de l'espace-temps implique donc que, dans un déplacement, un vecteur doit tourner. Ce que décrit la nouvelle dérivée et ce qu'est la gravitation dans la théorie d'Einstein, c'est précisément cela : un effet de rotation induit par les translations. Il n'y a pas à chercher une « cause » pour un tel effet. Il est la simple expression d'une plus grande généralité, au sens où ce serait son inexistence qui exigerait une cause.

Ainsi, Einstein arrive, en ce qui concerne la gravitation, à des énoncés d'une même puissance que ceux atteints par Galilée pour le mouvement inertiel. « Le mouvement est comme rien », il n'a pas besoin de cause, c'est le repos ou la variation du mouvement qui en exigent une. De même, l'espace-temps est, *a priori,* courbe, car s'il ne l'était pas, cela équivaudrait à faire l'hypothèse arbitraire de sa platitude et donc de son caractère absolu. Autrement dit, *la gravitation est comme rien,* elle est comme si elle n'était pas. Cette propriété se manifeste effectivement dans le fait qu'un nombre incalculable de géométries *courbes* sont solutions des équations d'Einstein *sans terme de source,* c'est-à-dire sans matière ni énergie (nous verrons dans ce qui suit que la matière sert de source à la gravitation, de la même manière que les charges électriques sont les sources du champ électromagnétique). Si courbure et matière sont bien reliées en relativité générale, il serait trompeur de réduire ce lien à de simples relations de cause à effet, car il peut exister de la courbure sans matière. Il s'agit dans ce cas d'un champ de gravitation pur, sans cause autre que la plus grande généralité des possibles.

La géométrie riemannienne va permettre à Einstein de construire une théorie unique en son genre en physique : tous les concepts habituels et auparavant indispensables, de force, de potentiel, de champ même disparaissent au profit du seul concept d'espace-temps. En relativité générale, la matière change la courbure de l'espace-temps et les particules-tests libres suivent les géodésiques de cet espace-temps courbe.

Les sources de la gravitation

Une dernière pierre des fondations manque encore : si l'espace-temps est maintenant courbe et fluctuant et non plus rigide et immuable, quel est le lien entre cette courbure et la matière ? Qu'est-ce qui courbe l'espace-temps ? La nature des théories des champs est de définir des sources pour les champs, qui sont les grandeurs qui les créent. Plus précisément, on introduit des *charges* (comme la charge électrique en électricité, ou la charge forte en théorie de l'interaction forte), puis on considère le mouvement de ces charges, qui est leur *courant* (il en est ainsi du courant électrique). Finalement, les équations d'un champ consistent à exprimer que ce courant détermine les variations du champ.

En ce qui concerne la gravitation, un élément de réponse peut être trouvé en théorie newtonienne : dans cette théorie, la force attractive qui déviait les trajectoires des particules était provoquée par les *masses*. Doit-on en déduire que ce sont les masses qui courbent l'espace-temps ? La théorie restreinte de la relativité nous enseigne qu'une telle réponse ne peut être qu'insuffisante. Einstein a démontré que la masse se ramenait à une énergie de repos (c'est ce qu'exprime la relation $E = mc^2$) et que l'énergie elle-même n'était que la composante temporelle d'un être mathématique plus complexe à quatre dimensions mélangeant énergie et impulsion (comme c'est le cas du temps et de l'espace). On doit parler, non plus d'énergie et d'impulsion séparées, mais d'énergie-impulsion.

Dans la théorie d'Einstein, la « charge » pour la gravitation (sa « source ») est donc l'énergie-impulsion sous toutes ses formes, celle de la matière mais aussi du rayonnement. Sous quelle forme cette « charge » va-t-elle apparaître dans la théorie finale ? Nous savons que, dans les équations de l'électromagnétisme, on voit apparaître comme « source » du champ le *courant électrique,* qui représente les déplacements des charges électriques (le produit des charges par leurs vitesses). L'action physique d'un champ est provoquée par le courant des charges agissantes. Il en sera de même pour la gravitation, mais avec un résultat très particulier dans ce cas. Les équations de la gravitation vont en effet dépendre du « courant de charge gravitationnelle », c'est-à-dire du *courant de l'énergie-impulsion,* alors que l'impulsion (produit de la masse par la vitesse) était déjà un « courant de masse ». C'est cette extraordinaire grandeur physique (un « courant de courant ») qui s'identifie [41] en théorie d'Einstein à la géométrie de l'espace-temps.

Finalement, dans la théorie de la relativité généralisée, masses aussi bien que rayonnement jouent un rôle gravitationnel actif et passif : par exemple, le champ électromagnétique contribue, avec les masses et toute autre forme d'énergie, à courber l'espace-temps et, en retour, les masses, les photons, toutes les autres particules et tous les corps verront leurs trajectoires déviées par les champs gravitationnels.

Les équations de l'espace-temps

La dernière étape dans la construction de la théorie consiste à déterminer quelle expression géométrique pourra s'identifier à ce courant de charge gravitationnelle. Les équations cherchées par Einstein doivent s'écrire sous la forme GÉOMÉTRIE = MATIÈRE. Il faut donc que les deux termes de cette identité aient les mêmes propriétés. Or la matière se caractérise par une équation de conservation, qui exprime de manière généralisée (dans l'espace-temps) sa continuité. Existe-t-il une propriété géométrique équivalente ?

Les espaces-temps riemanniens sont, effectivement, universellement caractérisés par le fait qu'« une frontière n'a pas de frontière ». Par exemple, la frontière d'un carré est son périmètre. Sur celle-ci, un mobile pourrait circuler sans jamais trouver d'obstacle[42]. Il en est de même d'un cube. Sa frontière est constituée de ses six faces, qui constituent un espace fini et fermé à deux dimensions, équivalant à la surface d'une sphère. Dans un espace à quatre dimensions, cette propriété devient plus difficile à visualiser. La frontière devient la paroi tridimensionnelle d'un hypercube. Cette « paroi » est constituée de huit cubes tous reliés les uns aux autres deux à deux par leurs faces respectives. Un être tridimensionnel comme nous, qui vivrait dans cette paroi, ne rencontrerait jamais aucune frontière, bien qu'un tel espace soit fini. Il s'agit là d'une propriété générale de continuité et de conservation purement géométrique qui pourra donc être identifiée avec la propriété de continuité équivalente pour la matière : c'est à une telle identité que se ramènent les équations de l'espace-temps en relativité générale.

Quelle est, finalement, la nature des équations d'Einstein ? On peut les voir comme l'expression d'une contrainte sur les univers physiquement possibles. Si toutes les géométries courbes sont mathématiquement cohérentes, toutes ne le sont pas du point de vue de la physique. Les géométries physiques doivent en effet être connectées à la distribution de matière *via* ces équations. Mais cela n'empêche pas l'énorme diversité des solutions possibles. En raison de la complexité des équations d'Einstein, seules quelques solutions exactes sont connues. Il s'agit de solutions extrêmement particulières, qu'on ne peut obtenir que grâce à des hypothèses hautement simplificatrices. Il en est ainsi des solutions cosmologiques décrivant l'Univers dans son ensemble sous l'hypothèse d'homogénéité et d'isotropie à grande échelle, ou encore de la solution de Schwarzschild, fondée sur l'hypothèse de symétrie sphérique autour d'une masse, qui décrit le comportement des planètes autour du Soleil. Mais dès qu'on passe à des configurations plus complexes, comme par exemple le problème du mouvement d'une étoile double, plus aucune solution exacte n'est connue (on en a bien sûr des solutions approchées).

Ces équations réalisent également le but que s'était fixé Einstein, d'une relativité générale du mouvement. Ce sont effectivement les équations les plus générales parmi les plus simples qu'on puisse écrire, qui soient invariantes sous les changements de système de coordonnées continus et deux fois différentiables (on peut définir une vitesse et une accélération). La gravitation en théorie d'Einstein devient l'ensemble des manifestations de la courbure de l'espace-temps. Cette courbure est elle-même l'expression d'une plus grande généralité (par rapport à l'hypothèse selon laquelle l'espace-temps serait plat).

On tente souvent d'exprimer l'essence de la relativité générale en énonçant que « la matière courbe l'espace-temps ». Ce mode de description n'est pas tout à fait exact, sachant que la courbure peut exister sans matière et que, inversement, à une grande quantité de matière peut correspondre un espace-temps spatialement plat.

C'est ainsi que de nombreuses solutions des équations d'Einstein du vide existent, dont les plus simples sont ce qu'on appelle les ondes gravitationnelles (ce sont des fluctuations de la géométrie se propageant de manière ondulatoire). Tous les modèles cosmologiques, même ceux qui sont à la limite de densité nulle, sont spatio-temporellement courbes, ce qui se traduit par le phénomène d'expansion de l'Univers, c'est-à-dire de dilatation de leur partie spatiale au cours du temps. Quant à celle-ci, les modèles spatialement plats correspondent à une densité, dite critique, déjà très élevée. Sous cette densité, la courbure est négative, au-dessus positive. Tous ces exemples montrent qu'il serait plus correct de traduire la nature de la théorie par l'énoncé que *la matière et l'énergie changent la courbure de l'espace-temps*. Une nouvelle fois, c'est la différence qui compte (ici de courbure), non la courbure dans l'absolu. Il ne faut donc pas interpréter la relation entre matière et géométrie dans les équations d'Einstein comme « causale » (on « mettrait » la matière qui courberait « ensuite » l'espace-temps), mais comme relevant d'une identité (en tout point et à tout instant, les deux membres de ces équations, l'un géométrique et l'autre matériel, sont identiques).

Ainsi, les structures observées dans notre monde seraient les plus générales des structures physiquement possibles, aucun autre monde ne serait envisageable. Pour aller vers une description plus générale encore, il faudrait lever les dernières hypothèses résiduelles de la relativité générale : la différentiabilité (ce qui est le projet de la théorie de la relativité d'échelle, dont nous parlerons plus loin) et, au-delà, la continuité...

Une autre propriété essentielle de la relativité générale, qu'elle ne partage avec aucune autre théorie, est le lien qu'elle permet entre équations du « champ gravitationnel » (c'est-à-dire de la géométrie de l'espace-temps) et équations du mouvement des particules dans le champ.

Par exemple, dans la théorie de l'électrodynamique de Maxwell-Lorentz, il faut ajouter aux équations du champ électromagnétique celle de la force de Lorentz, qui agit sur les particules soumises à ce champ. En théorie d'Einstein, les équations du mouvement ne sont plus indépendantes de celles du champ, mais s'en déduisent. Cette propriété unique démontre la puissance de l'approche géométrique et spatio-temporelle. Elle vient du fait que les trajectoires des particules ne sont plus vues comme le résultat de l'action d'une force, mais sont liées à la structure géométrique de l'espace-temps, car définies comme ses géodésiques.

Insistons, pour conclure cette première partie, sur la complémentarité des trois grands principes utilisés par Einstein pour construire sa théorie. Le *principe de relativité* généralisée énonce que le mouvement et la gravitation sont toujours relatifs au choix du système de coordonnées. L'inexistence en soi de la gravitation en découle. Le *principe de covariance* forte exige que les lois du mouvement dans un champ de gravitation (les équations des géodésiques) puissent s'écrire sous la forme qu'elles ont dans le vide dépourvu de toute force, celle des lois inertielles. Enfin, le *principe d'équivalence* précise définitivement que ce repère localement inertiel s'identifie au système de coordonnées uniformément accéléré, en chute libre dans le champ de gravitation. Ces trois principes se révèlent ainsi comme trois éclairages d'un même tout, qui est le lien : relativité – inexistence en soi (de la gravitation) – mouvement libre.

Deuxième Partie

Le principe de relativité

Chapitre VI

SENS DU PRINCIPE DE LA RELATIVITÉ

Le principe de relativité consiste à postuler que *les lois de la nature sont valides dans tout système de référence, quel que soit son état.*

Après avoir suivi l'évolution de ce principe et de son application (nous avons vu que les théories de la relativité ont connu plusieurs niveaux successifs d'élaboration au cours des siècles), nous allons maintenant tenter d'analyser le sens profond de cet énoncé. Sous cette forme, il généralise celui qu'Einstein donnait en 1916[1] : pour Galilée, puis Poincaré et Einstein, il s'agissait uniquement d'une relativité du *mouvement.*

Les changements d'état du système de coordonnées pris en compte dans la relativité d'aujourd'hui sont en effet ceux de position, d'orientation et de mouvement. Mais le point de vue développé dans le présent ouvrage est qu'*un sens beaucoup plus général peut être donné au principe de relativité, grâce à une extension de la notion de système de référence :* en ce sens, il ne s'agit plus d'un principe figé et abouti, mais d'un principe évolutif. Levy-Leblond[2] avait déjà insisté sur la nécessité de faire la différence entre le principe de relativité et les théories qu'on peut construire à partir de lui. Cela reste d'autant plus vrai en ce qui concerne la version plus générale de ce principe que nous considérons ici. L'idée est que le principe de relativité ne s'applique pas seulement au mouvement, mais à toutes les grandeurs qui caractérisent l'état (lequel est *toujours relatif*) du système de référence.

Réduire le principe de relativité aux théories de la relativité actuellement construites, mais qui restent incomplètes, ce serait tuer la poule aux œufs d'or ! Aussi est-ce bien le principe « philosophique » de relativité dans toute sa profondeur que nous allons maintenant analyser plus en détail.

Les lois de la nature

Le principe de relativité est un énoncé qui porte sur « les lois de la nature », au sens le plus général du terme. De ce point de vue, ce principe peut être considéré comme d'essence plus philosophique que physique. Qu'est-ce que les « lois de la nature » ? Qu'on n'attende pas ici une définition : le but de ce chapitre est précisément de montrer comment ce concept s'est transformé au cours de l'évolution de la physique. Des lois qu'on pensait fondamentales à une époque furent ensuite ramenées à un statut secondaire au profit de lois plus profondes. Par exemple, les trois lois de Kepler du mouvement des planètes deviennent plus tard des conséquences de la loi de la gravitation universelle de Newton ; aujourd'hui celle-ci peut se déduire, comme approximation, de la relativité générale d'Einstein.

Existe-t-il même des lois de la nature ? Leur existence est une hypothèse fondatrice, sous-jacente à la physique et plus généralement à la connaissance scientifique. C'est un présupposé nécessaire à la démarche scientifique. Les progrès de la science, les succès mêmes de l'approche expérimentale, l'approfondissement de notre compréhension, soutiennent cette hypothèse, montrent son efficacité, mais ne peuvent la démontrer.

Le physicien, dans la pratique, ne traite jamais que des équations de la physique. Celles-ci, espère-t-il, se rapprochent peu à peu de ces lois ultimes, les cernent. Certains physiciens[3,4] se posent même la question d'une fin éventuelle de la physique : nos équations exprimeront-elles un jour ces lois d'une manière parfaite ? Il est remarquable que de telles idées resurgissent de manière régulière, et ce justement dans les périodes de crise (larvées et souvent non explicites), comme à la fin du siècle dernier ou à l'époque actuelle.

Un autre point de vue est possible : c'est que nos équations ne seront jamais que des approximations imparfaites, valables dans un cadre bien déterminé et toujours limité par une frontière (s'élargissant au cours du temps) au-delà de laquelle la représentation qu'elles donnent du monde se révèle de plus en plus infidèle. Dans une telle conception de l'évolution de la science, la recherche des connaissances pourrait bien ne pas avoir de fin. Ces lois (hypothétiques) de la nature ne seraient alors qu'un concept asymptotique, un horizon, toujours entrevu mais jamais atteint. Dans un tel cadre de pensée, c'est la dynamique qui compte, le mouvement de l'esprit, la voie sur laquelle on avance, pas le but, qui pourrait, en soi, n'être qu'illusoire[5].

Mais cette conception ne doit pas être détournée (comme c'est le cas dans certains discours antiscientifiques qui fleurissent actuellement) : il ne signifie en rien que la science « se trompe », ni que la vérité scientifique n'existe pas ! Cette frontière, qui limite le domaine d'applicabilité fiable d'une théorie à une époque donnée, est repoussée beaucoup plus loin par les théories ultérieures, et dans ce processus tous les succès et les acquis de la théorie précédente sont conservés. Un bon exemple en est la manière dont la relativité générale d'Einstein a englobé la théorie newtonienne dans un cadre plus vaste, dans lequel tous les résultats extrêmement précis de la théorie de Newton sont retrouvés. Mais la description newtonienne, si précise tant que le champ gravitationnel reste faible (c'est le cas pour la gravité à la surface de la Terre, ou pour le mouvement des planètes éloignées du Soleil), possède sa propre frontière, au-delà de laquelle ses prédictions sont contredites par les observations (il en est ainsi du mouvement de Mercure, planète la plus proche du Soleil, ainsi que de celui de rayons lumineux passant tout près du bord solaire). C'est ce rapport particulier entre les deux théories qui fait parfois considérer la contribution einsteinienne comme apportant seulement des « corrections relativistes » à la théorie newtonienne (on parle, par exemple, de *l'avance* du périhélie de Mercure), alors qu'objectivement c'est l'ensemble du phénomène considéré que prédit la relativité générale seule (dans notre exemple, la position de Mercure à tout instant depuis sa découverte).

Ainsi, dans cette dynamique évolutive de la science ouvrant sans cesse de nouveaux fronts de recherche, certaines lois sont effectivement établies de manière définitive et elles le demeurent dans les élargissements ultérieurs du cadre de pensée : c'est le cas, par exemple, de lois extrêmement fondamentales comme l'indépassabilité de la vitesse de la lumière dans le vide (considérée localement) ou de l'existence d'un zéro absolu pour les températures.

Vers des lois de plus en plus fondamentales

Pour mieux saisir le statut de la « vérité » en science, il faut aussi comprendre que les élargissements successifs du cadre de pensée au cours de l'évolution de la physique s'accompagnent d'un approfondissement du concept de « loi de la nature » lui-même. Cela est un point essentiel qui, s'il n'est pas clarifié, peut mener à des quiproquos sans fin et, éventuellement, à de véritables « dialogues de sourds » entre scientifiques. Des lois qui apparaissent comme fondamentales à une époque donnée se révèlent, dans un cadre élargi, n'être plus que des lois phénoménologiques (c'est-à-dire restreintes à des phénomènes particuliers). L'exemple déjà évoqué de la relation entre les lois de Kepler et celles de Newton permettra de mieux le comprendre. Les trois lois de Kepler sont purement descriptives[6]. Elles concernent des propriétés géométriques, découvertes empiriquement, des orbites des planètes. Elles collent au phénomène à décrire (le mouvement global des planètes), mais n'en donnent aucune explication. Avec la loi de la gravitation universelle de Newton, la physique change de niveau. On ne s'occupe plus de décrire le résultat (la forme des orbites), mais la source du mouvement (la force newtonienne s'exerçant entre les corps). Les lois de Kepler peuvent alors se démontrer comme conséquences de cette loi plus fondamentale, et se révèlent comme un simple sous-ensemble de tous les mouvements possibles dans des champs de gravitation.

Ainsi, dans un nouveau cadre, des lois plus profondes et plus générales émergent, à partir desquelles les lois précédentes, qui deviennent souvent spécifiques d'un référentiel donné, peuvent être démontrées comme cas particulier. C'est là une des principales clés utilisées pour la résolution des plus grandes contradictions rencontrées dans la poursuite de la connaissance. C'est par de tels sauts que la physique évolue de manière profonde. On s'aperçoit d'ailleurs que des problèmes apparemment insolubles sont plus souvent contournés que résolus dans un cadre plus évolué ; autrement dit, le changement de cadre révèle que les questions étaient en fait mal posées, car elles l'étaient dans un cadre incomplet. Il ne sert à rien de tenter de répondre à de mauvaises questions. Il est plus efficace de bien les formuler, et d'ailleurs ce seul travail de reformulation suffit en général à faire émerger les réponses.

De nombreux exemples en ont été donnés dans la première partie, qui, très souvent, mettent précisément en œuvre le principe de relativité et ses vertus unificatrices. Citons, à nouveau, l'unification newtonienne : ce qui était considéré avant l'intervention de Galilée et de Newton comme les « lois » du mouvement terrestre et les « lois » célestes, lois apparemment opposées et contradictoires (les corps terrestres tombent toujours, quand les corps célestes restent en permanence dans le ciel), devient la manifestation dans des systèmes de coordonnées différents d'une loi unique plus profonde, celle de la gravitation universelle. Un saut du même type est réalisé par Einstein deux siècles et demi plus tard. La gravitation elle-même devient une des manifestations de la relativité générale du mouvement. Géométrie et matière sont unifiées, et, dans ce nouveau cadre, la loi de la gravitation, que Newton avait posée de manière empirique, se trouve démontrée[7].

La relativité comme principe unificateur

Que nous dit le principe de relativité des lois de la nature ? Qu'elles sont uniques. Qu'elles s'appliquent dans tous les cas et dans toutes les situations. Qu'il n'y a pas une loi ici et une autre là, une loi pour certaines conditions et une autre si les circonstances sont différentes. Le principe de relativité est, de fait, un grand principe unificateur. Ce qu'il exprime, c'est que le monde est un.

Mais à partir du moment où l'on a admis qu'il existe des lois de la nature (et qu'on entend par là des lois *fondamentales*), un tel énoncé devient une affaire de logique. En effet, pour bien comprendre ce qu'est le principe de relativité, le meilleur moyen est d'imaginer ce que serait un monde en désaccord avec lui : un univers où des lois différentes prévaudraient dans des conditions différentes serait tout simplement un monde sans loi. L'énoncé même de l'existence de lois au sens fondamental implique leur universalité, et donc leur applicabilité à tous les systèmes, ce qui est une autre manière d'exprimer la même chose.

On pourrait alors pousser l'argument au point d'affirmer que, finalement, le principe de relativité n'existe pas en soi et se ramène à une tautologie ! L'énoncé de l'existence de lois, universelles par nature, se suffit à lui-même. C'est la logique même de l'organisation du monde qui l'exige. Autrement dit, le principe de relativité se réduit au postulat de base sur lequel la science se fonde :

« Il existe des lois de la nature »

Peut-on aller plus loin ? Ce postulat lui-même est-il justifiable ? Une des méthodes les plus efficaces, déjà utilisée ci-dessus, pour saisir le sens d'un énoncé, consiste à analyser son contraire. Pour comprendre l'énoncé de l'existence de lois, il faut se demander ce que serait un monde sans loi. On peut déjà remarquer que le calcul des probabilités nous enseigne que des lois statistiques naissent de l'absence de loi (du pur hasard). Là ou le hasard règne, règnent les lois du hasard. Un exemple typique en est la thermodynamique, dont les lois se reconstruisent à partir de la physique statistique. C'est précisément sur le caractère aléatoire du mouvement des particules individuelles que se construisent de nouvelles lois globales, menant à l'apparition de grandeurs thermodynamiques comme la température et la pression. On pourrait alors proposer l'énoncé paradoxal suivant lequel, dans un monde sans loi, des lois apparaîtraient probablement du seul énoncé qu'il n'y a pas de loi… Un monde sans loi aucune semble difficilement imaginable.

Ainsi, parmi les lois fondamentales, le principe de relativité lui-même ressort comme la loi la plus fondamentale. Il s'agit là d'une hypothèse de travail, d'un principe heuristique extrêmement fécond et efficace, qui n'a rien de réducteur ni de contradictoire avec l'absence éventuelle de limite dans la recherche des connaissances, que nous évoquions plus haut : en effet, et nous n'insisterons jamais assez sur ce point, le principe de relativité est un principe dynamique qui contient en lui-même sa propre évolution.

Principe d'unité du monde, la relativité est effectivement intervenue aux étapes essentielles de l'histoire de la physique pour réunifier un monde déconnecté. Elle peut servir de diagnostic sûr d'une crise (les mêmes lois s'appliquent-elles partout ?) et en apporte aussi le remède (prendre en compte des systèmes de référence plus généraux). L'évolution des idées en science est jalonnée des grands changements de paradigme où le monde a été reconstruit et des univers différents réconciliés grâce à lui. Rappelons-en quelques exemples, déjà évoqués dans la première partie de cet ouvrage.

Ainsi, la vision du monde précopernicienne était profondément antirelativiste, avec son centre de l'univers et ses lois terrestres en contradiction avec les lois célestes. Le nouveau système défendu par Galilée unifie ces mondes séparés.

Il en est de même de la relativité restreinte de Poincaré et Einstein : avant sa construction, la physique était coupée en deux, avec les lois de la mécanique d'un côté, régies par la transformation de Galilée, et les lois de l'électromagnétisme et du rayonnement qui n'y satisfaisaient pas. Deux classes d'objets, lumière et matière, deux types de lois fondamentales différents ? La relativité exigeait des lois uniques, l'une des deux lois devait être fausse ou incomplète. Une seule loi triompha (les transformations de Lorentz), lumière et matière se retrouvèrent unifiées. Cette unité de la loi de changement de repère impliquait aussi l'unification de l'espace et du temps en un concept unique, l'espace-temps, puis de la masse et de l'énergie.

Après l'avènement de la relativité restreinte, mais avant la relativité générale d'Einstein, la gravitation (qui restait galiléenne) et le reste de la physique (devenue relativiste restreinte) étaient en désaccord : là, encore, ce fut le mérite d'Einstein de réaliser qu'il ne suffisait pas de « rendre relativiste » la gravitation newtonienne, mais qu'un nouveau cadre était nécessaire, impliquant des lois de transformations uniques mais plus générales encore. La relativité générale réalise une nouvelle unification, merveilleuse, de la géométrie et de la matière-énergie, de la gravitation et du mouvement…

Cette histoire est-elle terminée ? La physique actuelle est-elle équilibrée et harmonieuse, régie par un système unique de lois fondées sur des principes premiers ? Il n'en est rien, bien au contraire. La crise de la physique moderne est au moins aussi profonde que celle de la science aristotélicienne. Suivant que l'on considère des échelles petites ou grandes (domaines microscopique et macroscopique), les phénomènes concernés, les expériences ou les observations que l'on effectue, doivent être décrits respectivement par les lois quantiques ou les lois classiques. Entre la mécanique quantique, qui régit les systèmes moléculaires, atomiques, nucléaires ainsi que la physique des particules aux plus hautes énergies, et la mécanique classique, adaptée aux échelles ordinaires, à celles des planètes, des étoiles, de notre Galaxie et des systèmes extragalactiques, ce ne sont pas seulement les lois qui sont différentes. C'est tout un mode de pensée, une manière d'aborder les problèmes, le choix des outils mathématiques et les règles qui les régissent, qui diffèrent au niveau le plus fondamental. On pourrait dire, d'une manière provocatrice, que la physique actuelle est dans un état quasi « schizophrénique », n'étant pas une, mais double : deux physiques presque contradictoires coexistent d'une manière rien moins que pacifique…

Ainsi le « diagnostic » relativiste s'applique particulièrement bien à la physique d'aujourd'hui. On verra que le principe de relativité permet, une nouvelle fois, de proposer des remèdes à cette crise.

Système de référence

Le deuxième concept essentiel dans l'énoncé du principe de relativité, après celui de « lois de la nature », est celui de système de référence. En physique, il s'agit plus précisément d'un « système de coordonnées ». La nécessité de la définition d'un tel système se fait sentir de manière claire et indubitable dès l'instant où l'on veut effectuer des mesures. L'une des caractéristiques essentielles de la science physique (et qui fait sa force) est que ses énoncés portent sur des résultats de mesure. Mais, même sans mesure, aucune de nos interactions avec le monde extérieur ne se fait sans l'intervention d'un système de référence. C'est ce qui permet d'envisager l'universalité du principe de relativité et la possibilité de son application à d'autres domaines de la connaissance que la seule physique.

La première et la plus simple mesure est celle de la position d'un objet. Il est d'emblée clair que ce concept n'a aucun sens sans référence à un autre corps. Imaginons un simple point isolé dans un espace totalement vide. Il n'y a aucun moyen de repérer sa position, ni même de définir le sens de ce mot. Il en est de même de l'orientation d'un axe. Deux points permettent de définir un axe, mais son orientation dans l'espace à trois dimensions ne peut se définir que par rapport à trois autres axes préalablement construits. Imaginons maintenant un vaisseau dans l'espace vide, sans aucune référence. Comment savoir s'il est en mouvement ou pas ? Là encore, sans référence, la notion même de mouvement perd tout sens. Considérons, enfin, le même vaisseau, toujours dans le vide. Comment mesurer sa taille, sans la rapporter à un autre objet qui puisse servir d'unité de comparaison ? L'échelle du vaisseau n'a pas de sens en soi, il faut la rapporter à un corps de référence.

En dernier recours, un référentiel peut être défini comme un système abstrait qui synthétise les propriétés universelles du mécanisme de mesure, c'est-à-dire celles qui sont indépendantes des caractéristiques spécifiques des appareils effectivement utilisés, mais qui sont communes à tous ces appareils. C'est ainsi que le résultat de la mesure de la position d'un point sur une direction est donné uniquement par un nombre, exprimé dans une certaine unité, associé à une barre d'erreur, par exemple 12.35 ± 0.02 m. Ce résultat nécessite seulement la définition d'une origine, d'un axe et d'une unité qui servent de références, et d'une résolution pour l'incertitude sur la mesure (la résolution se ramène à l'unité minimale accessible par un appareil donné, par exemple l'intervalle entre les deux traits les plus rapprochés sur une règle). Pourtant, il a fallu, pour l'obtenir dans la pratique, bien autre chose que les caractéristiques quasi abstraites que sont un point d'origine parfait, un axe infiniment mince et des graduations tracées sur cet axe. Dans la réalité, on a dû utiliser une règle en bois, en plastique ou autre, tracer les graduations avec telle ou telle méthode et telle couleur. Toutes ces caractéristiques qui sont spécifiques à la règle réelle utilisée disparaissent comme non signifiantes dans la définition de la règle vue comme archétype d'un élément d'un système de coordonnées. Il en est de même des détails de la constitution d'une horloge : seule importe la valeur numérique de l'heure qu'elle donne, pas sa forme ou sa constitution interne.

Relativité de l'état du référentiel

Nous en arrivons maintenant à l'observation essentielle, celle qui a fait nommer ce type de théorie « relativité », alors qu'il s'agit à beaucoup d'égards d'une quête d'absolu. Mais l'absolu, qui se traduit dans le formalisme mathématique par la recherche et la définition des *invariants*[8], ne peut être élucidé tant que le relatif n'est pas compris. Cela est d'autant plus vrai qu'en dernier recours l'absolu est dans l'énoncé du relatif. Or la grande découverte de Galilée[9], qu'il a exprimée par l'énoncé suivant :

> « Pour toutes les choses qui y participent, [le mouvement] est comme s'il n'était pas »,

est qu'il n'existe pas de mouvement en soi, mais seulement relativement à un autre corps. Plus généralement, les grandeurs qui caractérisent l'état du système de coordonnées (origine du système, orientation de ses axes, vitesse...) ne peuvent jamais être définies de manière absolue, mais ne peuvent l'être que relativement à un autre système. *Elles n'ont pas d'existence par elles-mêmes, seule possède un sens physique la relation deux à deux entre objets ou systèmes.*

Il s'agit là d'un énoncé extrêmement profond sur la nature ultime de la réalité, qui va très au-delà de la seule science physique. En effet, l'impossibilité de définir une position, un angle ou une vitesse « en soi » ne correspond pas à une limitation instrumentale transitoire qu'un progrès éventuel futur pourrait dépasser, ni à une difficulté conceptuelle provisoire que des concepts nouveaux régleraient. Elle résulte d'un état de fait beaucoup plus profond et définitif : la position d'un objet, son orientation, sa vitesse ou son accélération, *cela n'existe pas !* On peut s'en convaincre en imaginant, comme nous l'avons déjà fait, un corps qui serait isolé dans l'espace dans un univers qui ne contiendrait rien d'autre : la position de ce corps, son orientation, sa vitesse seraient des concepts vides de sens, impossibles à définir.

On ne devrait même jamais parler de « vitesse d'un corps », mais seulement de « vitesse entre deux corps » : les mots que nous employons encore aujourd'hui ont été forgés dans un cadre de pensée non relativiste et transportent en eux l'erreur et l'illusion qui ont présidé à leur construction.

D'où vient cette illusion ? Pourquoi semble-t-il si naturel de parler de notre position ou de la vitesse d'un véhicule en soi, quand seule a un sens la vitesse relative ?

Pourquoi, même, la science grecque, qui, par ailleurs, a réalisé des bonds aussi prodigieux que la géométrie euclidienne ou la théorie des nombres, s'est-elle fourvoyée sur ce sujet ? Pourquoi a-t-il fallu plus de deux mille ans pour que l'humanité, depuis l'invention de la science, comprenne enfin les lois de l'inertie, découvre la relativité avec Galilée, la fasse triompher avec Einstein ?

La réponse tient sans doute à la position particulière où nous sommes, nous humains, liés et contraints dans des systèmes de coordonnées aux transformations extrêmement restreintes. On peut d'ailleurs ramener une grande partie de l'histoire de l'humanité à l'effort sans relâche qu'elle poursuit pour se soustraire à ces contraintes : le progrès dans la compréhension des lois de la nature précède et accompagne le progrès technologique qui permet de réaliser dans les faits ce qui avait été compris parfois des siècles auparavant en tant qu'expérience de pensée. Galilée a été, par la pensée, l'un des premiers voyageurs de l'espace ; Einstein, dans sa vision intérieure du principe d'équivalence, a virtuellement vécu en 1907 l'expérience d'« apesanteur » que tous les astronautes découvrent quand ils voient leur stylo flotter à côté d'eux dans leur capsule spatiale. L'héliocentrisme a dû attendre Copernic pour s'imposer, alors qu'Aristarque de Samos l'avait proposé plus de mille sept cents ans auparavant.

N'est-ce pas parce que les déplacements (les changements d'origine du système de référence) ne dépassaient que rarement quelques milliers de kilomètres jusqu'à la fin du Moyen Age ? Avec les premiers voyages en Asie, puis la découverte de l'Amérique bientôt suivie par les premiers tours du monde, les changements de point de vue accessibles deviennent de la taille de la Terre ; on découvre le ciel de l'hémisphère Sud et ses étoiles complètement nouvelles ; la coïncidence historique entre la grande découverte de Copernic et l'époque des grands navigateurs ne relève peut-être pas du hasard. De même, les lois du mouvement de la relativité restreinte ont été difficiles à découvrir parce que nous sommes confinés dans des référentiels dont les vitesses relatives, les unes par rapport aux autres, restent petites par rapport à la vitesse de la lumière, *c*. S'il n'en était pas ainsi, et que, telles les particules élémentaires, nos vitesses naturelles étaient comparables à *c*, ces lois bizarres (qui sont celles des rotations dans un espace-temps à quatre dimensions) seraient intuitives pour nous, tout simplement parce qu'elles feraient partie de notre expérience courante, comme en ce qui concerne les rotations dans l'espace.

L'évolution et la compréhension toujours plus profonde de la relativité s'accompagnent ainsi d'une authentique évolution de l'ampleur des changements d'état des systèmes de référence possibles, d'abord par la pensée, puis dans la pratique. Dans le cas de la relativité d'échelle, dont nous parlerons dans la suite, le microscope puis l'accélérateur de particules (aux petites échelles) et le télescope (aux grandes échelles) ont permis une ouverture vers des domaines normalement inaccessibles aux sens humains. Dans cette nouvelle approche, on considère que le zoom d'un microscope ou d'un télescope, qui met en œuvre une transformation entre échelles, peut être identifié à un nouveau type de changement de notre système de référence...

Relativité contre relativisme

« Tout est relatif ! » Combien de fois n'a-t-on lu ou entendu cette phrase, censée résumer l'essence de la relativité. Or rien n'est plus lointain de l'esprit du principe de relativité que cet énoncé, dont la trop grande généralité et l'imprécision tuent le sens. Souvent employé comme apologie de la confusion, ce cliché tend à faire penser qu'« on ne peut être sûr de rien », qu'« une opinion en vaut une autre ». Non !, tout n'est pas relatif. Au contraire, des certitudes peuvent être atteintes en physique, dès lors que le cadre où elles sont énoncées est bien défini.

Ce qu'affirme le principe de relativité, ce n'est justement pas que « tout » est relatif, puisqu'un des buts et des principaux outils de la relativité est la découverte et la définition des invariants, c'est-à-dire de grandeurs qui *ne dépendent pas* du choix du système de coordonnées. Plus généralement, la relativité s'exprime dans le mode de description *covariant,* c'est-à-dire dont la forme ne change pas dans une transformation du repère. Il existe bien un absolu en théorie de la relativité, mais celui-ci correspond à un niveau d'abstraction supérieur. Il se trouve au niveau des relations plus que des objets, et apparaît dans la prise en compte même de la relativité.

Ce qu'affirme le principe de relativité, c'est qu'il existe certaines grandeurs particulières, caractérisant l'état du système de coordonnées, grandeurs qui ne peuvent *jamais* être définies de manière absolue. En un sens plus général encore, on peut dire que ces grandeurs réalisent l'interface entre nous et le monde extérieur, sur lequel nous voulons effectuer des mesures.

Ce qu'affirme, enfin, ce principe, c'est que le caractère toujours relatif de *ces* grandeurs-là et d'aucune autre n'est pas seulement un énoncé profond et toujours révolutionnaire, mais qu'il permet aussi de *construire* les équations de la physique elles-mêmes. Il suffit, pour se convaincre de ce caractère révolutionnaire, de constater comment, depuis plus de quatre cents ans, après et malgré chacun de ses succès, le principe de relativité se retrouve chaque fois attaqué et rejeté pour des décennies et parfois des siècles. Ainsi, l'abandon par Copernic du caractère absolu du centre de la Terre pris comme origine du monde était soutenu par Galilée *un siècle plus tard* et restait néanmoins tellement révolutionnaire que celui-ci risquait encore sa vie à le défendre. C'est bien également le même principe de relativité du mouvement, *tel que Galilée l'avait énoncé trois*

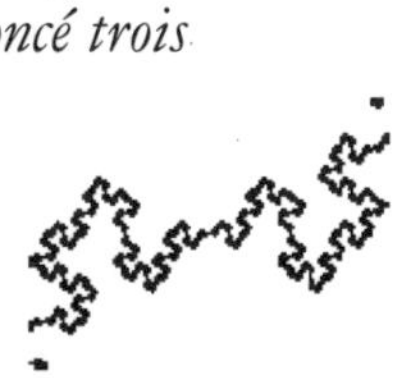

siècles auparavant, qui constitua le début de la révolution scientifique du XXe siècle quand il fut réintroduit par Poincaré et Einstein (avec des conséquences nouvelles) !

Relativité et construction des lois

L'idée-force découverte par Einstein est que le principe de relativité permet de construire les lois fondamentales de la physique. Einstein était particulièrement conscient de cette puissance de l'approche relativiste. Dans une lettre à Pauli en 1948, il écrivait[10] :

« Je suis un partisan acharné non pas des équations différentielles, mais bien du principe de relativité générale, dont la force heuristique nous est indispensable. »

Le principe de relativité est en effet un principe non seulement explicatif, mais aussi et surtout constructif. En d'autres termes, les lois de la physique n'ont nul besoin d'avoir été posées ou écrites par on ne sait quel principe extérieur au monde. C'est du seul énoncé de leur existence et du caractère logique de cette existence que la forme des lois même peut se déduire.

Comment procède-t-on concrètement ? Il faut tout d'abord traduire le principe de relativité, qui s'applique à des lois idéales, non écrites, en un principe plus concret, qui s'applique à la version explicite que nous avons de ces lois, c'est-à-dire aux équations de la physique. La validité universelle d'une loi, dans tout système de référence, se traduit par l'invariance de la forme des équations dans les changements de systèmes. C'est ce qu'Einstein a appelé *principe de covariance*[11]. Construire les lois devient alors un problème mathématique. Après avoir défini formellement une classe générale de transformations de coordonnées, on applique une ou plusieurs fois ces transformations, puis l'on exige que la forme des lois, y compris des lois de transformation elles-mêmes, soit conservée. Cette contrainte réduit les lois mathématiquement possibles à celles qui sont physiquement possibles, c'est-à-dire qui satisfont au principe de relativité. Du point de vue mathématique, cela revient à exiger la réalisation de symétries (telle l'invariance par translation, par rotation, sous les réflexions spatiales et temporelles, etc.), puis à établir la forme générale des lois qui y satisfont.

Une double dynamique se fait ainsi jour dans l'évolution des théories physiques régies par la relativité : généralisation des transformations possibles, qui ne va pas sans une généralisation du cadre géométrique et même du cadre de pensée, puis restriction des géométries à celles qui satisfont au principe de relativité.

Du relatif à l'absolu

Notre expérience de tous les jours nous montre que la taille apparente des objets change en fonction de l'angle suivant lequel on les regarde. Si nous tournons une règle devant nous, elle semblera se dilater et se contracter, mais nous savons bien qu'il ne s'agit que d'un effet de perspective, et que sa longueur est restée constante[12]. Cette illusion vient de ce que notre vision n'est qu'à deux dimensions, alors que l'espace est tridimensionnel.

Il en est de même en relativité restreinte. La contraction des longueurs et la dilatation des temps prédites par la théorie d'Einstein dans le cas d'un mouvement relatif ne sont rien d'autre, elles aussi, que des effets de projection de l'espace-temps à quatre dimensions sur les sous-espaces à trois et à une dimension, que sont l'espace et le temps. Là encore, la relativité permet de définir une longueur généralisée, quadridimensionnelle, qui, elle, ne change pas en fonction de l'état de mouvement du repère. En relativité générale, cet invariant devient beaucoup plus compliqué, car il peut dépendre de la position et de l'instant considérés.

Un des principaux buts de la théorie de la relativité est précisément de déterminer quelles sont les grandeurs invariantes au cours des changements de système de coordonnées. En ce sens, la relativité consiste en fait en une recherche de l'universel à travers une analyse du relatif. Il s'agit de dépasser l'apparence des mesures, dont les résultats numériques dépendent du choix du système de coordonnées, pour aller vers une description intrinsèque des objets, indépendante de tout repère.

Plus généralement, on recherche une unité de la description physique, qui puisse rester valable en passant d'un repère à l'autre. Nous avons vu que cette invariance de forme des grandeurs physiques et des équations est ce qu'Einstein a nommé covariance. L'idée est d'obtenir une représentation générale des lois dont la forme ne dépende plus du repère dans lesquelles elles sont exprimées. Cependant, dès qu'il s'agit d'appliquer de telles lois générales à un problème particulier, le choix d'un repère s'impose, et les relations covariantes se traduiront alors par des valeurs numériques qui dépendront de ce choix.

Chapitre VII

VERS UNE NOUVELLE EXTENSION DE LA RELATIVITÉ

La relativité comme méthode et comme mode de pensée

La relativité est plus qu'un principe, c'est aussi une méthode d'investigation. Huygens est l'un des premiers physiciens à avoir explicitement utilisé cette méthode relativiste pour résoudre le problème des lois des chocs[13], quand tous les autres scientifiques de l'époque butaient sur cette question. Cette méthode est simple : au lieu de tenter de décrire le système considéré (ici deux boules de masses différentes se frappant et repartant dans des directions et avec des vitesses à déterminer) depuis le repère terrestre sur lequel roulent les boules, Huygens comprend que d'autres repères sont beaucoup mieux adaptés à cette description. Suivant la question posée, il vaut mieux se placer du point de vue de l'une des boules, ou encore dans un repère lié à leur centre de gravité. Il est beaucoup plus simple et efficace de résoudre un problème dans un repère adapté à ce problème, puis de faire ensuite le changement de système de coordonnées qui ramène au repère de l'observateur, que de tenter d'en chercher une solution dans ce dernier. Le référentiel ordinaire a en effet toutes les chances de n'être pas du tout adapté au système, et d'apporter une complication supplémentaire au problème à résoudre. C'est précisément la relativité, avec son énoncé suivant lequel tous les repères sont également valables pour l'écriture des lois de la physique, qui permet ce choix du « bon » repère.

Plus encore, comme l'a compris Bergson, c'est une nouvelle manière de penser qu'Einstein a apportée. Avec la relativité générale, la science répond, peut-être pour la première fois, pas seulement à un « comment ? » (auquel il est en général considéré qu'elle doit se cantonner) mais en partie à un « pourquoi ? ».

On peut rappeler à cet égard les deux questions fondamentales posées par Leibniz :

> « Pourquoi il y a plutôt quelque chose que rien ? Car le rien est plus simple et plus facile que quelque chose. De plus, supposé que des choses doivent exister, il faut qu'on puisse rendre raison pourquoi elles doivent exister ainsi, et non autrement[14]. »

Si la physique ne peut clairement rien dire de la première question, du fait de son caractère existentiel, elle est bel et bien capable, non bien sûr d'une réponse définitive, mais d'apporter des éléments progressifs de réponse à la deuxième. Pour cela, le principe de relativité joue un rôle essentiel par sa capacité non seulement à décrire, mais à expliquer. Il peut, en effet, être compris en un sens plus général que son application à des théories particulières : nous avons montré qu'il s'agit d'un outil général de travail, d'un mode universel de pensée, ainsi que d'une méthode constructive pour l'obtention des lois fondamentales de la physique.

Il est vrai que la phase purement descriptive joue un rôle irremplaçable dans l'évolution des idées en physique. Mais il est également vrai que la science a pu arriver à une authentique compréhension de certains phénomènes (nous l'avons montré, par exemple, en ce qui concerne la nature de la gravitation), même si les réponses apportées à une époque donnée, quelle que soit leur profondeur, reposent toujours sur un « pourquoi » plus profond, qui peut rester longtemps sans réponse.

Remarquons à cet égard que ce type particulier de réponse que la physique apporte aux questions fondamentales ne relève pas de la mise en évidence de « causes ». Au contraire, le problème du « pourquoi » se trouve définitivement contourné quand on démontre l'existence de certains phénomènes comme s'imposant du fait de la plus grande généralité possible. C'est ainsi que Galilée découvre que le mouvement uniforme n'a pas besoin de cause, seul le repos ou la variation du mouvement en nécessite. Le repos d'un corps sur Terre nous paraît aller de soi, mais cette absence de mouvement relatif a bien une cause, et indique le lien du corps et de la Terre. Si l'on considère deux corps quelconques dans l'Univers, la probabilité qu'ils soient au repos l'un par rapport à l'autre est pratiquement nulle ! Il n'y a donc pas à justifier l'existence du mouvement, qui s'impose d'elle-même (une fois admise celle de l'espace et du temps). De même, comme nous l'avons rappelé dans la deuxième partie, la théorie d'Einstein démontre l'existence de la gravitation comme conséquence du caractère non absolu de l'espace-temps, c'est-à-dire de la relativité générale du mouvement. Un espace-temps à quatre dimensions sans gravitation (c'est-à-dire plat, donc absolu) serait impensable[15].

Au-delà, c'est au problème de ce qu'on appelle « compréhension » que touche de très près le mode de pensée relativiste. N'y a-t-il pas un lien entre méthode relativiste et compréhension, et donc, à un certain niveau, entre l'esprit relativiste et la créativité scientifique ? La voie qui mène à la compréhension passe aussi par la possibilité qu'on se donne de changer de repère ou de système de référence. Voir les choses de plusieurs points de vue différents, retourner un problème dans tous les sens, l'inverser, l'agiter, le manipuler, l'éclairer de multiples directions, est souvent un élément clé de la découverte. Dans cette opération, une face auparavant cachée peut apparaître, ou encore, le même objet, retourné comme un gant,

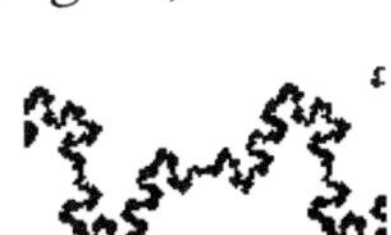

peut d'un coup prendre une apparence totalement nouvelle. Découvrir, c'est souvent voir autrement.

Là encore, un point de vue particulier joue un rôle essentiel : celui qui consiste à se mettre « à la place » du système considéré, à l'envisager de l'intérieur et non seulement de l'extérieur. Il s'agit de se placer dans le repère adapté à la compréhension du problème, dans une sorte d'« empathie » avec la nature. C'est à ce prix qu'on peut parler d'authentique compréhension : on sait parce qu'on voit et qu'on ressent directement, bien que virtuellement, la nature du système à comprendre. Telle fut la méthode privilégiée adoptée par Einstein, quand il anticipa la relativité restreinte en tentant d'imaginer ce que verrait un observateur entraîné avec une onde lumineuse, ou, plus tard, quand il posa les bases qui allaient mener à la relativité générale en visualisant par la pensée l'expérience de chute libre dans un champ de gravitation.

Au-delà de l'espace-temps

Est-il envisageable d'aller plus loin ? On peut se demander si toutes les théories possibles de la relativité ont bien été construites. Le principe de relativité a-t-il été poussé dans ses derniers retranchements ? Toutes ses conséquences ont-elles été comprises et décrites ? Nous avons vu comment l'évolution des théories de la relativité passait par celle de la définition des systèmes de coordonnées : tous les états possibles des systèmes de référence et toutes les transformations qui les relient ont-ils été pris en compte ? Il est possible qu'on n'ait pas encore analysé à fond l'ensemble des grandeurs qui caractérisent nos résultats de mesure et que tous les invariants n'aient pas encore été découverts. Enfin, l'espace-temps courbe est-il un cadre assez large pour comprendre toute la physique ?

Il semble qu'Einstein ne le pensait pas, puisque, dès la théorie de la relativité généralisée mise au point en 1915-1917, il se lançait dans la quête qu'il poursuivit vainement tout le reste de sa vie : celle d'une théorie de la relativité encore étendue qui expliquerait non seulement la gravitation, mais aussi le champ électromagnétique et les effets quantiques[16].

Il paraît légitime de se poser à nouveau aujourd'hui la question d'une extension possible des théories de la relativité, sans pour autant, bien sûr, avoir l'espoir d'atteindre des résultats aussi vastes. En effet, notre compréhension de la théorie quantique des champs a fait d'énormes progrès ces dernières années, tandis que de nouveaux outils mathématiques ont vu le jour. En particulier de nouvelles géométries de l'espace-temps peuvent maintenant être envisagées, comme les géométries fractales, dans lesquelles on peut définir des transformations entre systèmes de coordonnées inconnues jusqu'alors[17]. Dans la suite de ce livre, nous verrons comment on peut appliquer le principe de relativité dans le cadre d'un espace-temps possédant une telle géométrie fractale, ce qui mène à des possibilités de compréhension nouvelle du sens de la théorie quantique.

Et encore au-delà ? Certains grands philosophes sont allés plus loin, concluant à l'inexistence en soi de toutes choses, de la matière comme de l'esprit. Si nous avons pu faire remonter l'histoire de la relativité à Copernic en ce qui concerne la pensée occidentale et les sciences de la matière, son premier énoncé dans la pensée orientale semble devoir remonter à Siddharta Gautama, il y a plus de deux mille cinq cents ans. On trouve dans la philosophie bouddhiste une authentique réflexion relativiste sur la vacuité de toutes choses, conséquence de leur non-être en soi, leur existence n'étant que dans les rapports entre elles.

On ne peut qu'admirer une telle intuition, qu'on pourrait considérer comme une vision intérieure du but lointain, peut-être inaccessible, que se proposerait une science fondée sur le principe de la relativité. Il n'y a là aucun nihilisme, aucune négation de la réalité ni de l'existence, mais plutôt une vue profonde de la nature même de l'existence. Si les choses n'existent pas de manière absolue, mais existent néanmoins, leur nature est à rechercher dans les relations qui les unissent. Seuls existent les rapports entre les objets, non les objets par eux-mêmes. Ceux-ci sont donc vides en soi, et doivent se réduire à l'ensemble de leurs rapports avec le reste du monde. Ils sont ces rapports.

On reconnaît là, rendus universels, les énoncés du principe de relativité et du principe d'équivalence, dont on sait le succès en ce qui concerne la nature du mouvement et de la gravitation. Dans ce cas, la physique einsteinienne a bel et bien mis en œuvre ces idées : inexistence de la gravitation en soi, existence de celle-ci comme relative au système de coordonnées, absence de gravitation dans le système en chute libre, lois inertielles dans ce système, qui sont celles du mouvement dans le vide dépourvu de toute force…

La physique du futur réussira-t-elle à mettre en équation ce qui relève actuellement d'une pure vision philosophique ? Cette question va évidemment bien au-delà du cadre restreint du présent ouvrage…

Troisième Partie

La mécanique quantique

La théorie quantique s'est construite sur le constat de l'impossibilité de rendre compte des résultats d'expérience en microphysique à l'aide des concepts classiques. Dans sa version initiale (celle de l'interprétation « de Copenhague »), il s'agit d'une théorie minimale, obtenue en élaguant les notions apparemment non nécessaires et en collant au plus près aux faits d'observation. Les trajectoires des particules sont inobservables au sens classique : ce concept est supprimé. Dans de nombreuses situations, l'évolution d'un système ne se fait plus de manière strictement causale : à partir de conditions initiales qui semblent parfaitement identiques, les résultats peuvent varier considérablement. Il devient impossible de prédire strictement l'évolution des trajectoires individuelles d'un tel système. Cependant, on observe dans ces cas que le taux relatif des différents résultats possibles est parfaitement stable, si bien que la probabilité d'obtenir tel ou tel résultat garde un sens : la théorie est donc probabiliste par essence.

Mais la principale propriété sur laquelle la théorie quantique s'est construite est la dualité onde-corpuscule. Cette découverte, due à Einstein et de Broglie, est sans doute l'une des plus belles unifications de l'histoire de la physique. En 1905, alors que la lumière est considérée par tous les physiciens comme de nature ondulatoire, Einstein démontre que l'effet photoélectrique ne peut se comprendre que s'il existe des particules de lumière, qui furent appelées plus tard les photons. La lumière semble être à la fois onde et corpuscule. A la même époque, la théorie corpusculaire de la matière, avec les découvertes des molécules, des atomes, des électrons puis des protons, s'imposait. En 1923, Louis de Broglie « soulevait un coin du grand voile », ainsi qu'Einstein l'écrivit à Langevin à propos de sa thèse, en proposant que la matière possède aussi des propriétés ondulatoires. La vérification de cette prédiction par des expériences de diffraction d'électrons permit d'attribuer définitivement un statut similaire à la lumière et la matière.

L'outil de base de la théorie quantique résume simplement et directement ces trois éléments (probabilité, onde, corpuscule) dans un seul objet théorique, la fonction d'onde. Celle-ci pourra décrire des interférences (propriétés ondulatoires) grâce à sa nature complexe (au sens des *nombres complexes,* qu'on peut identifier aux vecteurs dans un plan : la fonction d'onde la plus simple est formée de *deux* grandeurs au lieu d'une). Le carré du module de cette fonction d'onde (le carré de la longueur du vecteur qui la représente) donnera la *probabilité* d'observer le *corpuscule* en une position, un instant et/ou un état donné. Un des principaux mystères du comportement quantique se trouve ainsi décrit (sinon compris) : ce sont les *fonctions d'onde* (c'est-à-dire des vecteurs) qui s'ajoutent si un événement peut se produire de plusieurs manières différentes, et non pas directement les probabilités comme dans le cas classique. Et comme la somme de deux vecteurs non nuls peut être nulle (s'ils sont opposés), un événement qui peut se produire suivant deux possibilités chacune très probable peut devenir impossible !

Schrödinger et Heisenberg réussirent à écrire (sous deux formes différentes, mais équivalentes) l'équation régissant la fonction d'onde, et furent suivis dans des cas plus généraux par Pauli et Dirac. Ces équations, ainsi que le principe de correspondance qui associe aux observables des opérateurs agissant sur la fonction d'onde, constituent, avec quelques autres règles, les axiomes de la mécanique quantique.

Chapitre VIII

PRINCIPAUX AXIOMES DE LA MÉCANIQUE QUANTIQUE

La mécanique quantique est une théorie essentiellement axiomatique dans son état actuel. Son formalisme et ses outils se sont imposés comme ensemble conceptuel minimal permettant de rendre compte des expériences impliquant les échelles atomiques, nucléaires ou des particules élémentaires. Ses équations fondamentales elles-mêmes, telle l'équation de Schrödinger, ne sont pas démontrées, mais posées comme axiomes. Il s'agit d'un ensemble de règles qui se sont imposées par leur succès même, mais dont la source profonde reste incomprise.

Certains physiciens ont même sérieusement envisagé qu'il soit à jamais impossible de comprendre la mécanique quantique, qui serait au-delà de l'intuition humaine. Cette dernière ne s'appliquerait qu'aux échelles où l'expérimentation directe est possible pour l'homme. Les autres domaines nous seraient définitivement étrangers. C'est oublier que les échelles de la cosmologie sont aussi éloignées des nôtres que celles des particules élémentaires, et que l'intuition, même dans le domaine classique, n'est pas donnée en soi mais se construit et se développe par l'expérience et l'apprentissage. Si la mécanique quantique n'a pu être comprise jusqu'à maintenant, ce n'est pas forcément parce qu'elle est définitivement non intuitive, mais peut-être parce qu'un type d'intuition nouveau doit être construit. On peut remarquer à ce propos que ce qu'on appelle intuition est souvent de nature géométrique (est-ce parce que la vue est le sens humain le plus développé ?), et que le caractère non intuitif de la mécanique quantique pourrait ainsi être lié à son absence d'interprétation (ou, mieux, de fondation) spatio-temporelle.

N'étant pas fondée sur des principes premiers dont le sens serait préalable aux équations (ce qui est le cas de la relativité générale), la théorie quantique doit être interprétée *a posteriori*. Ses équations ont été écrites d'abord, et leur sens élucidé ensuite ! Schrödinger avait cru tout d'abord démontrer son équation dans l'article où il l'établit, au début de l'année 1926. Mais voici ce qu'il écrit de cette « démonstration » dans son deuxième article[1] :

> « Nous nous sommes bornés jusqu'ici à une courte description provisoire de l'aspect analytique [de l'équation des ondes]; pour cela nous avons utilisé, d'une part, une transformation complètement incompréhensible [...], et, d'autre part, un passage tout aussi incompréhensible d'une condition qu'une certaine expression soit nulle, à la condition que l'intégrale spatiale de cette même expression reste stationnaire. (Note : dans cette communication, nous ne poursuivrons pas le développement de cette méthode de calcul. Celle-ci n'avait d'autre but que de nous orienter rapidement sur les relations formelles qui existent entre l'équation des ondes et l'équation aux dérivées partielles de Hamilton.) »

Pendant plusieurs années, Schrödinger garda l'espoir qu'on pourrait toujours se ramener à une fonction d'onde réelle. Il fut convaincu du contraire par les autres fondateurs de la théorie quantique. Enfin, l'interprétation définitive de la fonction d'onde, celle qui s'est imposée comme définitive[2], ne fut proposée qu'en 1927 par Max Born, quatre ans après l'introduction des ondes de matière par de Broglie, deux ans après les sauts conceptuels majeurs de Heisenberg et Schrödinger.

Il n'est pas question d'entrer ici dans toutes les subtilités de la théorie quantique. Nous allons simplement tenter d'expliciter ses principaux axiomes, en les illustrant par quelques expériences qui ont joué un rôle central dans sa construction et son interprétation, au tout premier rang desquelles celle des fentes de Young.

Fonction d'onde et probabilités

Le premier axiome de la mécanique quantique définit le nouvel outil de cette théorie, la fonction d'onde. On abandonne l'idée de variables *a priori* bien déterminées de la théorie classique, au profit d'une description de type probabiliste. Cela ne signifie pas que certaines variables ne puissent être parfaitement bien déterminées. Il faut s'élever d'emblée contre une vision « floue » de l'univers quantique, où plus rien ne serait sûr, où seule l'incertitude prévaudrait. Il ne s'agit pas de cela, mais d'un changement de mode de description. Quand on admet classiquement qu'on peut parler de la position d'un corps, on admet au contraire quantiquement que seule la probabilité pour ce corps d'être en telle ou telle position peut être définie. La situation classique reste formellement comprise dans ce mode de description : ce serait le cas où la probabilité serait un pour le corps d'être en une position donnée, et donc zéro ailleurs.

Mais l'approche probabiliste existe déjà en théorie classique, comme par exemple en physique statistique. Ce qui fait le caractère extraordinaire du quantique, c'est qu'on n'y définit pas directement les probabilités[3], mais une « fonction d'onde » à partir de laquelle la probabilité est calculée. Celle-ci, appelée aussi « amplitude de probabilité » quand on la définit entre deux événements spatio-temporels[4] (suivant la dénomination de Feynman), transporte plus d'information que la seule probabilité. Dans le cas le plus simple, l'amplitude de probabilité est donnée par deux nombres, alors qu'un seul définit la probabilité. Mais le point important est que, bien qu'à l'arrivée un seul nombre puisse être comparé aux données expérimentales, il a fallu « transporter » en permanence les deux pour que la théorie soit en accord avec l'expérience. L'être mathématique qui décrit l'état du système contient ainsi une partie cachée, seulement indirectement accessible à l'expérience, qu'on appelle la phase de la fonction d'onde. On peut se faire une idée approximative de la nature de cette phase à l'aide de la description des ondes classiques : des vagues sur la mer sont aussi caractérisées par deux grandeurs, leur hauteur (l'amplitude) et la distance entre deux crêtes (la longueur d'onde, qui apparaît dans la phase).

Comme l'a expliqué Feynman dans son livre *Lumière et matière*[5], passer des probabilités ordinaires aux probabilités quantiques revient à passer d'un nombre à un vecteur. C'est en effet dans leur mode de combinaison que les amplitudes de probabilité diffèrent le plus des probabilités classiques et donnent lieu à certains comportements apparemment extraordinaires. La fonction d'onde peut s'assimiler à une petite flèche. Cette flèche (ce vecteur) possède une longueur et une orientation, définie par un angle dans le cas le plus simple (deux dimensions, correspondant à un vecteur défini dans un plan). Le carré de cette longueur donne la probabilité et l'angle la phase.

Le mode de combinaison des amplitudes de probabilité entre elles dépend de l'information accessible. Si un événement peut survenir de deux manières alternatives différentes, mais qu'il soit possible à tout moment de connaître laquelle a été « choisie » par le système, les probabilités se combinent classiquement : la probabilité globale est la somme des probabilités de passer par chaque chemin pris indépendamment. Mais s'il est impossible de savoir quel chemin a été suivi, l'amplitude de probabilité résultante est la somme des amplitudes sur chaque chemin. Cela signifie que l'on combine des vecteurs et non plus des nombres : il s'agit de mettre bout à bout deux flèches. La probabilité finale sera le carré de la longueur de la flèche résultante (voir *figure* 2).

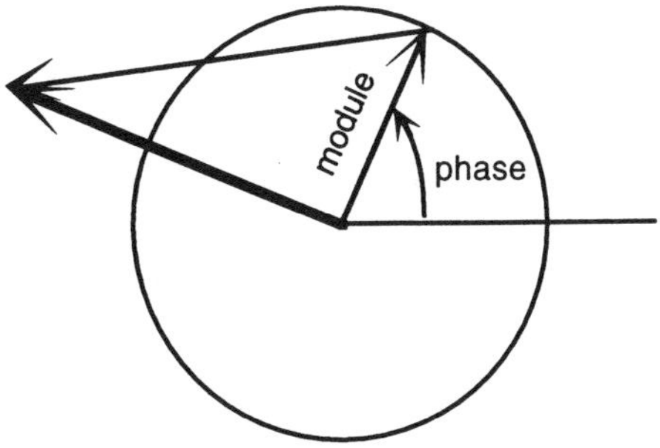

Figure 2. *Amplitude de probabilité*. La probabilité en mécanique quantique se calcule comme le carré de la longueur d'une « amplitude de probabilité » ou « fonction d'onde ». Les amplitudes se comportent comme des vecteurs d'un espace abstrait, en particulier quand on les ajoute. L'amplitude de probabilité est définie non seulement par un module, mais aussi par une phase.

Voici ce que Feynman écrivait à propos de la mécanique quantique et de ses règles[6] :

> « Ce n'est qu'en 1926 que fut finalement élaborée une théorie, dénuée de sens commun, permettant d'expliquer le comportement peu ordinaire des électrons à l'intérieur de la matière. »
>
> « La question est évidemment : Allez-vous comprendre ce que je vais dire ? [...] Croyez-vous vraiment que je puisse vous expliquer tout cela de manière que vous le compreniez ? Non, ce n'est pas sérieux : vous n'allez certainement pas comprendre. [...] Pourquoi ? Tout simplement parce que je n'y comprends rien moi-même. Personne d'ailleurs n'y comprend rien. »
>
> « La théorie de l'électrodynamique quantique nous fournit une description de la Nature qui est absurde du point de vue du sens commun. Mais elle est en accord parfait avec l'expérience. J'espère donc que vous accepterez la Nature telle qu'elle est : absurde. »

Le résultat de la règle de combinaison des probabilités quantiques, qui reste profondément incomprise mais s'est imposée parce qu'elle « marche » (l'accord entre théorie et expérience est extrêmement précis), est parfois fortement paradoxal. En effet, la probabilité est donnée par la longueur de la flèche, mais la somme de deux vecteurs peut être nulle quand aucun des deux vecteurs ne l'est ! Par exemple, il en est ainsi des vitesses, qui sont des grandeurs vectorielles : si une personne marche sur le pont d'un navire en sens opposé à son mouvement et avec une vitesse égale, elle reste immobile par rapport au quai, bien que ni la vitesse du navire par rapport au quai ni la sienne par rapport au navire ne soient nulles.

Mais, si un tel phénomène est facilement compréhensible pour des grandeurs dont la nature vectorielle s'impose d'elle-même, ce n'est certainement pas le cas des probabilités. Une vitesse peut être positive ou négative, les probabilités sont toujours positives[7]. Or cette règle de combinaison des fonctions d'onde permet l'incroyable résultat suivant : un événement qui peut se produire de deux manières différentes de façon hautement probable dans chacun des deux cas peut devenir impossible (sa probabilité s'annule). Inversement, sa probabilité peut aussi devenir supérieure à la somme des probabilités individuelles.

L'expérience des fentes de Young illustre cette propriété. Deux fentes percées dans un écran sont éclairées par une même source. Cette source peut être lumineuse, mais, comme l'a compris le premier Louis de Broglie, l'expérience fonctionne tout aussi bien avec des particules de matière comme des électrons ou des neutrons, voire avec des atomes : ces deux derniers objets quantiques, bien que complexes et possédant une structure interne (les neutrons sont constitués de quarks, et les atomes sont formés d'un noyau entouré par un nuage électronique), agissent comme des particules du point de vue de cette expérience. Deux types extrêmes d'expérience de fente de Young peuvent également aujourd'hui être effectués : l'un où les fentes sont éclairées par un rayonnement (ce qui correspond à un nombre de particules énorme, éventuellement indéterminé), l'autre où les particules (photons pour la lumière, ou particules de matière) sont envoyées une à une sur les fentes. Ce dernier cas met en lumière tout le paradoxe quantique.

Les fentes ont pour effet de faire diffracter le rayonnement, si bien qu'à leur sortie celui-ci peut se diriger dans toutes les directions. En fait, elles jouent simplement le rôle de deux sources identiques (ce qui serait beaucoup plus difficile à réaliser si on ne partait pas d'une même source unique). Le rayonnement (ou les particules individuelles) est finalement recueilli sur un autre écran situé plus loin.

La première partie de l'expérience consiste à ne garder qu'une seule des deux fentes ouverte. Après être passé par la fente, le rayonnement frappe le deuxième écran suivant une tache formant une distribution continue présentant un maximum unique (cette distribution caractérise celle des angles de diffraction par la fente). Dans l'expérience faite particule par particule, on ne peut prédire précisément où se situera chaque impact individuel, mais on constate que la distribution des impacts, au fur et à mesure que leur nombre augmente, se rapproche peu à peu de la distribution de l'intensité obtenue pour un fort rayonnement. Ce fait justifie pleinement l'interprétation du carré du module de la fonction d'onde comme une distribution de densité de probabilité : dans le cas d'un fort rayonnement, le nombre de particules est tel que cette distribution est réalisée instantanément, mais l'expérience de son « remplissage » particule par particule explicite sa vraie nature.

Puis, une deuxième expérience consiste à laisser les deux fentes ouvertes et à comparer le résultat obtenu au cas précédent. Si le rayonnement ou les particules avaient été classiques, on se serait attendu à obtenir une distribution donnée par la somme des distributions correspondant à chacune des fentes ouvertes individuellement. Mais il n'en est rien. La distribution obtenue, soit d'un coup par un fort éclairement, soit peu à peu comme somme d'impacts individuels, montre une alternance de franges sombres et brillantes, c'est-à-dire une distribution de probabilité montrant des pics et des creux successifs. C'est ainsi qu'en certains points où arrivent un grand nombre de particules quand l'une ou l'autre fente était ouverte, plus aucune particule ne parvient à l'écran ! Comment cela est-il possible, alors qu'on a apparemment augmenté le nombre de possibilités en ouvrant une deuxième fente ? Dans le cas de l'expérience particule par particule, on voit ainsi chaque particule individuelle se placer une à une, systématiquement, dans certaines zones prédictibles à l'avance (celles qui deviendront les franges brillantes au bout d'un grand nombre d'impacts) et en éviter d'autres. Tel est l'un des principaux aspects du « mystère » quantique.

Certains commentateurs n'ont pas hésité à écrire que tout se passait comme si chaque particule, passant par l'un des trous (mais sans qu'on sache lequel), était « informée » de l'ouverture du deuxième orifice. D'autres ont envisagé que la particule passait en fait par les deux trous à la fois. Le premier point de vue privilégie l'aspect corpusculaire de la particule quantique, l'autre son aspect ondulatoire. Une vision plus complète consiste à parler de dualité onde-corpuscule et à considérer, avec Niels Bohr, que ces deux aspects ne peuvent être observés simultanément, suivant son principe de complémentarité.

On peut objecter à toutes ces tentatives de description qu'elles restent finalement attachées aux outils et aux concepts classiques. La mécanique quantique rend parfaitement compte de l'expérience des fentes de Young, mais elle ne le fait pas à l'aide d'une onde au sens classique du terme (qui correspond aux propriétés d'un fluide étendu comme l'air ou l'eau), ni à l'aide d'une particule classique (construite sur le modèle d'une boule de billard). L'outil quantique relève en fait d'un concept nouveau, celui d'une *onde de probabilité complexe*[8], qui ne se laisse pas réduire à des concepts classiques, ni même à un mélange de notions classiques.

En effet, même la dualité onde-corpuscule n'est pas vraiment un concept bien adapté, à mon avis, à la description des effets quantiques. La dualité onde-corpuscule présuppose que la particule soit ou bien onde ou bien corpuscule suivant le type d'expérience. Mais ce qu'on fait vraiment en mécanique quantique, c'est-à-dire ce qui fonctionne effectivement pour rendre compte des résultats expérimentaux et les prédire par la théorie, consiste à « transporter » en permanence une onde de probabilité définie par une probabilité (carré du module du vecteur qui décrit cette onde) et une phase (orientation du vecteur).

Toute tentative d'ignorer l'une de ces deux grandeurs au cours du calcul mènerait à des résultats erronés, en désaccord avec l'expérience. Où sont les comportements corpusculaires et ondulatoires dans ces conditions ? Doit-on appeler comportement corpusculaire ce qui relève de la probabilité, et ondulatoire ce qui relève de la phase ? Le comportement à une seule fente est-il corpusculaire et celui à deux fentes, montrant des interférences, ondulatoire ? Mais, dans les deux cas, seule est observée la probabilité, jamais la phase ! La phase de la fonction d'onde n'est jamais observable, sauf indirectement. Ce qui arrive, en fait, dans l'expérience à deux fentes, c'est que, du fait de la somme (de nature vectorielle) des fonctions d'onde, le terme de différence de phase *de l'expérience à une fente* se retrouve dans le terme de probabilité (observé) de la fonction d'onde à deux fentes. Ainsi, c'est la nature ondulatoire de l'expérience à une fente que démontre celle où les deux fentes sont ouvertes. La phase de cette deuxième expérience ne pourrait être observée qu'*a posteriori,* dans le cadre d'une *nouvelle* expérience d'interférence.

Qu'en est-il de l'aspect corpusculaire ? Peut-on s'en abstraire entre les mesures et admettre qu'il n'apparaît qu'au moment de la mesure ? Là, encore, une telle interprétation ne me semble pas en accord avec la nature de l'outil quantique. Les équations de la mécanique quantique décrivent l'évolution au cours du temps d'une onde de probabilité pour la particule d'être en une position ou un état donné. Cette probabilité perdrait tout sens s'il n'y avait plus de corpuscule : elle deviendrait vide de signification.

De plus, chaque fois qu'on tente de répondre par l'expérience à cette question, la réponse est claire : les détecteurs mettent en évidence une distribution bien localisée d'énergie, d'impulsion, de charge ou d'une autre grandeur physique qui atteste l'existence d'une particule. C'est ainsi que si l'on se pose la question : par quel trou la particule est-elle passée ? on peut tenter d'y répondre expérimentalement en plaçant un détecteur juste derrière les deux fentes. Il est même possible de détecter le passage de la particule (*via* une autre observable que celles de position ou de vitesse) sans perturber en rien ses propriétés importantes du point de vue de l'expérience en cours. Le résultat s'impose : la particule est toujours détectée derrière un des deux trous, jamais les deux à la fois.

Mais, en même temps, dès qu'il y a détection, même non perturbante, il y a aussi disparition des interférences ! Feynman avait même envisagé une expérience où un détecteur situé derrière une fente fonctionnerait de manière aléatoire. Le résultat est que le sous-ensemble des particules détectées ne forme aucune figure d'interférence, alors que toutes celles qui ont échappé à la détection se distribuent bien suivant les franges sombres et brillantes. Des projets d'expériences récemment proposés par Englert, Scully et Walther[9] ont montré qu'en dernier recours l'existence ou non de l'information concernant le chemin suivi par la particule suffisait seule à décider du résultat (figure d'interférence ou non). Cela est en accord avec la mécanique quantique, mais pas avec de nombreuses tentatives d'interprétations, en particulier celles qui attribuaient le résultat de l'expérience des fentes de Young à la relation d'incertitude de Heisenberg entre positions et vitesses. Moralité : toute tentative de compréhension de la mécanique quantique doit se fonder sur son outil mathématique (ou, si possible, le retrouver), plutôt que de se contenter de reproduire une de ses interprétations.

Principe de correspondance

Un autre axiome de la mécanique quantique qui rend encore plus difficile sa compréhension intuitive est le principe de correspondance. Le développement du formalisme de la théorie a mené ses créateurs à remplacer les grandeurs physiques usuelles de la théorie classique (les observables, telles la position, l'impulsion, l'énergie, etc.) par des opérateurs, décrits en termes de nombres complexes, qui agissent sur la fonction d'onde (c'est-à-dire qui la transforment). La construction de ces opérateurs se fait par des règles de correspondance qui se sont imposées par la pratique, mais qui n'ont aucun caractère d'universalité ni d'unicité. Ils peuvent être réduits, par une sorte de changement de repère, à un ensemble de valeurs numériques qui les caractérisent (qu'on appelle les valeurs propres de l'opérateur), et qui fournissent les valeurs possibles que peut prendre l'observable considérée.

Equation de Schrödinger

L'équation d'évolution dans le temps et l'espace de la fonction d'onde a été établie par Schrödinger et, sous une autre forme équivalente, par Heisenberg. Cette équation peut se construire par correspondance à partir de l'équation classique équivalente (qui est celle donnant l'énergie totale en fonction des énergies cinétique et potentielle), mais elle n'est pas vraiment démontrée. Elle est donc en général considérée comme un des axiomes de la mécanique quantique. Elle a été généralisée au cas relativiste par Schrödinger lui-même, de Broglie, Klein et Gordon, et surtout dans le cas de l'électron (qui possède une propriété quantique originale, le spin) par Dirac.

Réduction de la fonction d'onde

Un des principaux axiomes de la mécanique quantique, essentiel à son interprétation et à la théorie de la mesure, est celui de réduction du paquet d'ondes. Cet axiome, formulé par John von Neumann, énonce que, juste après une mesure, le système est dans l'état donné par la mesure. Il joue un rôle essentiel dans la rationalité de la théorie et dans son rapport à la théorie classique. En son absence, toutes les dérives d'interprétation seraient possibles, en particulier vers une vision du quantique comme royaume de l'incertain perpétuel.

L'axiome de von Neumann assure la continuité de l'évolution des systèmes quantiques. Par exemple, appliqué aux positions, il exclut que la particule saute d'un point à un autre de l'espace : juste après qu'une particule a été mesurée en un point, on est sûr qu'elle est au voisinage de ce point. Appliqué à une polarisation, cet axiome assure l'accord avec les expériences faites avec des polaroïds : si nous polarisons de la lumière en la faisant passer dans un polaroïd et si aucune perturbation n'intervient, nous pouvons vérifier à l'aide d'un autre polaroïd que la lumière a gardé sa polarisation. On parle de réduction de la fonction d'onde, car la mesure a fait passer la particule d'un état décrit par un ensemble de valeurs possibles de l'observable auxquelles diverses probabilités pouvaient être attribuées, à un nouvel état où une seule valeur reste possible (la probabilité 1, qui signifie la certitude, lui est alors attribuée).

Chapitre IX

LE PARADOXE DES PROPRIÉTÉS QUANTIQUES

Relations d'Einstein-de Broglie

L'association, découverte par Einstein et de Broglie, entre l'énergie et l'impulsion d'un système libre (qu'il s'agisse de rayonnement ou de matière) et une longueur d'onde et une période (ou, inversement, une fréquence) constitue l'un des principaux mystères du monde quantique. Cette structure se trouve incorporée dans la théorie, mais n'est pas vraiment comprise. Ainsi, l'équation de Schrödinger peut se construire comme l'équation non relativiste dont une telle onde serait une solution.

L'énergie-impulsion constitue, en mécanique classique, la propriété caractéristique la plus fondamentale – la plus « primaire » – des objets physiques. C'est elle qui sert de « charge » pour la gravitation ; tout ce qui existe – du point de vue de la physique – possède de l'énergie-impulsion. Toutes les autres propriétés physiques peuvent disparaître (il existe des corps chargés et d'autres non chargés, possédant ou non une charge forte ou faible), l'énergie-impulsion ne peut être supprimée sans que l'existence même de l'objet le soit. Cette universalité de l'énergie-impulsion donne une idée du caractère extrêmement fondamental de la relation d'Einstein-de Broglie. Tout objet physique possède *une énergie, à laquelle correspond une période qui lui est inversement proportionnelle*. De même, dans un repère où il est en mouvement, l'objet possède une impulsion (produit de sa masse par sa vitesse) : *il lui correspond une longueur d'onde qui lui est inversement proportionnelle*. La constante qui les relie est la constante de Planck, h.

L'existence de l'onde de De Broglie a pu être vérifiée (par des expériences d'interférence et de diffraction) sur toutes sortes de particules, de rayonnement (photons) comme de matière (neutrons, protons, électrons), mais aussi sur des objets complexes comme des atomes ou des molécules. Pourquoi l'énergie et l'impulsion sont-elles ainsi universellement associées à des intervalles de temps et de longueur, ceux qui caractérisent l'onde de De Broglie ? Telle est l'une des principales questions à laquelle toute tentative de compréhension des phénomènes quantiques à partir de principes premiers se devrait de répondre.

Relations de Heisenberg

L'un des symboles les plus connus de la théorie quantique est constitué par les relations, dites « d'incertitude », de Heisenberg. Elles ne constituent pas un des axiomes de la théorie, mais peuvent être démontrées mathématiquement à partir d'une propriété physique générale, qui n'est en fait pas spécifique du quantique : celle qui définit comment passer de certaines variables (tels la position ou l'instant) à leurs variables dites conjuguées (telles l'impulsion ou l'énergie)[10].

De ce point de vue, la théorie quantique vient renforcer et compléter par des relations nouvelles des liens qui avaient déjà été mis au jour par la théorie classique. Nous avons rappelé en effet comment, sur les symétries de certaines variables (c'est-à-dire sur leur invariance dans certaines transformations), des grandeurs physiques conservatives (invariables au cours du temps) se construisent naturellement. Il en est ainsi de l'énergie à partir de l'uniformité du temps, de l'impulsion à partir de l'uniformité de l'espace, du moment angulaire à partir de son isotropie.

C'est sur ces mêmes couples de variables, temps-énergie, position-impulsion, angle-moment angulaire, que des relations de Heisenberg se construisent en mécanique quantique. Elles expriment que le produit des incertitudes avec lesquelles on peut connaître chacune des deux variables d'un tel couple est toujours supérieur à une constante universelle, égale à la constante de Planck h divisée par 4π[11]. Elles prennent ainsi la même forme (en terme d'inégalité) que les relations d'Einstein-de Broglie[12], mais en portant sur les dispersions et non plus les moyennes. La conséquence en est que plus une des variables est connue avec précision (par exemple la position), plus l'incertitude sur l'autre (ici l'impulsion, donc la vitesse) augmente.

Ces relations ont souvent été interprétées comme une sorte de perte pour la physique, comme une limitation parfois jugée insupportable. La vérité est qu'il existe tout aussi bien des barres d'erreur et des incertitudes en théorie classique (et qu'une des méthodes essentielles de la physique consiste à toujours en tenir compte dans l'interprétation des résultats) ; et, surtout, la précision des mesures classiques est en général telle, et la valeur de h si petite, que le produit de l'incertitude sur la position et la vitesse d'un système classique est toujours énormément *plus grand* que la limite quantique. Ainsi, dans les faits, les relations de Heisenberg n'ont rien enlevé à la physique, mais ont au contraire rajouté une contrainte nouvelle entre des variables qui n'étaient auparavant pas reliées. De ce point de vue, il s'agit plus de relations de *certitude* que d'incertitude : alors qu'on ne pouvait rien dire à partir de la mécanique classique des rapports entre résolutions en position et vitesse, on est maintenant sûr, grâce à la mécanique quantique, qu'elles sont liées par la relation de Heisenberg.

Le spin

Avec le « spin » s'introduit la première quantité quantique *qui n'a plus de contrepartie classique.* Celui-ci manifeste l'absolue originalité de l'objet quantique[13]. Mais il devient aussi très difficile de s'en faire une image.

L'existence du spin, sorte de moment angulaire interne de l'électron et d'autres particules, s'est tout d'abord imposée dans le but d'interpréter des données d'expérience. Il fut introduit par Uhlenbeck et Goudsmit pour rendre compte de l'observation d'états des électrons dans les atomes qui restaient incompréhensibles en fonction des nombres quantiques ordinaires. Cette interprétation s'imposa par la suite.

Mais l'inévitabilité de cette nouvelle propriété physique marqua un nouveau pas dans la séparation entre théories classique et quantique. En effet, bien que des grandeurs comme l'énergie, l'impulsion, le moment angulaire soient traitées différemment dans les deux mécaniques, leur existence classique est malgré tout assurée. Le spin n'existe tout simplement pas classiquement. En effet, ou bien l'électron est totalement ponctuel, et il ne peut avoir de moment angulaire propre[14]. Ou il possède une extension, mais on peut alors calculer sa vitesse de rotation en fonction de la valeur mesurée de son spin ($\hbar/2$), et l'on trouve que sa surface devrait tourner plus vite que la vitesse de la lumière. Cette contradiction mena à la conclusion que le spin était une quantité purement quantique, sans contrepartie classique. Il se révéla finalement n'être que la première d'une longue série d'autres grandeurs quantifiées qui durent être introduites par la suite pour rendre compte des diverses propriétés observées des particules élémentaires (isospin, nombre leptonique, baryonique, etc.).

Le spin joue également un rôle essentiel car son existence a apporté un point de vue renouvelé sur ce qui, du point de vue de la théorie classique, était considéré comme rayonnement (ou champ d'interaction) et comme matière. En effet, deux types de valeurs quantifiées du spin existent, qui correspondent à des comportements collectifs totalement différents sinon opposés. Certaines particules, comme les quarks, ou les protons et les neutrons dont ils sont les composants, ou comme les électrons, possèdent un spin demi-entier[15]. Or ce type de particule, appelée fermion (du nom d'Enrico Fermi, qui établit avec Paul Dirac leurs propriétés statistiques), est régi par le principe de Pauli, selon lequel deux d'entre elles ne peuvent se trouver ensemble dans le même état. La conséquence en est qu'elles ne peuvent s'agglomérer en grand nombre (il ne peut y en avoir plusieurs au même point) et ne sauraient ainsi servir de porteurs à un champ d'interaction. Néanmoins, cette propriété leur permet de constituer des structures stables, telles des briques dans une construction. C'est ainsi que l'association de trois quarks peut former le proton et le neutron, ceux-ci peuvent s'associer dans les noyaux, qui forment avec les électrons les atomes. L'ensemble de la matière connue est formé de ces éléments.

Les particules de spin entier (appelées bosons, du nom de S. Bose, qui établit leur statistique ainsi qu'Einstein[16]) ont la propriété inverse : douées d'un « esprit grégaire », elles tendent à s'agglomérer en des ensembles dont le nombre n'est en général même pas déterminé. Cette propriété, partagée par les photons, les bosons faibles *W* et *Z* ou encore les gluons, leur permet d'être les vecteurs des interactions fondamentales (respectivement électromagnétique, faible et forte). Cependant, les bosons ne peuvent former de structure, car celle-ci s'effondrerait.

Ces résultats de la théorie quantique ont prolongé de manière remarquable le début d'unification réalisé par Einstein et de Broglie. Non seulement lumière et matière ont toutes deux des propriétés particulaires et ondulatoires, mais leur description est maintenant semblable. Un ensemble de particules constitue un champ quantique (champ de Dirac pour l'électron, champ électromagnétique pour le photon), décrit par le même type de méthode dans tous les cas. Les différences de comportement, pourtant si essentielles, ne viennent que de la différence du spin ! Ce fantastique succès a donné l'espoir aux physiciens d'aller plus loin encore, et de clore l'unification en permettant l'existence d'une transformation entre fermions et bosons. Ceux-ci ne seraient plus deux types différents de particules, mais le même type de particule dans des états différents. Cette nouvelle symétrie postulée entre particules élémentaires, appelée supersymétrie, n'a pas encore été vérifiée par l'expérience.

Indiscernabilité de particules identiques

L'indiscernabilité est l'une des propriétés étonnantes et spécifiques des objets quantiques, qui n'a, elle aussi, aucune contrepartie classique. Elle est liée à un changement profond du concept d'identité en mécanique quantique [17], et permise par la quantification et la discrétisation des propriétés physiques définissant les particules élémentaires, mais aussi leur combinaison en structures plus complexes (nucléons, noyaux, atomes). Ainsi, tous les électrons possèdent exactement la même masse [18], la même charge [19] et le même spin [20]. Leur identité va bien au-delà de tout ce qu'on peut imaginer classiquement. Aussi semblables que soient deux objets macroscopiques, leur identité stricte, absolue, est impossible. Deux électrons, en revanche, sont identiques au point d'en être totalement indiscernables, non pas parce que l'information permettant de les discerner nous serait inaccessible, mais bien parce qu'elle n'existe pas. Ce fait a des conséquences pratiques : l'objet quantique constitué de deux électrons ne peut plus être considéré comme la somme des deux objets formés de chaque électron individuel. Il s'agit d'un objet nouveau, à la statistique particulière. En effet, l'échange des deux électrons n'a tout simplement aucun sens physique, car aucune « étiquette » ne permet de les identifier. Le système obtenu après échange est rigoureusement le même, si bien que ces « deux » systèmes doivent être comptés pour un du point de vue statistique au lieu de deux classiquement, ce qui se confirme expérimentalement.

Inséparabilité et non-localité

Le paradoxe d'Einstein-Podolsky-Rosen (EPR), sous sa version moderne des inégalités de John Bell et de l'expérience d'Alain Aspect, met en évidence de la manière la plus frappante la différence entre mécaniques classique et quantique.

Deux particules de spins inverses mais non définis sont émises dans deux directions opposées. Les valeurs des spins sont ensuite mesurées au même instant sur les deux particules. L'information quantique sur le système relève ici, seulement, d'une anticorrélation entre les particules. Aucun des deux spins n'a de valeur bien définie, mais néanmoins leur somme est nulle avec certitude. Il est ainsi impossible de prévoir la valeur qui sera mesurée pour le spin d'une quelconque des particules (par exemple + 1/2 ou – 1/2 avec une même probabilité), mais on peut cependant vérifier que si l'on a mesuré la valeur + 1/2, la mesure du spin de l'autre particule donne bien toujours – 1/2, et peut donc être prédite avec certitude à partir de la première mesure.

Un tel résultat peut ne pas sembler très étonnant du point de vue de la mécanique classique. Mais, dans son cadre, une mesure révèle une valeur d'une quantité préexistante à la mesure (qui nous était inconnue par défaut d'information sur le système). Il n'en est pas du tout ainsi en mécanique quantique : l'information connue sur le système est bien complète. Aucune valeur du spin n'existe avant la mesure. La valeur mesurée apparaît au moment de la mesure, mais ne lui préexistait pas, comme dans une expérience de pile ou face.

Le physicien John Bell a pu montrer que la différence entre ces deux situations – paramètre caché inconnu, mais préexistant ou absence totale d'un tel paramètre – pouvait être éprouvée par l'expérience, car certaines inégalités, strictement valables s'il existe des paramètres cachés, devaient pouvoir être violées par la mécanique quantique. L'expérience de type EPR, effectuée il y a quelques années par Aspect, a effectivement démontré définitivement l'inexistence de paramètres cachés par une vérification de la violation des inégalités de Bell.

Là où l'expérience EPR devient étonnante, c'est qu'au moment de la mesure des spins des deux particules, ces dernières peuvent être arbitrairement distantes ; si l'on voulait raisonner en termes de transport d'information (en supposant que, dès qu'un des deux spins est mesuré, l'information sur le résultat se transporte jusqu'à l'autre particule, permettant ainsi l'obtention d'un spin opposé), cette information devrait aller plus vite que la vitesse de la lumière, en contradiction avec la relativité restreinte ! C'est vraiment comme si on jetait deux pièces, l'une sur Terre, l'autre sur la Lune (à une distance d'environ une seconde-lumière) au même instant (à l'aide d'horloges préalablement synchronisées) et qu'on obtienne toujours pile pour l'une et face pour l'autre[21].

Mais toute tentative d'utiliser une expérience EPR pour transporter effectivement une information est vouée à l'échec. C'est pourquoi, ce type d'interprétation est rejeté par la majorité des physiciens. Ce qu'exprime la description quantique, c'est que les « deux » particules ne constituent en fait qu'un seul et même système : elles sont inséparables. Cette non-séparabilité, comme on l'a vu, ne dépend en rien de l'extension du système, ce qui implique une autre propriété essentielle des objets quantiques (même « élémentaires ») : leur non-localité fondamentale.

Telles sont, parmi d'autres, les propriétés étranges que toute tentative de théorie nouvelle voulant refonder la théorie quantique sur des principes premiers se devra de rendre compte. Il semble maintenant clair, après plus de soixante-dix ans de développements théoriques et expérimentaux dans le domaine quantique, que les tentatives de retour au déterminisme ou d'introduction de paramètres cachés doivent être abandonnées. C'est la mécanique quantique, avec tous ses paradoxes, qui doit être comprise par une éventuelle théorie future, de même que la théorie newtonienne est pleinement englobée dans la théorie d'Einstein.

Chapitre X

EINSTEIN ET LA THÉORIE QUANTIQUE

La position d'Einstein à propos de la théorie quantique est plus complexe et subtile que ce qui en est souvent dit, qui relève souvent de la caricature. Il ne se passe pas de mois sans que tel ou tel résultat théorique ou expérimental confirmant les prédictions de la mécanique quantique ne donne lieu à des titres du genre « Einstein s'est trompé... ». Or prétendre qu'Einstein rejetait ces prédictions constitue une authentique trahison de sa pensée, qui n'a été dénoncée que par quelques-uns[22, 23]. Il s'est pourtant clairement exprimé dans de nombreux textes sur ce sujet[24].

Entre la construction de la théorie en 1925-1927 et 1933 environ, il ne fait pas de doute qu'Einstein ait effectivement tenté d'attaquer l'indéterminisme quantique, en particulier au niveau des relations de Heisenberg. Entre ces dates, beaucoup de ses efforts tendaient à imaginer des expériences qui prendraient en défaut ces relations d'incertitudes. Mais il fut sans doute convaincu par les arguments de Bohr, car, par la suite, ses critiques se placent peu à peu à un niveau beaucoup plus fondamental, celui des concepts fondateurs de la théorie.

A partir de 1933, en fait, Einstein ne prétendait plus qu'il fallait revenir sur le non-déterminisme de la microphysique mis à jour par la théorie quantique. Dans une conférence donnée à cette époque[25], il dit :

> « Il me paraît certain qu'il nous faut, dans le modèle théorique, abandonner l'idée d'une localisation complète des

particules. C'est là, me semble-t-il, un résultat définitivement établi par la relation d'incertitude de Heisenberg. »

Il semble qu'il tenait à garder un esprit ouvert à toutes les possibilités. Dans une lettre à Schrödinger en 1950, il écrit[26] :

> « Le caractère (en principe) statistique de la théorie n'est qu'une conséquence de l'incomplétude de la description. Cela ne nous renseigne pas sur le caractère déterministe de la théorie. »

S'il s'est acharné, au grand désespoir de son ami Max Born en particulier (voir la correspondance Einstein-Born[27]), à maintenir que la mécanique quantique était une théorie incomplète de la réalité, il faut rappeler qu'il pensait la même chose de la théorie de la relativité, dont il considérait même la version « générale » comme provisoire, et de toute la physique :

> « Je n'ai jamais pensé que cette version soit plus qu'un pis-aller destiné à donner au principe de relativité générale une expression provisoirement achevée, rien de plus, pour l'essentiel, qu'une théorie du champ de gravitation dans laquelle le champ de gravitation est isolé de façon passablement artificielle du champ total, dont on ignore encore la structure[28]. »

Il faut également rappeler qu'il n'était pas question pour Einstein que la théorie future puisse être obtenue par une complétion de la mécanique quantique de l'intérieur[29] :

> « Je pense que cette théorie ne peut pas servir de point de départ au développement futur de la théorie physique. »

Einstein n'allait ainsi pas du tout dans le sens des tentatives de théories à paramètres cachés qu'il n'a en fait jamais soutenues, contrairement à ce qu'on croit souvent. Il écrit ainsi, en 1954, à Bohm, l'un des principaux physiciens ayant tenté de développer ce type d'approche[30] :

> « Au cours des dernières années ont été accomplies diverses tentatives en vue de compléter la théorie quantique, semblable à la vôtre. Il me semble que nous sommes encore loin d'avoir trouvé une solution satisfaisante à ce problème. »

Il s'exprime encore plus clairement sur l'interprétation de la mécanique quantique dans un texte de 1953[31] :

> « La seule interprétation de l'équation de Schrödinger jusqu'à présent admissible est l'interprétation statistique donnée par Born. »

Ce qu'Einstein ne pouvait accepter comme définitif dans la théorie de la microphysique, c'est que la mécanique quantique est *par essence* statistique : les probabilités y sont posées au niveau des principes de la théorie. Celle-ci renonce alors à une description des phénomènes élémentaires individuels. Einstein, au contraire, pensait qu'une théorie physique digne de ce nom ne pouvait être probabiliste dans ses fondements, mais que la nécessité d'une description statistique devait, pour être comprise, être *déduite* de principes plus fondamentaux s'appliquant à la description de « l'état des systèmes individuels ».

> « Le raisonnement (en mécanique quantique) laisse totalement dans l'ombre les processus affectant les systèmes individuels ; ceux-ci sont complètement éliminés de la représentation fournie par le mode d'explication statistique[32]. »
>
> « Le physicien devra abandonner son point de vue selon lequel la fonction ψ donnerait une description complète de l'état de choses réel... le caractère statistique de la théorie actuelle serait alors une conséquence obligée de

l'incomplétude de la description des systèmes en mécanique quantique, et il n'y aurait plus aucune raison pour que les futures bases de la physique soient fondées sur la statistique[33]... »

« Maintenir que la théorie quantique est (en principe) définitive, c'est croire qu'une description plus complète serait sans objet parce qu'il ne lui correspondrait aucune loi. Dans ce cas, la physique n'aurait d'intérêt que pour les boutiquiers et les ingénieurs ; ce serait un horrible gâchis[34]. »

C'est cela, et rien d'autre, qu'il exprimait par son expression maintes fois répétée « Dieu ne joue pas aux dés » (dans laquelle « Dieu » est à prendre au sens des « lois de la nature », Einstein l'a souvent précisé) et en tout cas certainement pas un rejet des relations d'incertitudes de Heisenberg ni une non-reconnaissance des acquis et succès extraordinaires de la mécanique quantique :

« [La théorie quantique] représente un progrès significatif, et même en un certain sens définitif, de la connaissance en physique[35]. »

Il semble que ce qu'Einstein avait en tête, c'est que la théorie quantique devrait être englobée un jour dans une théorie plus large fondée sur des principes différents, au même sens où la physique newtonienne s'est trouvée englobée dans sa théorie de la relativité générale. Dans ce processus, les concepts non physiques de la théorie, tel celui de force agissant instantanément à distance, disparaissent des fondations (mais peuvent se retrouver comme des approximations pratiques). C'est le sort qui serait ainsi réservé, dans cette éventuelle future théorie, à des concepts tels que fonctions d'onde ou réduction du paquet d'onde.

Comparons en effet la mécanique quantique et la relativité. La relativité générale, comme nous l'avons vu, est une théorie qui, même si elle peut devenir compliquée dans son application, est fondée sur des principes simples et compréhensibles. Au contraire, les fondements de la théorie quantique sont de nature purement axiomatique. La relativité est une théorie essentiellement géométrique, fondée sur le primat du continuum espace-temps à quatre dimensions (qui en est même devenu l'outil principal). La théorie quantique est, cependant, une théorie algébrique dont le cadre principal est constitué par des espaces d'états abstraits : il s'ensuit souvent une perte de la compréhension intuitive des phénomènes. Enfin, on peut considérer que la relativité générale d'Einstein contient des niveaux conceptuels de description plus profonds que la théorie quantique. En effet, les équations fondamentales de la théorie d'Einstein sont celles de la structure géométrique de l'espace-temps ; l'équation des trajectoires (celle des géodésiques) s'en *déduit* ; enfin, l'équation d'un *ensemble* de géodésiques est elle-même construite à partir de cette dernière équation. Or c'est à ce dernier type d'équation que peut se comparer l'équation de Schrödinger. Il n'y a pas, dans la théorie actuelle, d'équation d'un éventuel « espace-temps quantique ». Là encore, on peut à cet égard comparer la théorie quantique à ce qu'était la théorie newtonienne en son temps : une théorie extrêmement précise, qui « colle aux faits », mais restant insatisfaisante du point de vue des concepts fondateurs.

Dans une lettre à Louis de Broglie écrite à la fin de sa vie, Einstein a en partie explicité ce point de vue, en précisant que la future théorie devrait être une théorie du champ (au même sens que la relativité générale, c'est-à-dire une théorie de l'espace-temps). Il ne faisait pas là allusion à une théorie quantique des champs, qui existe actuellement pour des champs tels que l'électromagnétisme et les interactions faible et forte, mais à une théorie expliquant les effets quantiques comme manifestation d'un champ nouveau (c'est-à-dire, en dernier recours, de la géométrie de l'espace-temps).

En ce sens, on doit admettre qu'aucun des développements théoriques et expérimentaux qu'a connu la théorie quantique depuis quarante ans, aussi spectaculaires qu'ils aient pu être, n'a abordé en quoi que ce soit le problème posé par Einstein (et n'y a donc apporté de solution, ni dans un sens ni dans l'autre), car ils se sont tous situés (à part les tentatives de théories à paramètres cachées, qui reviennent sur l'indéterminisme et qui sont vouées à l'échec d'après le théorème de Bell) dans un cadre où les lois fondamentales elles-mêmes sont d'essence probabiliste.

Les tentatives de théorie de gravitation quantique, à propos desquelles Jean-Pierre Luminet écrit[36] : « Hawking a estimé que le principe d'incertitude appliqué au trou noir était transcendé par ce qu'il appelle le “principe aléatoire”. [...] La réponse d'Hawking est la suivante : “Non seulement [Dieu] joue aux dés, mais Il les lance là où on ne peut pas les voir” » sont obtenues à partir du précepte *a priori* de la quantification et des outils de la mécanique quantique, et n'apportent donc malheureusement pas plus d'élément de réponse à cette question fondamentale : celle de la recherche des principes premiers qui pourraient servir de fondation à la théorie quantique.

Quatrième Partie

Relativité d'échelle, espace-temps fractal et mécanique quantique

Chapitre XI

LES ECHELLES DANS LA NATURE

Depuis l'Antiquité, depuis Platon, Euclide ou Aristote, un grand nombre de philosophes et d'écrivains (tels Voltaire avec *Micromegas* ou Swift avec *Les Voyages de Gulliver*), de mathématiciens et de physiciens, parmi lesquels Leibniz, Laplace et Poincaré, ont abordé la question des échelles de longueur dans la Nature. Si le philosophe ou le romancier a souvent imaginé qu'il puisse exister des hommes de taille lilliputienne ou des géants grands comme la Terre, nous savons bien que, dans la réalité, on n'observe rien de tel. La taille d'un homme adulte ne peut varier guère plus que d'un facteur deux, il n'y en a pas d'un millimètre ni d'un kilomètre. La taille des atomes est de l'ordre de quelques Angströms[1], alors qu'il n'existe pas d'atome de 1 m de rayon, ni de 1 Fermi[2] : ce sont leurs noyaux qu'on rencontre à cette échelle. Inversement, le rayon d'une étoile est de l'ordre du million de kilomètres et peut atteindre 100 fois cette taille, mais pas un million de fois. A l'échelle de 10 kpc (dix mille parsecs, le parsec étant l'unité astronomique de base[3]), les structures rencontrées sont des galaxies, mais aucune galaxie n'est mille fois plus petite ni mille fois plus grande.

Ainsi, une structure donnée se caractérise souvent par une échelle ou une gamme réduite d'échelles particulières et, inversement, à une échelle donnée correspond en général un type de structures déterminé. Pourquoi en est-il ainsi ? Qu'est-ce qui détermine ces échelles ? Il s'agit là d'un des problèmes essentiels, en grande partie non résolu, de la physique fondamentale.

La question est d'autant plus difficile qu'il n'en est pas *toujours* ainsi. De nombreux systèmes physiques ne montrent au contraire aucune échelle particulière sur un large intervalle (on les dit alors « invariants d'échelle »). Souvenons-nous, par exemple, des images télévisées du premier débarquement sur la Lune. L'observation, au cours de la descente du module LEM, de sa surface constellée de cratères ne permettait à aucun moment d'estimer la distance du vaisseau à la Lune, en raison de la similitude des cratères entre eux. Il en est de même de certains paysages de montagnes. L'estimation des distances et des profondeurs devient impossible sur certaines pentes semées de rocs de toutes les tailles. Un petit caillou proche devient indistinguable d'un énorme rocher lointain, sans l'aide d'un autre objet de référence, tel un personnage ou une maison. A propos des lois de la gravitation, Laplace écrivait : « Une des propriétés remarquables de l'attraction newtonienne est que, si les dimensions de tous les corps dans l'Univers, leurs distances mutuelles et leurs vitesses croissaient ou diminuaient proportionnellement, ils décriraient des courbes entièrement semblables à celles qu'ils décrivent effectivement[4]. » Les sous-structures d'une feuille de fougère sont semblables, mises à l'échelle, à la feuille dans son ensemble...

Les exemples d'objets et systèmes invariants d'échelle abondent ; un grand nombre d'entre eux ont été répertoriés et étudiés par Benoît Mandelbrot, qui a conçu le mot « fractal » pour dénommer les ensembles montrant l'existence de structures à toutes les échelles (ou sur une vaste gamme[5]). Mais d'où viennent les fractals ? Quels sont les principes physiques qui sous-tendent leur émergence ? Pourquoi et comment peut-il y avoir coexistence de lois ou de systèmes invariants d'échelle sur un large intervalle d'échelles possibles, et d'échelles caractéristiques qui brisent cette invariance (par exemple, dans le cas de la fougère, la taille de sa feuille à grande échelle et celle des plus petites dendrites à petite échelle) ? Ces questions prennent une importance croissante pour la physique d'aujourd'hui.

Il existe aussi des objets dont la nature même est de changer d'échelle. La croissance et la décroissance sont une des caractéristiques des organismes vivants. L'Univers lui-même se dilate au cours du temps, et a connu dans le passé une phase primordiale au cours de laquelle sa taille caractéristique était énormément plus petite qu'actuellement, phase décrite par la théorie du big bang.

Certes, la physique moderne a accompli d'énormes progrès. Mais l'origine des principales échelles caractéristiques reste insuffisamment expliquée. C'est ainsi que la taille caractéristique des atomes peut être calculée théoriquement par la mécanique quantique et celle des étoiles par l'astrophysique. Mais cette prédiction théorique fait intervenir (en plus de constantes fondamentales comme la vitesse de la lumière c, et la constante de Planck $\hbar$[6]) la masse et la charge de l'électron. De même, le rayon caractéristique des étoiles peut se calculer dans la théorie de l'équilibre stellaire, mais en fonction des mêmes grandeurs auxquelles s'ajoutent la constante de la gravitation G et la masse du proton. Or il n'existe actuellement aucune prédiction théorique des masses des particules élémentaires (ni de l'électron ni des quarks qui forment le proton). Les valeurs de leurs différentes charges (électrique, mais aussi celles qui caractérisent leur couplage aux autres forces d'interaction fondamentales) sont également incomprises pour l'essentiel. Masses et charges des particules ne nous sont connues que par leurs mesures expérimentales. Tous nos calculs théoriques se ramènent en dernier recours à ces grandeurs : par exemple, l'ensemble des niveaux énergétiques des atomes, sur lesquels repose toute la chimie, dépend de la masse et la charge de l'électron et de la constante de Planck. C'est tout l'édifice de la physique qui semble ainsi reposer sur du sable.

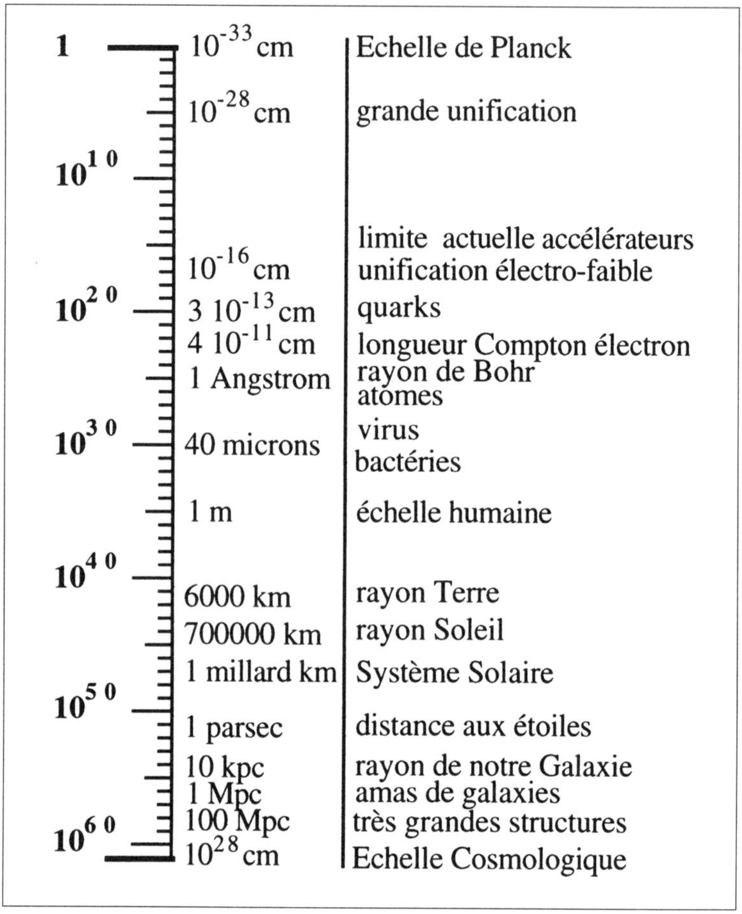

Figure 3. *« Echelle des échelles » dans la Nature.* Le passage d'un trait au suivant correspond à un grossissement d'un facteur 10. Depuis l'échelle de Planck jusqu'à l'échelle de la constante cosmologique, le rapport est de plus de 10^{60}.

A un certain niveau, on peut affirmer que non seulement nous ne savons pas calculer la valeur de la charge électrique, mais encore que nous ne savons pas vraiment ce qu'elle est. De même les valeurs mais aussi l'origine des masses restent en majeure partie incomprises.

Le physicien américain Richard Feynman écrivait à ce propos[7] :

> « Aucune théorie ne parvient à expliquer ces nombres de façon satisfaisante. Toutes nos théories utilisent ces nombres, mais on n'y comprend rien – ni leurs valeurs, ni d'où elles viennent. D'un point de vue fondamental, il s'agit, je crois, d'un problème aussi grave que passionnant. »

Or ce problème peut justement se ramener à une question d'échelle de longueur ou de rapport d'échelle. La mécanique quantique fait correspondre à toute masse une échelle caractéristique qui lui est inversement proportionnelle, appelée longueur de Compton[8]. Prédire théoriquement la valeur de l'échelle de Compton de l'électron reviendrait alors à prédire sa masse. De même, le rapport de cette échelle et de celle de Bohr[9] (qui fixe la taille des atomes) se ramène à la valeur de la charge électrique (voir *figure* 3).

Mais le calcul théorique du rayon des atomes ou de celui des étoiles ne dépend pas seulement des caractéristiques physiques de ces constituants élémentaires que sont l'électron ou le proton. Il implique également la valeur numérique des constantes fondamentales G, $\hbar$ et c[10]. La relation qui relie la masse de l'électron à sa longueur de Compton dépend aussi de $\hbar$ et c. Ces constantes interviennent à tous les niveaux de l'expression des lois de la physique. Certes, une constante comme la masse de l'électron a bien un caractère d'universalité, du fait de l'universalité de l'électron lui-même (on a pu vérifier, par l'étude des spectres d'objets extragalactiques très lointains, que l'électron était bien le même ici et maintenant, à des gigaparsecs et il y a des milliards d'années). Mais l'universalité de G, $\hbar$ et c est d'un autre ordre. Ces constantes interviennent au niveau des lois fondamentales de la physique et ne dépendent d'aucun objet particulier. Rappelons brièvement leur origine.

La constante de la gravitation, *G,* fut initialement introduite dans le cadre de la théorie de la gravitation universelle de Newton. Son intervention s'impose en particulier pour des questions d'unité. Elle est liée à l'égalité masse inerte – masse grave découverte par Galilée et qui forme la base observationnelle du principe d'équivalence d'Einstein, lequel soustend sa théorie de la relativité générale. Newton introduisit les masses dans l'expression des forces de deux manières différentes. La loi fondamentale de la dynamique énonce que l'effet d'une force est une accélération d'autant plus grande que la masse du corps qui la subit est petite. Autrement dit, une force est égale au produit de la masse inerte par l'accélération [11]. La force gravitationnelle, par ailleurs, est proportionnelle au produit des masses graves des corps qui s'attirent et inversement proportionnelle au carré de leur distance [12]. L'égalisation des expressions dynamique et gravitationnelle de la force implique alors l'introduction d'une constante, *G,* dont l'équation aux dimensions $[M^{-1} L^{3} T^{-2}]$ (un volume divisé par une masse et par le carré d'un temps) va permettre à la force gravitationnelle d'avoir la bonne dimension. Mais cette constante acquiert, en relativité générale, un statut nouveau et plus universel encore. C'est elle qui relie la géométrie de l'Univers et son contenu matériel et énergétique dans les équations d'Einstein. Elle correspond ainsi à quelque chose de plus profond que la simple constante caractéristique d'un champ particulier, en devenant liée à la géométrie de l'espace-temps. Cette constante est malheureusement l'une des plus mal connues de la physique [13].

La vitesse de la lumière, *c,* intervient elle aussi pour assurer l'homogénéité des unités physiques. C'est le fait d'avoir choisi *a priori* des unités différentes pour les mesures de longueur et les mesures de temps qui la font apparaître dans les équations de la physique. Cependant, depuis l'avènement de la relativité restreinte (dans laquelle elle joue le rôle d'une vitesse maximale, indépassable) et la compréhension que ni l'espace ni le temps n'ont d'existence indépendante, mais ne sont que des coupes d'un espace-temps à quatre dimensions, son statut est devenu bien compris. De même qu'on n'utilise pas des unités différentes pour mesurer une largeur et une hauteur dans l'espace, on devrait utiliser la même unité pour les mesures d'intervalles de longueur et de temps. Dans ces conditions, la vitesse est une grandeur physique authentiquement sans dimension, et la vitesse de la lumière un « 1 » fondamental. La question de sa valeur numérique n'a alors plus de sens en soi, car elle ne fait que refléter notre choix – inadéquat – d'unités différentes (le mètre et la seconde). Ces acquis théoriques sont maintenant pris en compte dans la définition des unités : depuis 1985, il n'existe plus des unités indépendantes de longueur et de temps, mais une seule unité, celle de temps, dont celle de longueur se déduit *via* la vitesse de la lumière, maintenant fixée de manière *exacte*[14]. Ce choix vise à assurer la continuité avec les choix antérieurs : on aurait pu, d'une manière plus radicale (mais équivalente), fixer $c = 1$ (sans dimension) et mesurer les longueurs en nanosecondes, par exemple[15].

Enfin, la constante de Planck est la constante fondamentale de la mécanique quantique. Elle fut initialement introduite en 1900 par Planck quand, pour comprendre la forme de la loi du corps noir qu'il venait d'établir, il émit l'hypothèse que le rayonnement s'échange non de manière continue, mais par « quanta » d'énergie discontinus. C'est en 1905 que naquit vraiment la théorie des quanta, quand Einstein effectua un pas de géant en postulant, pour expliquer l'effet photoélectrique (dans lequel des électrons sont arrachés à un métal par de la lumière), que les quanta n'étaient pas seulement une propriété de l'échange d'énergie, mais de la lumière elle-même. Ainsi la particule de lumière, qui fut appelée plus tard « photon », était découverte, avec sa double nature d'onde et de corpuscule. C'est précisément la constante de Planck h qui relie les propriétés ondulatoires aux propriétés corpusculaires, c'est-à-dire la fréquence du rayonnement ν (qui définit la couleur de la lumière visible) à son énergie E, suivant la formule de Planck-Einstein $E = h\,\nu$. Comme nous l'avons déjà indiqué, l'unification fut enfin complète vingt ans plus tard, quand Louis de Broglie appliqua le raisonnement inverse à la matière : de même qu'Einstein avait élucidé la nature corpusculaire du rayonnement, considéré comme purement ondulatoire depuis les travaux de Fresnel et Young du début du XIXe siècle, de même de Broglie postula en 1923 la nature ondulatoire des particules de matière comme les protons ou les électrons. Cette remarquable vision fut rapidement confirmée expérimentalement par l'observation d'effets de diffraction sur des électrons, et plus récemment sur des atomes entiers : tout indique l'universalité des relations d'Einstein-de Broglie. La constante de Planck, qui relie énergie et fréquence, ainsi qu'impulsion et longueur d'onde, possède une dimension (celle d'un moment angulaire, $[ML^2T^{-1}]$, produit d'une masse par le carré d'une longueur divisé par un temps) fixée, là encore, par la dimensionalité des grandeurs physiques qu'elle relie[16].

Est-il imaginable de prédire un jour par la théorie la valeur numérique de ces constantes fondamentales ? Contrairement à la masse ou la charge de l'électron, elles sont indépendantes de tout objet particulier. Leur valeur dépend des unités de la physique, qui ont pourtant été choisies de manière arbitraire. Ce problème se ramène à nouveau à une question d'échelle. En effet, à partir de G, $\hbar$ et c, on peut fabriquer trois échelles fondamentales, une longueur, un temps et une masse, appelées échelles de Planck[17]. L'ensemble des lois de la physique peut se réexprimer en fonction de ces trois nouvelles constantes. Dans une telle formulation, les longueurs et les temps n'interviennent plus que par leur rapport à la longueur et au temps de Planck, et les masses leur rapport à la masse de Planck. Les équations de la physique deviennent alors sans dimension. Ces trois échelles de Planck seraient-elles des unités naturelles, permettant de lever le caractère arbitraire du choix de nos unités ? Ne nous manque-t-il pas ainsi une théorie fondamentale dans laquelle ces grandeurs prendraient naturellement cette place, de la même façon que, depuis la relativité restreinte de Poincaré et Einstein, la vitesse de la lumière joue le rôle d'une unité naturelle pour les vitesses ? Des propositions de réponses à ces questions seront faites dans la suite du présent ouvrage.

Revenons à la question des échelles. On n'observe pas seulement l'existence d'échelles fondamentales dans la nature, mais aussi celle de lois explicitement dépendantes d'échelle. Dans un tel cas, les grandeurs physiques considérées prennent des valeurs qui changent suivant l'échelle à laquelle on les mesure. Il en est ainsi, pour donner un exemple célèbre, de la longueur de la côte bretonne, qui dépend clairement de l'échelle de la carte à partir de laquelle on veut la déterminer. Plus cette carte permet de voir des petits détails, plus il apparaît de golfes, criques et renfoncements nouveaux qui augmentent cette longueur. Or cette variation de la longueur en fonction de la résolution (qui est la taille du plus petit détail accessible sur une carte donnée) ne se fait pas n'importe comment, mais suit au contraire une loi bien déterminée. De tels phénomènes ont conduit aux concepts de lois d'échelle et d'invariance d'échelle[18], et à des descriptions géométriques en termes d'objets fractals[19].

La dépendance d'échelle peut dans certains cas être de nature extrêmement fondamentale. Ainsi, en mécanique quantique, les résultats de mesure dépendent explicitement de la résolution de l'appareil ayant servi à l'expérience, c'est-à-dire du plus petit intervalle de la quantité mesurée accessible avec cet appareil (changer la résolution exige en général de changer d'appareil de mesure). En cosmologie, c'est l'échelle des distances entre les galaxies qui change au cours du temps du fait de l'expansion de l'Univers : l'espace dans son ensemble se dilate. De plus, on rencontre des lois et des comportements d'échelle dans de nombreuses situations, à petite échelle (en microphysique), aux grandes échelles (astrophysique extragalactique et cosmologie), mais aussi aux échelles intermédiaires (en particulier dans le domaine du vivant). La plupart du temps, la découverte de telles lois se fait de manière empirique. Mais il est rare qu'elles soient vraiment comprises. Il nous manque encore une théorie qui nous permettrait de les déduire de principes fondamentaux.

Les problèmes liés aux échelles ne s'arrêtent pas là. L'un de ces problèmes est un des pires casse-tête rencontrés au cours de l'histoire des sciences : il s'agit de l'*apparition des phénomènes quantiques* dans les expériences de microphysique. Non seulement la nature des structures observées est différente suivant les échelles, mais, comme nous l'avons vu dans les chapitres précédents, les lois de la physique elles-mêmes changent entre les petites et les grandes échelles. Suivant que l'on étudie les domaines microscopique (physique atomique, nucléaire, physique des particules) ou macroscopique (mécanique céleste, cosmologie), la théorie physique à utiliser doit passer de la mécanique quantique à la mécanique classique. Et on ne peut pas non plus parler d'échelle absolue de transition quantique-classique : cela est démontré, par exemple, par l'existence d'effets quantiques dans le domaine macroscopique, telle la supraconductivité (qui permet, entre autres, le transport d'électricité sans aucune perte). Inversement, dans certaines conditions, les particules peuvent être traitées de manière classique (il en est ainsi, par exemple, de l'image de leur trajectoire donnée par une chambre à bulle). Certains problèmes d'astrophysique de grande échelle, comme la structure interne d'une étoile à neutrons où celle de l'Univers très primordial, qui demandent tous deux une description en termes de particules élémentaires, doivent faire appel à la mécanique quantique.

Il y a bien, néanmoins, des échelles de transition quantique-classique relatives, car, pour un système donné, l'analyse théorique doit bien être classique vers les grandes échelles et quantique vers les petites. Il se trouve simplement que l'échelle de transition entre ces deux comportements dépend du système considéré (de sa masse, sa vitesse ou sa température).

Cette dichotomie de la physique actuelle est extrêmement profonde et troublante. Elle va plus loin qu'un simple changement de loi au sens classique du terme, qui aurait pu être attribué à l'existence de champs nouveaux à petite échelle par rapport à ceux connus classiquement (gravitation et électromagnétisme). De tels champs nouveaux existent bien (les interactions nucléaires fortes et faibles), mais le problème n'est pas là. Tout change entre physique quantique et physique classique : les concepts, les outils mathématiques, la manière de poser les problèmes, de les penser même, la manière dont la théorie est fondée, celle dont elle est comprise.

Il semble de plus en plus clair, après plus de soixante-dix ans de travaux acharnés concernant les rapports entre physique classique et physique quantique, qu'on ne peut passer directement de l'un à l'autre domaine : aucun des deux ne se déduit de l'autre, ils doivent coexister et être donnés indépendamment. Mais n'y a-t-il pas une autre voie d'unification ? Chacune de ces deux représentations du monde ne pourrait-elle se déduire d'une troisième, plus générale, qui les englobe, et se réduise, suivant l'échelle d'observation ou de description, respectivement aux représentations quantique et classique ? C'est d'une telle approche qu'il sera question dans la suite du présent ouvrage.

L'idée servant de fil d'Ariane à ce point de vue est qu'il existe un principe fondamental sur lequel fonder la nouvelle théorie : il s'agit du *principe de relativité* lui-même. Dans une telle optique, il faut cependant tenter d'aller au-delà du seul principe de relativité du mouvement, tel qu'il a été développé par Galilée, Poincaré et Einstein. Il est nécessaire d'introduire une extension de ce principe qui englobe également les transformations entre échelles.

Que pouvons-nous attendre d'une telle extension de notre cadre de pensée ?

Comme nous le verrons, une première conséquence est qu'elle implique un changement profond de la nature de l'espace-temps. *La relativité générale d'Einstein avait conduit à généraliser l'espace plat et absolu de la théorie newtonienne en un espace-temps courbe, dépendant de son contenu matériel et énergétique. De même l'idée de relativité d'échelle introduit une nouvelle géométrie spatio-temporelle, plus complexe encore : l'espace-temps devient fractal.* Ce concept fut précisément construit par le mathématicien B. Mandelbrot pour désigner des objets, ensembles ou fonctions dont la forme est extrêmement irrégulière et fragmentée à toutes les échelles, et dont la géométrie dépend ainsi explicitement de la résolution à laquelle on les considère (voir *figure* 4 et suivantes). Une utilisation nouvelle doit néanmoins en être faite ici. Il ne s'agit plus de décrire des *objets* fractals, *a priori* inclus en tant que contenu dans un espace préalablement défini, mais des *espaces* fractals (plus généralement, des espaces-temps fractals), définis de manière intrinsèque en tant que cadre géométrique de référence. Bien sûr, comme c'est déjà le cas en relativité généralisée d'Einstein, il n'est pas question ici d'un espace-temps absolu mais, bien au contraire, de la construction d'un espace-temps fractal relatif à son contenu matériel et énergétique.

Une deuxième conséquence est *une possibilité nouvelle de compréhension de la mécanique quantique*. On verra comment les particules élémentaires peuvent être réinterprétées comme familles de « géodésiques » (qui sont les trajectoires les plus courtes) d'un espace-temps fractal, structuré vers les échelles microscopiques. Plus généralement, ce sont les principaux axiomes de la mécanique quantique (c'est-à-dire ses principes mathématiques, actuellement posés arbitrairement, mais incompris) qui peuvent être reconstruits dans la nouvelle approche, à partir du principe de relativité. De même que la gravitation n'est rien d'autre, en relativité généralisée d'Einstein, que l'ensemble des manifestations de la courbure de l'espace-temps, la théorie de la relativité d'échelle suggère que les effets quantiques apparaissent comme manifestation de son caractère fractal à petite échelle.

Mais on peut aller au-delà. La relativité d'échelle ne permet pas seulement de proposer une source pour la mécanique quantique, elle conduit également à des généralisations possibles vers les très petites échelles. L'application du principe de relativité aux transformations d'échelle des systèmes de coordonnées conduit à proposer des formes possibles pour les lois qui régissent *les structures internes de l'espace-temps,* dont nous postulons l'existence en chaque « point ». Des structures fractales originales, plus générales que les fractals « ordinaires », émergent ainsi. Dans ce cadre élargi, *le problème de la divisibilité à l'infini de l'espace et du temps trouve une solution nouvelle.* Il reste possible de diviser un intervalle spatial ou temporel par deux, puis l'intervalle obtenu à nouveau par deux, et ainsi de suite à l'infini, mais le résultat de cette opération n'est plus le zéro, mais un intervalle fini. De même qu'on peut ajouter sans fin des vitesses les unes aux autres en relativité restreinte, mais que le résultat de cette somme reste toujours inférieur à la vitesse de la lumière, de même ici *apparaît une échelle universelle, minimale, indépassable, sur laquelle un grossissement n'aurait plus aucun effet.*

Comme nous le verrons, il paraît naturel de l'identifier à l'échelle de Planck, dont le rôle d'unité naturelle de longueur et de temps se trouverait ainsi justifié. Celle-ci posséderait alors toutes les propriétés physiques qui étaient

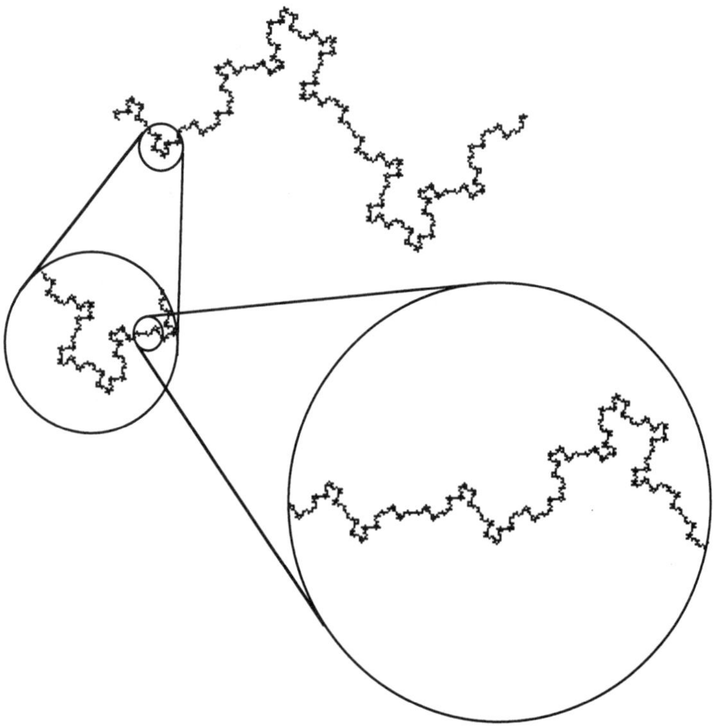

Figure 4. *Courbe fractale.* Une courbe fractale montre de nouvelles structures à toutes les échelles (dans le cas particulier de cette figure, qui représente un fractal auto-similaire, c'est la même structure qu'on retrouve à des échelles différentes). Une telle courbe dépend explicitement de la résolution, qui est le plus petit intervalle de longueur accessible pour un appareil de mesure donné (une loupe, puis un microscope, puis un accélérateur de particules l'améliorera). Ces structures toujours nouvelles empêchent de définir une pente limite, c'est-à-dire une tangente à cette courbe, donc de définir la vitesse d'une particule qui suivrait une telle trajectoire. Mais une pente peut être définie pour toute valeur finie donnée de la résolution : en relativité d'échelle, on réintroduit ainsi une pente généralisée, qui n'est plus un nombre, mais une fonction explicite de la résolution.

auparavant attribuées au point zéro et le remplacerait, toutes les échelles comprises entre le zéro et l'échelle de

Planck n'ayant plus d'existence (de même que la vitesse de la lumière possède, en relativité restreinte du mouvement, toutes les propriétés physiques d'une vitesse infinie).

De telles lois nouvelles ne changent pas seulement la physique à l'échelle de Planck ; elles ont également des conséquences observables (et donc éprouvables) dans le domaine d'énergie actuellement accessible aux grands accélérateurs de particules. Le problème de l'origine des masses et des charges des particules élémentaires peut être envisagé d'une manière nouvelle, ainsi que celui de la valeur des échelles d'unification.

De plus, les conséquences de la théorie de la relativité d'échelle ne concernent pas que l'infiniment petit : comme nous l'évoquerons pour finir, *elle permet aussi de jeter une lumière nouvelle sur la cosmologie (domaine des très grandes échelles de longueur et de l'Univers pris dans son ensemble), ainsi que sur le problème général de la formation et de l'évolution des structures,* en particulier gravitationnelles.

En effet, l'une des conséquences possibles de cette approche est que des lois quasi quantiques pourraient s'appliquer également dans le domaine macroscopique. Il ne s'agit bien sûr pas d'appliquer la théorie quantique telle que nous la connaissons actuellement, avec toutes ses propriétés et paradoxes (rappelés brièvement dans la troisième partie). Il n'en est pas question, précisément parce que notre analyse permet de mettre en évidence tout ce qui, dans la théorie quantique, doit être attribué à la nature particulière des objets auxquels on l'applique dans le domaine microscopique (élémentarité, identité, non-localité, indiscernabilité[20]...). Mais cette analyse, inversement, permet aussi de montrer que les équations fondamentales de la mécanique quantique (équations de Schrödinger, de Klein-Gordon et de Dirac[21]) ont un caractère d'universalité. Comme l'a également montré le physicien canadien G. Ord, ces équations peuvent être obtenues indépendamment de l'ensemble de l'interprétation de la mécanique quantique standard. Elles peuvent ainsi avoir des domaines d'application élargis dans un contexte différent et avec une interprétation différente : dans une telle approche quasi quantique, si l'on perd la prédictibilité des trajectoires individuelles, cela est largement compensé, comme nous le verrons, par la capacité nouvelle de la théorie à prévoir l'émergence de structures.

Chapitre XII

LA NOTION DE POINT ET D'INSTANT EN PHYSIQUE

La représentation que nous avons actuellement du monde est-elle complète ? En ce qui concerne les lois classiques, la notion d'espace-temps s'est imposée au cours de l'évolution des idées en physique. Mais peut-on réduire le monde physique à l'ensemble des positions et des instants, et aux déplacements qui les relient ? Le concept classique d'espace-temps ne peut avoir de sens physique que si le concept mathématique de « point » est lui-même signifiant.

Dans le cas du temps, le doute concernant l'existence de l'instant, c'est-à-dire d'un point temporel, remonte aux philosophes grecs et au paradoxe de Zénon. En ce qui concerne l'espace, Kant a posé le problème avec ses antinomies : mais Kant est allé plus loin, en montrant que les antinomies concernaient aussi bien l'infiniment petit que l'infiniment grand. L'existence d'une symétrie entre les énoncés que l'on peut faire sur ces deux infinis se retrouvera souvent par la suite. On ne peut toucher au zéro sans toucher à l'infini. Mathématiquement, ils sont inverses l'un de l'autre, et l'on verra que cette opération d'inversion prend un sens bien particulier en relativité d'échelle.

Dans son acception la plus profonde, le paradoxe de la flèche de Zénon met en évidence le problème. Ce paradoxe présente deux aspects. Dans le premier, on considère que, pour atteindre une cible, une flèche doit d'abord parcourir la moitié du chemin, puis encore la moitié du chemin restant, et ainsi de suite *ad infinitum*. Sous cette forme, il met bien en évidence la divisibilité sans fin de l'espace. La découverte mathématique des séries convergentes, pour lesquelles une somme infinie de termes peut parfaitement être finie, a réglé le problème. C'est ainsi qu'additionner à 1/2, 1/4, puis 1/8, 1/16, etc. finit par donner 1 à la limite.

Mais derrière ce paradoxe s'en cache un autre plus profond, qui n'a pas encore trouvé de solution dans le cadre de la physique actuelle. Il concerne les concepts d'instant et de mouvement. Si l'instant, c'est-à-dire une valeur précise et fixée de la coordonnée temporelle, sans aucune incertitude sur cette valeur, a une signification physique, la flèche de Zénon doit être considérée, à cet instant, comme totalement immobile. Comment le mouvement de la flèche, avéré par son déplacement observé sur un intervalle de temps fini non nul, est-il compatible avec cette immobilité totale de la flèche considérée à chaque instant individuel ?

Chez Kant, l'interrogation est encore plus directement liée au problème de l'infini. Considérons d'abord le domaine microscopique. A la question : L'espace est-il indéfiniment divisible ?, Kant répond par l'affirmative. L'apparition d'une soudaine barrière, d'un intervalle d'espace qu'on ne pourrait plus diviser, n'aurait aucun sens. Mais, inversement, la limite de ces dissections successives (le point, l'intervalle nul) a-t-elle un sens ? Elle ne pourrait être atteinte qu'au bout d'une infinité d'opérations, ce qui ne peut être réalisé en acte. Il en est de même pour l'infiniment grand. Il n'y a pas de raison qu'on ne puisse toujours considérer un volume plus grand qu'un volume donné. Mais la « limite » de ce processus (qui est en fait *sans* limite), un espace infini, est irréalisable pratiquement, d'une manière plus évidente encore que le point zéro.

Bien sûr, l'énoncé de ces problèmes a fortement évolué à la lumière des acquis de la physique moderne, en particulier avec les espaces courbes qui peuvent être finis, quoique non bornés en relativité générale, ainsi qu'avec les relations de Heisenberg en mécanique quantique. Mais, dans leur essence, ils restent posés. Pour Kant, le fait que chaque thèse s'établit en démontrant l'impossibilité de l'autre suggère l'absurdité de la question même. Nous verrons pourtant comment la théorie de la relativité d'échelle apporte une réponse originale au problème des antinomies, dans laquelle les deux termes ne sont plus contradictoires. L'Univers peut être infini tout en possédant une échelle maximale, et indéfiniment divisible bien qu'une limite inférieure à toute échelle de longueur et de temps puisse y être définie…

Poursuivons plus à fond l'analyse de la notion de position et d'instant. Si le point mathématique est bien défini, qu'en est-il du point physique ? Peut-on réaliser un authentique point dans la nature ? La question se pose aussi en ce qui concerne d'autres objets géométriques, comme les lignes ou les surfaces, supposés sans épaisseur. Si l'on veut expliquer ce qu'est un point à un enfant, quoi de plus simple que de le dessiner. Mais qu'a-t-on fait ainsi en réalité ? La feuille, le tableau ou l'écran de l'ordinateur sur lequel le point a été tracé, les instruments qui ont servi à ce tracé, les récepteurs mêmes qui servent à la détection de l'image (en particulier nos yeux) sont en fait caractérisés par une certaine résolution limite. Le point réel est seulement de taille inférieure à cette résolution, mais n'a rien à voir avec le point mathématique, dont l'extension devrait être strictement nulle. Il suffit de le regarder avec une loupe pour se rendre compte qu'il s'agit en fait d'une tache étendue. On pourrait alors prendre un crayon plus affûté, un instrument plus pointu et tracer un point reconnu comme tel sous la loupe. Mais l'utilisation d'un microscope nous montrerait aussitôt sa structure interne, et ainsi à l'infini. Le point ou la droite mathématique, en dernier recours, n'est pas réalisable physiquement[22].

Einstein avait déjà insisté sur la différence entre physique et mathématique[23] :

> « Il me semble que pour autant que les propositions mathématiques se rapportent à la réalité, elles ne sont pas certaines, et pour autant qu'elles sont certaines, elles ne se rapportent pas à la réalité. »

Par quoi remplacer le point, la courbe, la surface mathématique s'ils sont en fait inadaptés à la description physique ? Précisément par un outil mathématique qui inclut dans sa définition même ce que le physicien fait en pratique pour connaître la structure interne des objets : on les grossit de plus en plus avec une loupe, un microscope optique, puis électronique, puis à effet de champ, avec un accélérateur de particule... Tous ces instruments servent à changer l'échelle d'observation. Vers les grandes échelles, l'emploi de lunettes et de télescopes joue un rôle similaire. Or ce que nous ont enseigné l'expérience et l'observation, c'est que jamais au cours de ce type d'opération ne nous est apparu l'équivalent strict des objets mathématiques qui nous servent pourtant d'outils pour décrire le monde. En améliorant la résolution d'un instrument, toujours apparaissent des structures internes. Or une nouvelle géométrie existe maintenant, précisément caractérisée par l'existence de structures à toutes les échelles : il s'agit de la géométrie fractale.

Chapitre XIII

LA GÉOMÉTRIE FRACTALE

Le mot « fractal » a été conçu en 1975 par B. Mandelbrot[24] pour nommer des objets, courbes, fonctions ou ensembles « dont la forme est hautement irrégulière et/ou fragmentée à toutes les échelles ». De tels objets ont été étudiés par les mathématiciens depuis plus d'un siècle. Ils se caractérisent par de nouvelles dimensions souvent non entières, par l'apparition d'infinis et par leur non-différentiabilité (l'impossibilité de définir une tangente). Expliquons plus en détail ce qu'on entend par là.

Dimension topologique et dimension fractale

La géométrie connaît depuis toujours des objets fondamentaux comme les points, les courbes, les surfaces ou les volumes. Ces objets diffèrent entre eux par leur dimension. Celle-ci peut être définie de plusieurs manières, qui s'accordent pour les objets géométriques les plus simples, mais diffèrent en général pour les nouveaux objets fractals.

La première définition est celle de *dimension topologique*. Il s'agit là de la notion intuitive de dimension : un point est de dimension 0, une droite de dimension 1, une surface de dimension 2, un volume de dimension 3. Elle correspond en physique au nombre de coordonnées nécessaires pour repérer un point à l'intérieur d'un objet.

Cependant, cette simplicité apparente fut mise à mal à la fin du siècle dernier par la découverte d'ensembles mathématiques aux propriétés étranges. La « courbe de

Peano » (voir *figure* 5) en est un exemple. Elle se construit par itérations successives à partir d'un segment de longueur 1. Le premier niveau de construction (le « générateur ») contient neuf segments de longueur 1/3, puis on reproduit la même structure dans chaque segment, et ainsi de suite à l'infini.

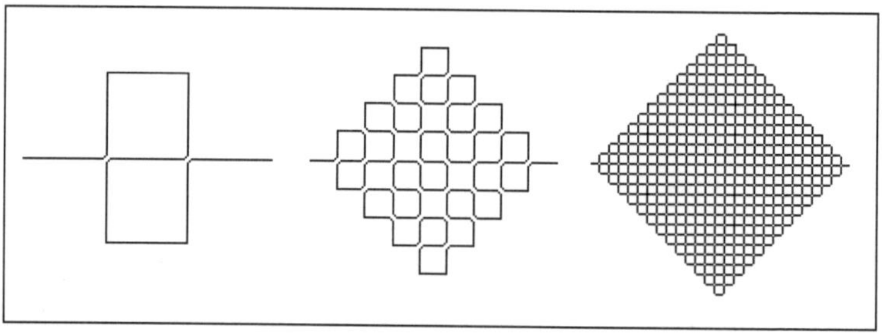

Figure 5. *« Courbe de Peano»*. On voit ici trois niveaux de construction de cette « courbe ». Sa longueur est infinie. A la limite, elle remplit totalement la surface intérieure d'un carré.

Le paradoxe d'une telle « courbe » est qu'elle permet d'atteindre tous les points d'une surface, puisqu'à la limite de la construction elle remplit totalement l'intérieur d'un carré ! Doit-on en déduire qu'il n'y a finalement pas de différence essentielle entre une courbe et une surface ? La solution du problème tient dans une autre propriété de la courbe de Peano : s'il est vrai que tous les points d'une surface sont atteints par cette courbe, beaucoup d'entre eux le sont plusieurs fois. A la limite de sa construction, on ne peut éviter que la courbe ne se recoupe elle-même, si bien qu'elle contient une infinité de points multiples. Autrement dit, si l'on voulait utiliser cette courbe comme système de coordonnées, un même point serait repéré par plusieurs valeurs différentes de la coordonnée. Cela est vrai de toute courbe qui remplirait un plan.

Cette propriété a permis de donner définitivement un sens à la dimension topologique et d'en fixer la définition. Deux ensembles auront la même dimension *topologique* si et seulement si on peut définir une transformation *continue et un à un* entre eux. Ainsi on peut bien passer de manière continue d'une droite à la « courbe de Peano », mais cette transformation ne se fait pas un à un, car certains points sont atteints plusieurs fois. Autrement dit, la « courbe de Peano » n'est pas une courbe mais bel et bien une surface.

La dimension topologique des différents objets géométriques est ainsi définie par une mise en correspondance avec des ensembles de points (de dimension topologique nulle par définition), des courbes (dimension 1), des surfaces (dimension 2), etc. Cela implique que les dimensions topologiques restent toujours entières. Aussi compliqués soient-ils, il en est ainsi des différents objets fractals : on parlera de courbes fractales, de surfaces fractales, etc.

Mais d'autres définitions de la dimension sont possibles, qu'on désigne sous le terme générique de *dimensions fractales*. L'une d'entre elles, qui jouent un rôle important dans l'étude des fractals, est la *dimension d'homothétie*. Elle se fonde sur la remarque suivante : quand on applique un facteur d'homothétie *n* à un segment de droite (c'est-à-dire qu'on l'agrandit *n* fois), on obtient un nouveau segment *n* fois plus grand ; appliqué à un carré, on obtient un

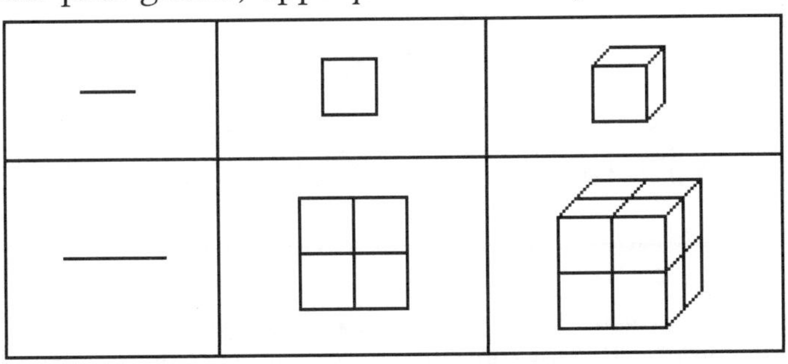

Figure 6. *Homothétie d'objets non fractals.* Si l'on double la taille d'un segment de droite (qui est de dimension 1), le segment résultant est deux fois plus grand. Si l'on double la taille d'un carré (qui est de dimension 2), on obtient quatre fois le carré initial, soit 2^2. Dans le cas d'un cube (de dimension 3), le facteur multiplicatif est 8, soit 2^3.

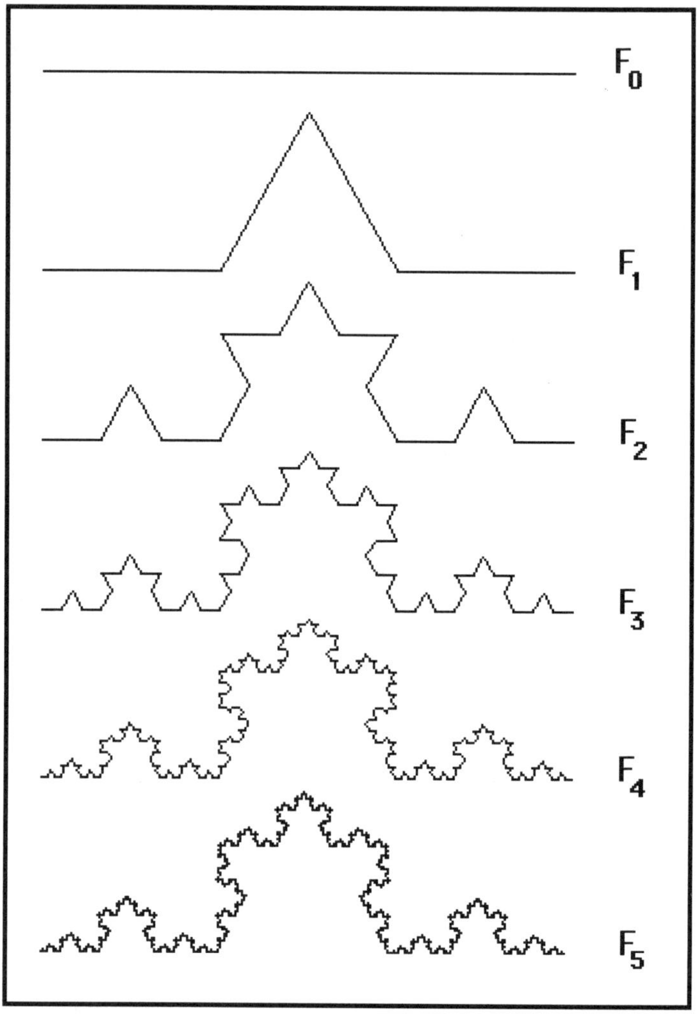

Figure 7. *« Courbe de von Koch »*. Celle-ci se construit à partir d'un « générateur » F_1, qui contient quatre segments de longueur 1/3, en remplaçant chaque segment de F_1 par F_1 lui-même, mis à l'échelle, puis en itérant à l'infini ce processus. Sa longueur est infinie (elle est multipliée par 4/3 à chaque itération). Sa dimension fractale est 1.26. Cette courbe n'est pas différentiable, car la tangente en un point fluctue suivant le niveau de construction et n'est, en général, pas définie à la limite.

nouveau carré dont la surface est n^2 fois plus grande ; pour un cube, le volume est multiplié par n^3 ; pour un « hypercube » (généralisation du cube au-delà de trois dimensions) dont la dimension topologique serait D_T, le facteur multiplicatif est n^{D_T}, etc. (voir *figure* 6). L'exposant intervenant dans ce facteur d'agrandissement est la dimension d'homothétie. Dans tous ces cas de géométrie standard, la dimension d'homothétie coïncide avec la dimension topologique.

En revanche, si on agrandit par un facteur q un fractal auto-homothétique, on peut obtenir p versions du fractal initial, sans que p soit une puissance entière de q. Cela implique que la dimension d'homothétie peut maintenant être non entière. Par exemple, la célèbre « courbe de von Koch » (voir *figure* 7), magnifiée trois fois, contient quatre versions de la courbe initiale ! La dimension d'homothétie, qui est un des exemples de nouvelle *dimension fractale,* est alors donnée par le rapport entre les logarithmes de p et de q[25]. Celle de la « courbe de von Koch », qui vaut log4/log3 ≈ 1.262, est supérieure à sa dimension topologique (égale à 1).

Tout se passe comme si une courbe fractale possédait une sorte d'épaisseur, qui la rend intermédiaire entre une ligne et une surface. Il suffit pour s'en rendre compte de comparer une droite, qui est une courbe infiniment fine de dimension 1, à la « courbe de von Koch » ci-dessus (dimension 1.26), puis au fractal en zigzag de la *figure* 8 (dimension 1.5), enfin au fractal de Peano qui remplit le plan et dont la dimension fractale est 2.

Une importante propriété des courbes fractales est leur « non-différentiabilité ». Celle-ci se manifeste, pour une courbe dans un plan, par l'impossibilité de définir une tangente quand on passe à la limite de la construction itérative du fractal, comme dans la « courbe de von Koch » ci-dessus. Dans le cas où il s'agit d'une *fonction fractale,* c'est-à-dire où à chaque valeur de l'abscisse correspond une

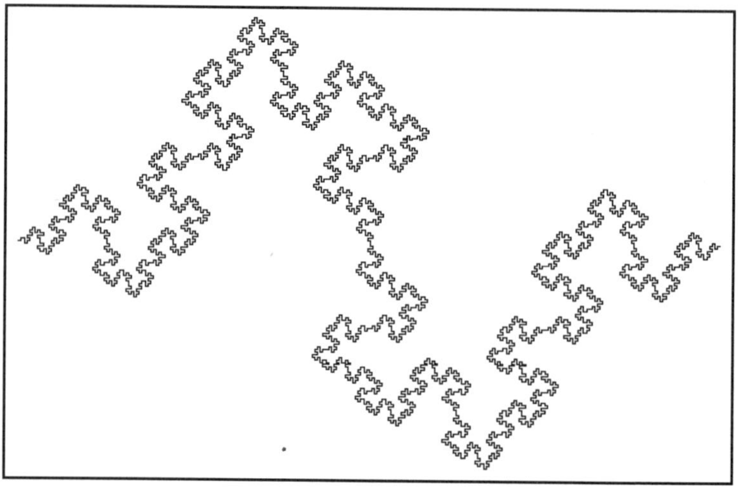

Figure 8. *Courbe fractale de dimension 1.5.* Son générateur est formé de huit segments de longueur 1/4.

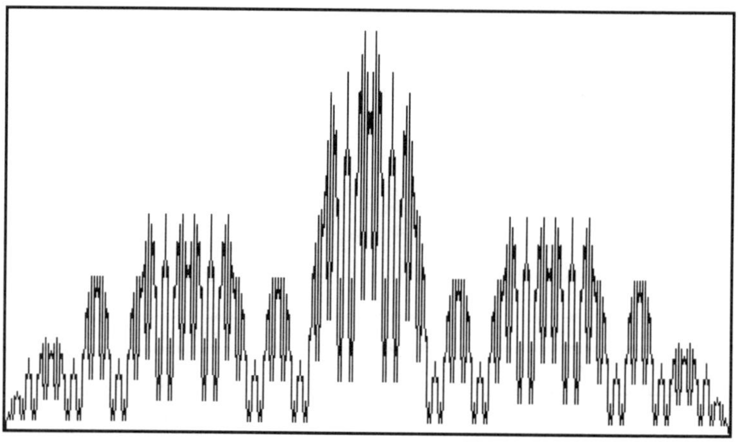

Figure 9. *Fonction fractale.* Cette fonction est obtenue par projection sur l'axe horizontal de la courbe fractale de la figure précédente. La dérivée de cette fonction tend vers l'infini en chacun de ses points.

seule valeur de l'ordonnée, la non-différentiabilité se manifeste par une divergence de la pente (ce qui signifie que la tangente à la courbe est toujours verticale) : dans ce cas, la dérivée n'existe pas au sens habituel du terme, non seulement parce qu'elle n'est pas définie car fluctuant sans cesse dans les changements d'échelle, mais également parce qu'elle est infinie à la limite (voir *figure* 9).

Un autre type de dimension fractale est la *dimension de recouvrement*. Pour appréhender la nature d'une courbe fractale, il est possible de la considérer à toutes les résolutions différentes possibles. Cela revient à la recouvrir avec des « boules » de rayons ε variables. Pour simplifier, nous identifierons la « résolution » au rayon de cette boule, qui, en recouvrant la courbe, en réalise un lissage[26]. On peut voir aussi ce rayon comme une incertitude ou une barre d'erreur sur les positions des points de la courbe.

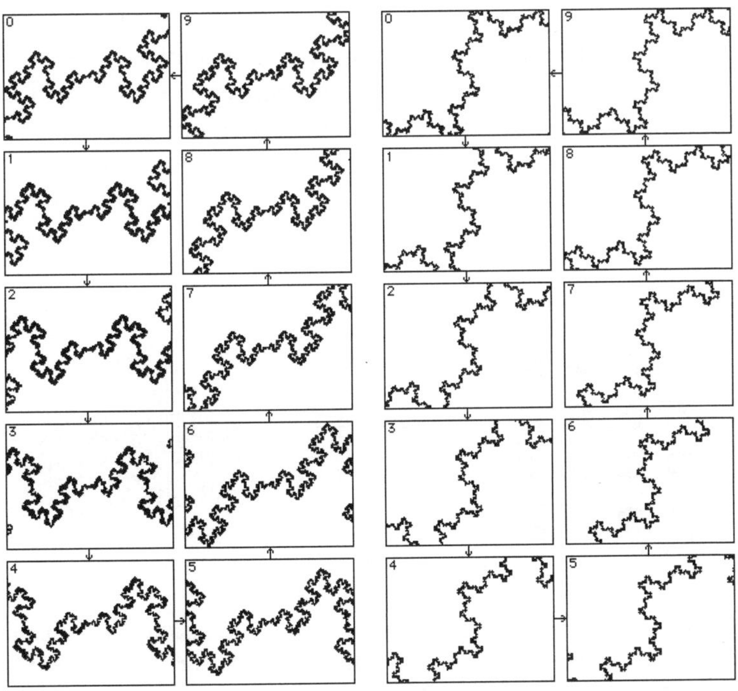

Figure 10. *Zooms sur deux courbes fractales*. Chacune de ces deux séries d'images peut être montée en film (faire défiler les images en bas de page). Ces fractals étant auto-similaires, les séries se bouclent sur elles-mêmes, l'image numéro 10 étant identique à l'image 0.

Ce qui caractérise une courbe fractale, c'est l'apparition de nouvelles structures quand la résolution s'améliore, c'est-à-dire quand la boule de recouvrement devient de plus en plus petite. Ces structures supplémentaires peuvent amener à un accroissement sans limite de la longueur de la courbe quand l'intervalle de résolution tend vers zéro. Dans le cas le plus simple de l'auto-similarité, cet accroissement se fait suivant une loi de puissance, l'exposant de cette loi caractérisant la dimension fractale de recouvrement[27]. Si l'on fait un zoom continu sur une telle courbe fractale, on repasse périodiquement sur les mêmes structures (voir *figure* 10).

Dans le cas d'une surface fractale (voir *figure* 11), l'aire mesurée tend vers l'infini au cours des zooms successifs, du fait de l'apparition sans cesse répétée de nouvelles fluctuations de cette surface. Il en sera de même en dimension topologique supérieure (volume, hypervolume, etc.).

Il faut cependant remarquer que la plupart des objets fractals qu'on rencontre dans la nature ne montrent pas vraiment des structures à *toutes* les échelles. Ils sont

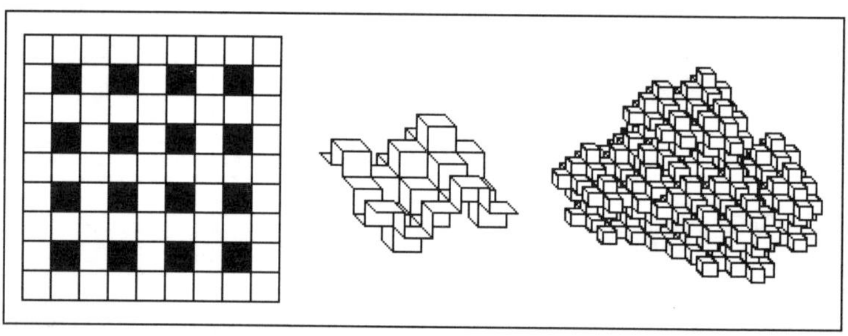

Figure 11. *Surface fractale.* On peut construire une surface fractale continue à partir du pliage d'un générateur lacunaire (à gauche). On obtient le générateur du centre, formé de 65 carrés de côté 1/5 (dimension 2.59). La figure de droite donne une idée du niveau suivant de construction, dans lequel on remplace chaque carré du générateur par celui-ci mis à l'échelle. On y voit seulement une partie de la surface (correspondant aux cinq cubes en haut à droite du générateur).

également caractérisés géométriquement par l'existence d'une échelle de transition inférieure et/ou supérieure au-delà de laquelle ils redeviennent des objets standards, non structurés. Comme nous le verrons dans la suite, il en sera de même pour les espaces-temps fractals qui peuvent être construits pour rendre compte du comportement quantique. Dans leur cas, la transition entre comportement fractal (à petite échelle relative) et non fractal (aux plus grandes échelles) s'identifie à la transition quantique/classique[28]. Ce type de transition, qui n'a pas lieu dans l'espace-temps mais dans le nouvel espace des résolutions (espace qui doit être introduit pour permettre une description complète d'un objet fractal), peut s'identifier à une « brisure de symétrie » des lois d'échelle.

Deux exemples illustreront cette propriété. L'un des cas les plus connus de courbe fractale est la côte bretonne, dont la longueur s'accroît quand on la mesure sur des cartes tracées à des facteurs d'échelle de plus en plus grands. Cet accroissement prend fin quand on arrive à l'échelle de la plage même[29].

Inversement, considérons la surface de la feuille de papier sur laquelle sont imprimées ces lignes. Si nous mesurons son aire avec une résolution du centimètre, puis du millimètre, sans doute encore du dixième de millimètre, nous obtiendrons la même valeur (de plus en plus précise) : à ces (relativement) grandes échelles, il n'y a pas de variation de l'aire en fonction de la résolution. Mais qu'en est-il aux plus petites échelles ? Au cours de l'augmentation du grossissement, les irrégularités de la feuille apparaîtront de plus en plus ; l'aire totale devra tenir compte de ces structures, puis des structures dans les structures. Elle se mettra donc à augmenter avec la diminution de l'échelle de résolution. On a là un objet fractal à petite échelle mais qui ne l'est plus à grande échelle, avec une transition assez rapide entre les deux comportements (voir *figure* 12).

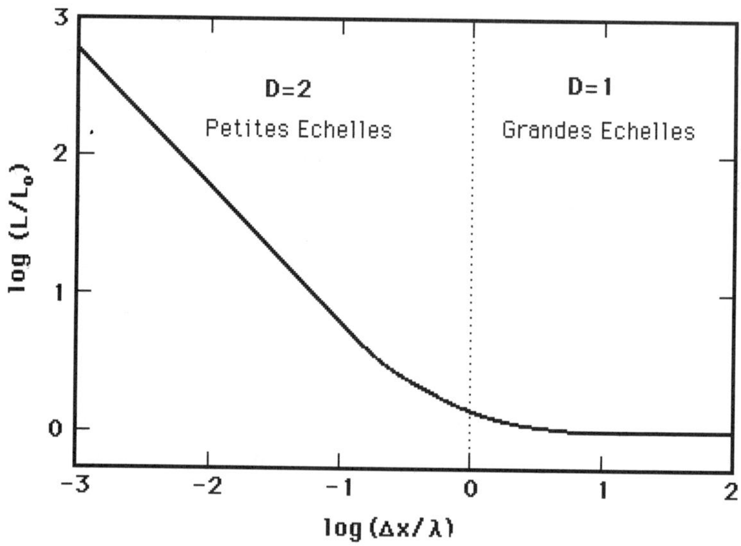

Figure 12. *Transition entre comportement fractal et comportement indépendant d'échelle.* La longueur d'une courbe de dimension fractale 2 est portée en fonction de la résolution de la mesure. Les unités sont logarithmiques : un même écart sur ce diagramme correspond à un rapport constant (les valeurs 1, 2, 3 correspondent à une augmentation de 10, 100, 1 000 fois la longueur initiale). A grande échelle, la surface sur laquelle est tracée cette courbe est relativement lisse, si bien que la longueur de la courbe ne dépend pas de la résolution ; mais, à petites échelles, les défauts de la surface apparaissent de plus en plus et la longueur de la courbe croît rapidement.

Dans les cas les plus simples, les différentes définitions des dimensions fractales coïncident. Ce résultat permit à Mandelbrot d'introduire le concept général de « dimension fractale », qui correspond dans beaucoup de situations réelles à une dimension de recouvrement ou d'homothétie. Quoi qu'il en soit, nous utiliserons ici le mot fractal, en particulier quand il sera appliqué à l'espace-temps, en un sens très général : celui d'une dépendance explicite des grandeurs métriques (longueurs, surfaces) en fonction des résolutions spatio-temporelles, pouvant aller jusqu'à leur divergence aux plus petites échelles.

Remarquons dès à présent qu'il est abusif de définir les fractals comme des ensembles caractérisés par des dimensions *non entières*. Par exemple, on peut parfaitement construire des courbes (de dimension topologique 1), qui ne se recoupent pas elles-mêmes, de dimension fractale 2 dans l'espace à trois dimensions (voir *figure* 13).

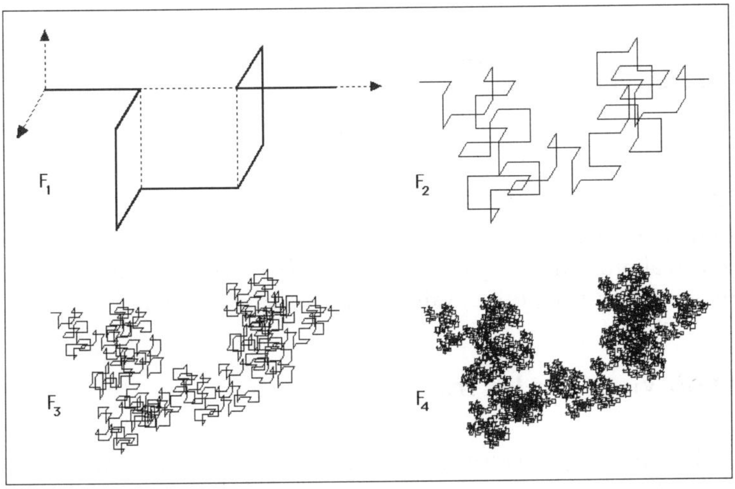

Figure 13. *Courbe fractale dans l'espace*. Le générateur de cette courbe, qui se déploie dans l'espace à trois dimensions est formé de neuf segments de longueur 1/3, si bien que sa dimension fractale est $D = 2$. Quatre niveaux successifs de sa construction par itération sont représentés. Une telle courbe possède une longueur infinie, un volume nul, mais une aire finie, bien que ce ne soit pas une surface.

Les courbes possédant ce type de propriétés jouent un rôle essentiel dans la nouvelle approche des phénomènes quantiques que nous évoquerons dans la suite de cet ouvrage. La mesure sur ces courbes est une aire, bien qu'elles ne ressemblent en rien à des surfaces. Inversement, si la dimension fractale d'un fractal continu est égale à la dimension topologique de l'espace qui le contient, on est certain qu'il va se recouper lui-même en une infinité de points (on dit qu'il possède des points multiples).

Il est également possible d'envisager des généralisations des fractals ordinaires, dans lesquels la dimension fractale devient variable en fonction de la position (voir *figure* 14) ou de l'échelle. Cette dernière classe de courbes est appelée à jouer un rôle important en physique, comme nous le verrons dans la suite.

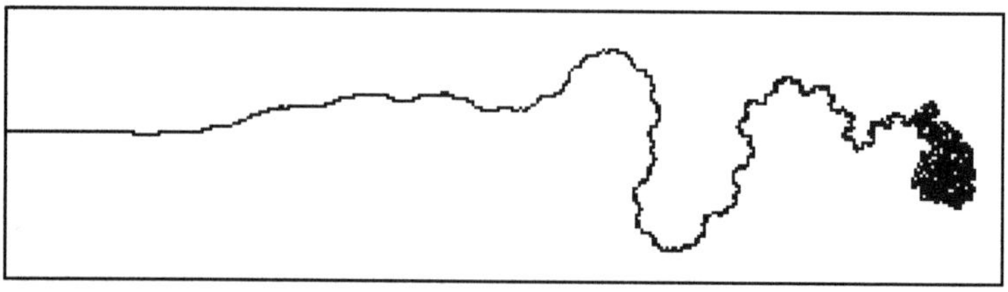

Figure 14. *Courbe fractale de dimension variable.* La dimension vaut tout d'abord 1 (partie gauche de la courbe) puis augmente régulièrement pour atteindre 2, valeur pour laquelle elle remplit le plan.

D'où viennent les fractals ?

L'existence extraordinairement fréquente de structures fractales dans les systèmes naturels (physiques et biologiques) est maintenant un fait observationnel incontournable. Mandelbrot en a donné un très grand nombre d'exemples (côte bretonne, surfaces montagneuses, structures cristallines, distribution des galaxies, mouvement brownien, turbulence, structure des poumons...) et des études ultérieures ont encore multiplié ceux-ci (astéroïdes, cratères lunaires, spectre solaire, cerveau, systèmes sanguins et digestifs, jets de hadrons, phénomènes de croissance). La liste est aujourd'hui tellement longue qu'il devient quasi impossible d'être exhaustif.

La confirmation maintenant définitive de l'universalité des fractals nécessite, de façon plus urgente que dans le passé, une explication de leur origine physique. De quelles lois sous-jacentes de la Nature émergent-ils ? Plusieurs voies sont possibles vers une réponse à cette question. Mais la réponse finale pourrait être que *les géométries fractales sont simplement plus générales que les géométries euclidiennes et courbes.* Les fractals seraient alors, dans le cas où ils interviennent à un niveau fondamental (impliquant l'espace-temps lui-même), la manifestation structurelle de la non-différentiabilité première de la Nature.

Ainsi reconnaître que les phénomènes fractals dominent les non-fractals conduirait à reconnaître finalement que les lois de la Nature ne sont pas régies par la différentiabilité, axiome fondamental qui sous-tend toute la mécanique classique. Mais, avant d'en venir à cet argument général, quelques exemples peuvent être donnés de processus physiques menant naturellement à l'émergence de comportements fractals.

Optimisation sous contrainte

On peut obtenir des structures fractales en termes d'un *processus d'optimisation sous contrainte,* ou plus généralement d'optimisation de plusieurs quantités, quelquefois apparemment contradictoires. Supposons, par exemple, que l'évolution d'un système conduise à maximiser une surface (ce qui est le cas dans les processus d'échange, comme dans le poumon) tout en minimisant un volume. Une solution qui optimise les deux contraintes est un fractal de dimension plus grande que 2, mais plus petite que 3 (il lui correspond une surface tendant vers l'infini et un volume infinitésimal).

Un des cas les plus simples d'objets fractals (auquel néanmoins il ne faut pas les réduire) est celui des objets fractals auto-similaires. Ce sont des ensembles pour lesquels on observe la *même* structure après agrandissements successifs. Cependant, pour les objets mathématiques fractals qui ont été les plus étudiés jusqu'à maintenant, on ne retrouve *exactement* la configuration initiale que pour des valeurs discrètes du facteur de dilatation. Autrement dit, quand on l'analyse en termes de la variable de résolution (en logarithme), un fractal auto-similaire est un système *périodique* dans la nouvelle dimension d'échelle.

Cette « invariance d'échelle discrète » a été récemment développée et appliquée dans de nombreux domaines, en particulier par Didier Sornette et ses collaborateurs aux tremblements de terre ou aux krachs boursiers[30], mais également à l'évolution des espèces ou à celle des sociétés humaines[31]. Quelle peut être l'origine d'une telle invariance d'échelle discrète ? Dans l'hypothèse où la fractalisation vient bien d'une loi d'optimisation, on peut l'interpréter de la manière suivante : après une première dilatation générique qui a permis l'optimisation, il y a à nouveau blocage du système, qui se trouve *ramené à l'état précédent,* au facteur d'échelle près. Le problème étant le même, la solution est également semblable, si bien qu'une nouvelle itération peut opérer.

Illustrons ces deux aspects des fractals, à savoir optimisation multiple et retour à l'état précédent, par un exemple simple. Supposons qu'un système ait besoin d'augmenter l'apport énergétique venant de l'environnement, qui se fait grâce à une membrane. Celui-ci est proportionnel à la surface de la membrane ; donc le système nécessite de maximiser une quantité de dimension topologique $D = 2$. La solution la plus simple serait d'échanger l'énergie à travers la surface externe limitant le corps. L'optimisation mènerait alors à une augmentation de sa taille. Cependant, le bilan d'un tel processus est négatif : l'augmentation de la taille par un facteur ρ augmente la surface par ρ^2, mais aussi le volume par ρ^3, de sorte que l'énergie par unité de volume *décroît* comme $1/\rho$. De plus, les *pertes* d'énergie thermique (de chaleur) ont lieu aussi à travers la surface externe, si bien qu'il n'est pas efficace de l'accroître trop (cela, avec la contrainte de la gravité, conduit à une limite bien connue à la taille des systèmes vivants sur la Terre).

Donc le problème est maintenant posé d'une manière différente : est-il possible d'augmenter la surface d'échange sans augmenter le volume du corps (de manière équivalente, la surface externe) ? La seule solution est clairement d'agrandir la surface *à l'intérieur* du corps par « invagination » (voir *figure* 15).

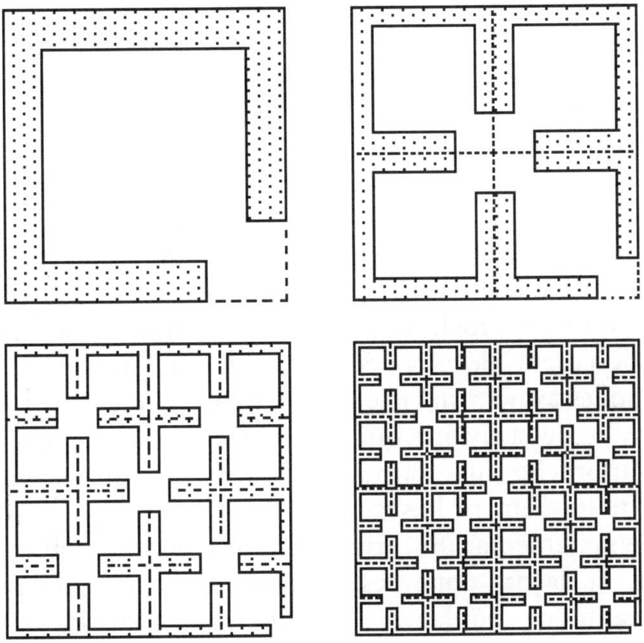

Figure 15. *Modèle de croissance auto-similaire*. La nature fractale d'une « surface » d'échange (ici, vue en coupe et réduite à une ligne) permet la croissance de son aire sans augmentation du volume extérieur. Il en est ainsi du poumon, dont la surface totale d'échange dépasse 100 m^2.

Toutefois, cette augmentation rencontrera bientôt aussi une limite, quand l'accroissement interne est limité par la surface externe. Mais cette limite atteinte, le problème posé est ramené au problème précédent. La solution est la même : nouvelles invaginations, à plus petite échelle. L'auto-similarité est à présent assurée par le principe de causalité. Les mêmes causes produisant les mêmes effets, on s'attend que la fractalisation se poursuive vers les plus petites échelles à l'aide de structures auto-similaires. Le processus stoppe quand d'autres contraintes s'appliquent au système (dans notre exemple, épaisseur de la membrane et diamètre des diverses ouvertures). Le poumon, avec ses quelque vingt niveaux de fractalisation (en base 2), de la trachée aux alvéoles, est un exemple de système naturel qu'un tel modèle pourrait décrire en première approximation.

Groupe de renormalisation

Une autre voie vers l'émergence de propriétés fractales repose sur le formalisme du groupe de renormalisation. Il s'agit d'une approche des phénomènes multi-échelle, particulièrement développée par Kenneth Wilson[32]. Ces méthodes avaient initialement été mises au point dans le domaine de la théorie quantique des champs.

L'approche du groupe de renormalisation consiste à décrire localement le système à *petite* échelle, puis à dilater le système par un certain facteur d'échelle. On étudie alors la façon dont les diverses quantités, champs, constantes de couplages, etc., ont changé (ont été « renormalisées ») dans cette transformation. On est ainsi ramené au problème précédent et le processus peut être itéré. L'avantage de la méthode est que le nombre d'étapes permettant de passer des structures élémentaires à la description globale est maintenant donné par le logarithme du nombre d'éléments et non plus par celui-ci.

Voici un exemple de problème que vise à résoudre ce type de méthode. La magnétisation globale d'un matériau résulte de l'orientation des spins élémentaires de tous ses atomes. Comment la déduire sachant que le nombre d'atomes est de l'ordre de 10^{25}. Il semble impossible de gérer des nombres aussi immenses. Avec la méthode du groupe de renormalisation, on considérera tous les groupements possibles d'un petit ensemble de spins quantiques élémentaires, puis on itérera avec des groupes de groupes, etc. Si les spins ont été regroupés par blocs de dix, 25 étapes suffiront alors au lieu de 10^{25} !

La similitude entre les fractals et le groupe de renormalisation s'impose d'elle-même : itération et dépendance d'échelle sont présentes dans les deux cas[33]. On doit cependant mentionner une importante différence. En allant d'une échelle à la suivante (plus grande), on remplace habituellement l'information sur le système par une moyenne, de sorte qu'il est impossible de revenir à la petite échelle. Autrement dit, il n'y a pas de transformation inverse dans le groupe de renormalisation : il s'agit en fait, mathématiquement, d'un semi-groupe. D'un autre côté, les fractals sont habituellement construits en partant de la grande échelle pour aller vers la plus petite. On définit un générateur (qui est la structure élémentaire qui sera reproduite par itérations), puis on construit des structures de plus en plus petites par application successive du générateur après sa mise à l'échelle. En ce sens, les fractals pourraient être envisagés comme une sorte de *transformation inverse* du groupe de renormalisation.

Chaos dynamique

Un des domaines de recherche qui se développent actuellement de plus en plus et dans lesquels les fractals jouent un rôle phare est celui du chaos dynamique. De quoi s'agit-il ? D'un comportement aléatoire se produisant dans certains systèmes déterministes. Rien à voir, donc, avec le sens usuel du mot chaos, qui se réfère à la confusion, au désordre complet et à l'absence de loi. Le chaos est une propriété de systèmes déterministes, lesquels sont donc bien décrits par des lois, en général celles de la mécanique classique.

La fascination qu'il produit vient peut-être de ce paradoxe, découvert par Henri Poincaré :

« Un système décrit par des lois parfaitement déterministes peut avoir un comportement relevant du hasard ! »

Comment cela est-il possible ? La réponse tient à la nature des lois de la physique moderne. Ces lois décrivent des relations, des contraintes entre grandeurs physiques, qui se traduisent mathématiquement par des équations différentielles. Mais la connaissance d'une équation ne veut pas dire automatiquement tout comprendre de ses solutions.

Le chaos se caractérise par une haute sensibilité aux conditions initiales. Deux trajectoires initialement proches, toutes deux solutions de la même équation, peuvent diverger l'une par rapport à l'autre extrêmement rapidement. Quand cette divergence est une fonction exponentielle du temps, l'écart final peut atteindre rapidement des valeurs énormes, aussi petit qu'ait été l'écart initial. Le déterminisme de l'équation devient alors illusoire. Il correspond à une situation idéalisée où l'on pourrait connaître la position et la vitesse d'un objet à un instant donné avec une précision infinie. Dans la réalité, l'existence d'une incertitude irréductible sur ces quantités implique, pour un système chaotique, l'existence d'un horizon temporel de prédictibilité, au-delà duquel l'évolution précise d'une trajectoire particulière devient imprédictible.

Même dans ce cas, une prédiction théorique partielle peut rester possible. C'est ce qui fait malgré tout parler d'ordre dans le chaos. Pour le comprendre, considérons tout d'abord un système non chaotique, totalement prédictible, comme un pendule soumis à du frottement. Celui-ci va osciller de moins en moins jusqu'à atteindre le repos en son point le plus bas. Cette condition finale (point le plus bas et vitesse nulle), indépendante des conditions initiales (comment on a écarté le pendule et à quelle vitesse on l'a lancé), est appelée *attracteur* du système. Ce terme imagé ne doit pas faire croire à un quelconque finalisme : il s'agit bien là d'un système déterministe, régi par la causalité.

Or beaucoup de systèmes chaotiques peuvent être aussi caractérisés par des attracteurs, qui ont été appelés « étranges » par Ruelle et Takens en raison de leur grande complexité. De tels attracteurs chaotiques sont souvent fractals (voir *figure* 16).

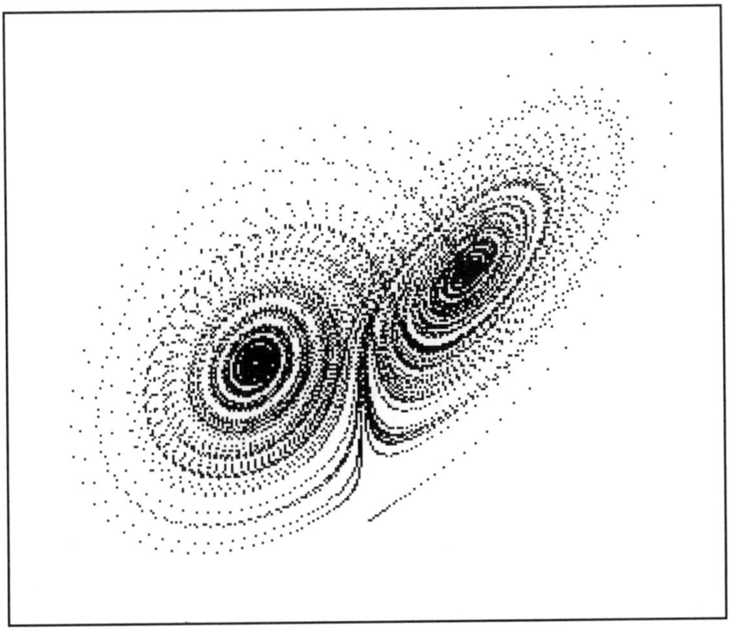

Figure 16. *L'attracteur chaotique de Lorenz.* Cet attracteur correspond à l'évolution de certaines variables d'un modèle simplifié de convection atmosphérique (la montée de l'air chaud). Si l'on part de conditions quelconques, le système évoluera toujours vers cet attracteur formé de deux nappes. Une fois sur l'attracteur, l'état du système avancera sur celui-ci en tournant autour d'un des centres et en sautant parfois d'une nappe à l'autre d'une manière imprédictible.

La mécanique céleste offre de nombreux autres exemples du rapport entre chaos et fractals : les fractals ne sont pas expliqués par le chaos, ni le chaos par les fractals, mais un même phénomène sous-jacent (à savoir, des résonances entre périodes orbitales) donne naissance à la fois à la structure fractale et aux trajectoires chaotiques, ce qui conduit finalement à l'imprédictibilité.

Considérons le problème à trois corps correspondant à deux corps massifs et une particule-test. Il en est ainsi, par exemple, de la combinaison formée par le Soleil, Jupiter et un astéroïde. Dans un tel cas, la source du chaos et ses propriétés fractales commencent à être bien comprises. Le chaos provient de résonances entre orbites, qui se produisent quand les périodes de Jupiter et de l'objet-test sont des fractions composées de petits entiers. Prenons l'exemple d'un corps de période double de celle de Jupiter (résonance 2 : 1). Toutes les deux révolutions, le corps passe très près de Jupiter et est soumis à un violent « à-coup » qui perturbe sa trajectoire. A la limite, il peut même finalement en être éjecté, si celle-ci, du fait de sa plus grande excentricité, est amenée à croiser les orbites des autres planètes : un tel phénomène a permis à J. Wisdom d'expliquer quelques-unes des lacunes dites de Kirkwood dans la ceinture d'astéroïdes qui se trouve entre Mars et Jupiter.

Sur des échelles de temps très longues, c'est, à la limite, l'ensemble de la distribution des rationnels, laquelle forme une poussière fractale, qui pourrait intervenir pour déterminer la distribution des astéroïdes entre Mars et Jupiter (voir *figure* 17).

Au-delà de la géométrie différentielle

Quand il est appliqué à la structure de l'espace-temps, le concept de fractal peut être justifié d'une manière plus fondamentale : il peut être défini comme une généralisation non différentiable de la géométrie riemannienne.

Un théorème fondamental lie les fractals à la non-différentiabilité. Il permet d'introduire la notion d'espace

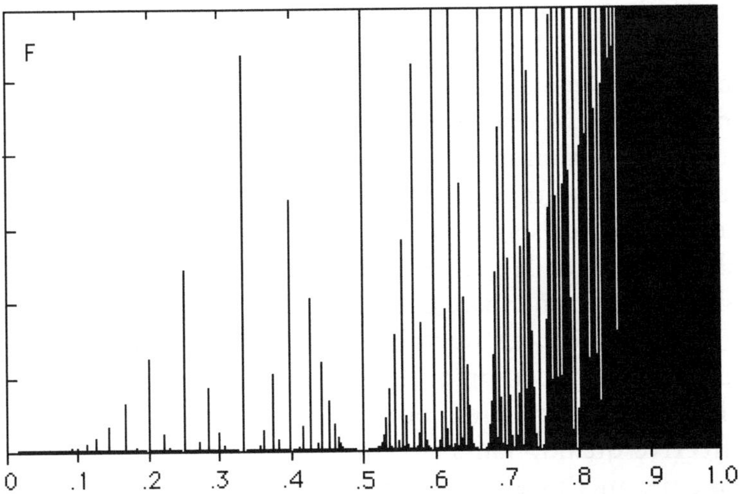

Figure 17. *Fluctuations de la force moyenne exercée par Jupiter sur un autre corps du système solaire.* On a tracé l'amplitude de cette fluctuation en fonction du rapport de période entre le corps et Jupiter (qui varie comme la distance au Soleil à la puissance 3/2). Il s'agit là seulement du cas simplifié des orbites circulaires. La fluctuation devient importante pour des rapports de période rationnels. C'est donc une fonction fractale en correspondance avec la distribution des nombres rationnels parmi les réels.

fractal, plus généralement d'espace-temps fractal, non comme une hypothèse supplémentaire par rapport à l'espace classique, mais au contraire comme la conséquence d'un *abandon* d'hypothèse, celle de différentiabilité. Ce théorème énonce qu'*une courbe continue mais nulle part (ou presque nulle part) différentiable est fractale.* Le mot « fractal » est employé ici au sens où la longueur d'une telle courbe est explicitement dépendante de la résolution à laquelle on la considère et tend vers l'infini quand celle-ci tend vers zéro[34]. On peut aisément en généraliser la démonstration à une surface, un volume et plus généralement un espace continu.

Comme on le verra dans la suite, le concept d'espace fractal (plus généralement d'espace-temps fractal) est appelé à jouer un rôle essentiel dans les développements futurs de la physique fondamentale. Jusqu'à présent, même si les mots « géométrie fractale » ont été abondamment utilisés, le domaine mathématique des fractals n'a pas encore atteint un statut comparable à celui de la géométrie euclidienne ou de la géométrie riemannienne. Le concept de fractal dans son acception actuelle caractérise certains phénomènes de la nature ou des objets considérés comme plongés dans un espace euclidien sous-jacent.

L'utilisation des fractals en tant qu'espaces est différente. Pour le comprendre, revenons à la découverte par Gauss des géométries courbes. Cette découverte devint effective quand Gauss parvint à caractériser une surface avec des méthodes totalement *intrinsèques,* en particulier par la définition d'invariants ne dépendant que des coordonnées tracées sur cette surface (comme par exemple la longitude et la latitude sur le globe terrestre). Cela permit de décrire de l'intérieur des surfaces déjà connues, telles les sphères. Mais cette description intrinsèque permit surtout de prouver l'existence logique de surfaces qui ne peuvent être plongées dans un espace euclidien, tels les espaces hyperboliques. Une fois une telle « boîte de Pandore » ouverte, Gauss la referma partiellement en se limitant aux surfaces *localement euclidiennes*. Cette hypothèse fut conservée par Riemann dans sa construction plus générale d'espaces possédant plus de deux dimensions. L'hypothèse de Gauss joua également un rôle fondamental dans l'utilisation par Einstein des géométries riemanniennes comme outil mathématique pour la construction de la théorie de la relativité générale. En effet, supposer que l'espace-temps est localement plat revient à admettre qu'il est, en un point, celui de la relativité restreinte, dans lequel les lois de la physique sont celles du mouvement libre inertiel. Ainsi l'hypothèse de Gauss est la base de la *transcription mathématique du principe d'équivalence,* suivant lequel la gravitation disparaît dans le repère entraîné. Dit autrement, la gravitation étant la manifestation de la courbure, l'absence locale de courbure signifie l'absence de gravitation.

Aujourd'hui, la boîte de Pandore est à nouveau ouverte avec les géométries fractales. On peut considérer l'hypothèse fractale comme un abandon de l'hypothèse de Gauss. En effet, dans le cas des fractals, au lieu de retrouver platitude et rectifiabilité à petite échelle, on voit constamment apparaître de nouveaux détails à mesure que l'échelle devient de plus en plus petite. Cela implique que la courbure d'un espace fractal croît à l'infini quand la résolution Δx tend vers zéro. On peut construire des surfaces fractales qui sont plates à grande échelle, et dont la courbure au niveau infinitésimal est partout infinie, ces infinis, alternativement positifs et négatifs, étant eux-mêmes distribués de manière fractale.

Ainsi, ce que nous appellerons espace-temps fractal tout au long de ce livre est, par définition, une géométrie qui est à la fois non différentiable et explicitement dépendante d'échelle. Un tel concept va bien au-delà de l'espace-temps ordinaire et lui est irréductible, du fait de la nouvelle structuration en échelles.

Dans un tel cadre, la question : « Pourquoi l'espace-temps serait-il fractal ? » acquiert un statut similaire à celui de la question posée classiquement « Pourquoi l'espace-temps est-il courbe ? » Dans les deux cas, la réponse que l'on peut suggérer est que courbure, puis fractalisation sont simplement l'expression d'un abandon d'axiome auparavant fait implicitement de manière simplificatrice, c'est-à-dire du passage à une plus grande généralité. Dans ces conditions, la nouvelle théorie ne peut pas être en contradiction avec l'ancienne, puisqu'elle la contient forcément, en étant une extension. De même que les géométries courbes contiennent toujours comme cas particulier les géométries euclidiennes, ou que les équations d'Einstein peuvent admettre comme solution des espaces plats, de même les espaces fractals contiennent comme cas particulier les espaces courbes. Il s'agit de prendre en compte tous les espaces continus, qu'ils soient différentiables ou pas.

Nous sommes bien sûr très loin, dans la nouvelle approche fractale, des succès obtenus par la relativité générale. Nous pouvons toutefois définir le but recherché d'une telle tentative théorique : il s'agirait de trouver un système d'équations qui seraient *covariantes sous les transformations générales continues (pas nécessairement différentiables) de coordonnées*. Le théorème évoqué ci-dessus, qui relie non-différentiabilité et dépendance d'échelle, implique la prise en compte dans cette tentative non seulement des changements de mouvement, mais aussi d'échelle.

On peut espérer qu'un tel programme fournira, comme conséquence inévitable, la description des structures fractales de l'espace-temps. Mais il faut garder à l'esprit que de telles structures, imposées par la physique au niveau fondamental, ont toutes les chances de posséder des propriétés différentes des fractals habituels, tels qu'ils sont connus actuellement. Nous verrons en particulier que le comportement quantique lui-même serait, dans cette approche, une manifestation de cette géométrie fractale sous-jacente...

Des objets fractals aux espaces fractals

Les courbes fractales, avec leur longueur infinie, leur dimension fractale supérieure à un, leur épaisseur et leur absence de pente (c'est-à-dire leur non-différentiabilité), constituent des objets géométriques qui, dans un plan, deviennent intermédiaires entre une ligne et une surface. Dans l'espace, elles peuvent devenir intermédiaires entre une ligne et un volume. On peut ainsi construire des courbes de dimension fractale 2, dont la longueur est infinie, le volume infinitésimal, mais dont l'« aire » est finie. La mesure du « contenu » d'un tel objet s'exprime en mètre carré, bien qu'il s'agisse d'une authentique courbe.

En relativité générale (et dans les espaces riemanniens qui constituent l'outil géométrique de la théorie d'Einstein), la notion de système de coordonnées est généralisée à des coordonnées curvilignes (Einstein parlait d'une manière imagée de « mollusque » de coordonnées). Les « axes » d'un tel système ne sont plus seulement les droites d'un repère cartésien, mais peuvent devenir des courbes (tracées dans l'espace-temps, ce qui inclut les accélérations). Néanmoins, ces repères curvilignes, ainsi que les transformations qui les relient, demeurent différentiables.

Avec le concept de courbe fractale, on peut envisager d'aller plus loin et de se placer dans un système de coordonnées fractales. Cela suffirait-il à l'apparition d'une nouvelle physique ? La réponse est négative. Là encore, l'exemple de la relativité générale est éclairant. En se plaçant dans un système curviligne (accéléré), des forces d'inertie apparaissent qui ressemblent à la gravitation (c'est le principe d'équivalence). Ainsi, les lois à l'intérieur d'une fusée accélérée à 1 g (l'accélération de la pesanteur) sont, localement, en tous points semblables à celles de la chute des corps sur Terre. Mais la vraie gravitation – c'est-à-dire géométriquement la courbure de l'espace-temps – est d'essence différente. Elle correspond à quelque chose qui, à part localement, ne peut être supprimé par un choix du système de coordonnées. De ce point de vue, une courbe n'est pas « courbe » : aussi complexe soit-elle, elle peut être dépliée en une droite sans être brisée. Au contraire, une surface courbe (par exemple une écorce d'orange) ne peut être appliquée sur un plan sans être déchirée ou repliée (c'est ce qui rend impossible la construction d'une mappemonde sans déformation ou omission). C'est cette propriété qu'on appelle courbure et qui se manifeste sous forme de gravitation.

Il en est de même pour les courbes fractales qui, du point de vue qui nous intéresse ici (l'apparition d'un nouveau champ, manifestation de la géométrie fractale), n'ont pas non plus de courbure, ni de propriété géométrique fractale irréductible. En effet, une ligne fractale peut, comme une courbe différentiable, être dépliée jusqu'à devenir une droite. La différence est qu'une portion de courbe différentiable est de longueur finie et devient, rectifiée, un segment fini, alors qu'une courbe fractale, étant de longueur infinie, devient une droite infinie une fois dépliée (voir les tracés de courbes fractales dans les *figures* 4-14).

Néanmoins, vouloir appliquer sur un plan une surface fractale la déchirerait en tous ses points ! On peut s'en convaincre à partir de la construction, indiquée dans la *figure* 11, d'une surface fractale continue à partir du pliage d'un fractal plat lacunaire. Sa courbure est effectivement partout infinie, avec une distribution fractale de signes positifs et négatifs.

C'est ce type de propriété irréductible au choix du système de coordonnées qui pourrait donner lieu à l'apparition d'un « champ » universel. Nous suggérerons dans la suite que l'une des manifestations d'un tel champ est la mécanique quantique elle-même.

Chapitre XIV

LE « CHAINON MANQUANT » EN THÉORIE QUANTIQUE

La comparaison entre la structure de la théorie quantique actuelle et celle de la relativité générale fait apparaître une profonde incomplétude de la première, comme nous allons le voir. Il ne s'agit pas là d'incomplétude au sens où un retour au déterminisme serait nécessaire, mais d'un manque conceptuel profond. Quel serait donc ce concept manquant en théorie quantique ? La réponse, proposée par la théorie de la relativité d'échelle est : *l'espace-temps*.

Les équations fondamentales de la relativité générale correspondent, en effet, à la description géométrique d'un espace-temps dynamique, relié à son contenu matériel et énergétique. Les conceptions de Leibniz, puis l'analyse de Mach renforcée par Einstein, avaient conduit à l'impossibilité physique d'un espace-temps absolu, indépendant de son contenu.

Or quel est l'espace-temps de la théorie quantique ? C'est l'espace-temps plat de la relativité galiléenne ou, aux grandes énergies, celui de la relativité restreinte. Tous deux sont absolus par essence. Cependant, aux très petites échelles, tous les objets rencontrés et toutes les propriétés physiques de ces objets ont une nature quantique. Comment l'espace-temps dont ils sont le contenu n'en est-il pas affecté ? Comment peut-il demeurer classique, absolu et indépendant des propriétés quantiques de la matière qu'il contient ? Il y a là une contradiction flagrante de la description microscopique actuelle par rapport à l'évolution historique des idées en physique.

Ce point de vue est confirmé par la nature des équations fondamentales des deux théories. Celles de la relativité générale décrivent la géométrie de l'espace-temps ; les équations du mouvement des corps s'en déduisent en tant qu'équations des géodésiques (c'est-à-dire des lignes les plus courtes). Néanmoins, celles de la mécanique quantique sont l'équivalent d'équations des trajectoires (plus précisément, d'un ensemble de trajectoires). Ne pourrait-il exister un espace-temps sous-jacent, dont ces équations fondamentales (équation de Schrödinger, de Dirac) décriraient les géodésiques ? Telle est la question fondatrice de la nouvelle approche.

Nature de l'espace-temps quantique

Le problème revient à se demander quel type de géométrie pourrait donner naissance aux effets quantiques, de même que la courbure se manifeste en ce qu'on appelle gravitation. Dans une telle quête, les leçons de l'histoire des sciences se révèlent une aide essentielle. Dès la mise au point par Einstein de sa théorie de la gravitation (1915-1917), de nombreuses tentatives d'extension de la théorie furent entreprises. L'un des principaux buts de ces tentatives était de construire une théorie unifiée de l'électromagnétisme et de la gravitation. Mais l'intention profonde d'Einstein au cours de ses multiples essais, qu'il poursuivit jusqu'à la fin de sa vie, était de rendre compte également des effets quantiques. C'est ainsi qu'il écrivait dans une lettre à Louis de Broglie, à la fin de sa vie (15 février 1954)[35].

> « En vérité, je suis, exactement comme vous, convaincu qu'il faut chercher une substructure, une nécessité que la théorie quantique actuelle cache habilement par l'application de la forme statistique.

> Mais depuis longtemps je suis convaincu qu'on ne pourra pas trouver cette substructure par une voie constructive en partant du comportement (empirique) des choses physiques connues, car le saut conceptuel nécessaire dépasserait les forces humaines. Ce n'est pas seulement par la futilité de nombreuses années d'efforts que je suis arrivé à cette opinion, mais aussi par mon expérience en théorie de la gravitation. Les équations de la gravitation pouvaient être découvertes seulement sur la base d'un principe purement formel (la covariance générale) c'est-à-dire sur la base de la conviction que les lois de la nature ont la plus grande simplicité logique imaginable. Comme il était évident que la théorie de la gravitation ne constitue qu'un premier pas vers la découverte de lois générales de champ les plus simples possibles, il me semblait que d'abord cette voie logique devait être poursuivie jusqu'à la fin avant de pouvoir espérer arriver également à une solution du problème quantique. »

L'échec de ces tentatives permet de se convaincre de l'impossibilité d'obtenir les effets quantiques à partir de la géométrie des variétés différentiables. Or les extensions de la relativité générale considérées par Einstein (et beaucoup d'autres physiciens, tels Schrödinger, Kaluza et Klein, Jordan, Weyl...), même si elles introduisaient de nouveaux ingrédients comme des dimensions supplémentaires ou la torsion en plus de la courbure, restaient toutes dans le cadre des espaces-temps différentiables.

Mais la conclusion (que beaucoup de physiciens en tirèrent) selon laquelle toute tentative géométrique était vouée à l'échec était prématurée. C'était faire l'hypothèse implicite qu'il n'y avait rien au-delà de la géométrie riemannienne et de ses extensions connues. La seule conclusion valable est qu'une éventuelle vision plus profonde de la nature de l'espace-temps en microphysique ne pourra être obtenue qu'au prix de l'introduction de *nouveaux* concepts. De plus, un fait essentiel peut servir de guide dans la recherche d'outils géométriques nouveaux : l'approche spatio-temporelle, étant une description du cadre et non seulement des objets dans un cadre préétabli, ne peut pas être fondée sur des champs particuliers, mais sur les propriétés de la matière et du rayonnement qui ont un caractère d'universalité.

Vers un espace-temps non différentiable

Une nouvelle voie de recherche s'impose d'elle-même. Pourquoi l'espace-temps devrait-il être différentiable ? Aucune preuve n'existe, ni théorique ni expérimentale, de sa différentiabilité. Bien sûr, toute la mécanique classique et ses succès remarquables en mécanique céleste[36] démontre, s'il en était besoin, que l'hypothèse de différentiabilité n'a aucune raison d'être abandonnée dans un large domaine physique. Mais ce succès n'implique rien pour les échelles de longueur et de temps qui se situent très en deçà ou très au-delà de celles où les tests observationnels et expérimentaux ont pu être effectivement mis en œuvre.

Or l'énoncé mathématique de l'existence d'une dérivée pour une variable (en particulier celles de position et d'instant) est précisément un énoncé asymptotique de très petite échelle. Par exemple, l'existence d'une dérivée de la position au cours du temps, c'est-à-dire d'une vitesse, suppose l'existence d'une limite pour le rapport entre la variation de position et l'intervalle de temps, quand celui-ci tend vers zéro. Mais c'est justement par l'investigation du domaine microscopique que les effets quantiques ont été mis en évidence. La mécanique classique, différentiable par essence, ne s'applique plus vers les petites échelles, où une autre mécanique, quantique, s'est imposée. N'est-ce pas précisément parce que l'hypothèse de différentiabilité montre enfin ses limites ?

On pourrait objecter à ce point de vue que l'impossibilité de définir une vitesse devrait montrer ses effets également aux échelles classiques. Mais la vitesse mesurée physiquement est très différente de la dérivée mathématique. Dans la définition mathématique de la vitesse, le rapport d'une longueur et d'un temps qui sont nuls à la limite est censé être pris en compte. Une mesure physique de vitesse, en revanche, ne peut se faire qu'à des résolutions spatiales et temporelles finies non nulles. La mesure d'une vitesse en mécanique classique ne prend en compte, de fait, que des intervalles de longueur et de temps qui restent eux-mêmes dans le domaine classique.

Rien n'empêche donc la non-différentiabilité de l'espace aux très petites échelles, celle-ci pouvant fort bien ne pas être apparente dans le domaine macroscopique. Il est possible d'aller plus loin : non seulement elle n'est pas exclue, mais de nombreux arguments semblent l'impliquer.

La possibilité que l'abandon de la différentiabilité soit une clé de la compréhension du domaine quantique avait été entrevue par Einstein. Dans une lettre à Pauli (dont un extrait a déjà été cité plus haut) il écrivait en 1948[37] :

> « Si la fonction ψ ne décrit pas de façon complète la situation réelle d'un système individuel, il doit bien exister une description complète, et il faut la chercher. En outre, il faut s'attendre à ce que les vraies lois naturelles se rapportent à cette description complète, et non à la description incomplète. (Naturellement cette description complète ne pourrait pas se contenter des concepts fondamentaux employés en mécanique du point.)
>
> Je vous ai dit plus d'une fois que je suis un partisan acharné non pas des équations différentielles, mais bien du principe de relativité générale, dont la force heuristique nous est indispensable. Or, en dépit de bien des recherches, je n'ai pas réussi à satisfaire le principe de relativité générale autrement que grâce à des équations différentielles ; peut-être

quelqu'un découvrira-t-il une autre possibilité, s'il cherche avec assez de persévérance. »

Ainsi Einstein avait envisagé sérieusement l'abandon de la différentiabilité. Mais cet abandon ne pouvait, dans un premier temps, qu'être identifié à celui des équations différentielles, donc de l'outil essentiel du physicien. Ce dilemme est levé par l'introduction des géométries fractales...

Feynman et le retour à une représentation spatio-temporelle

A la même époque, le lien entre non-différentiabilité et mécanique quantique était établi par Richard Feynman. Au cours des années 1940, Feynman tenta de revenir à une approche spatio-temporelle de la mécanique quantique. Une partie de ce travail fut publié vingt ans plus tard dans le livre qu'il écrivit en collaboration avec A. Hibbs[38].

Feynman a développé dans un premier temps une approche fondée sur une remarque initiale due à Dirac, « l'intégrale de chemin ». Contrairement à l'interprétation dite de Copenhague de la mécanique quantique, dans laquelle la notion de trajectoire est totalement abandonnée, cette approche réintroduit des chemins pour la particule. Toutes les trajectoires possibles allant d'un point à un autre sont *a priori* prises en compte. Les chemins qui passent très loin de la trajectoire classique s'annulent entre eux par interférences destructives. En revanche, les chemins qui restent autour de la trajectoire classique (dans une zone qui peut être assez large) deviennent très probables car ils interfèrent constructivement.

Feynman poussa alors plus loin son analyse, pour étudier les chemins typiques d'une particule en mécanique quantique, c'est-à-dire ceux qui contribuent beaucoup à la distribution de probabilité finale. Peut-on les caractériser par quelque propriété intéressante ?

Feynman écrit :

> « Les chemins importants pour une particule quantique ne sont pas ceux qui ont une pente (ou une vitesse) bien définie partout, mais ceux qui sont au contraire très irréguliers à toute petite échelle. [...] Ainsi, bien qu'une vitesse moyenne puisse être définie, la vitesse quadratique moyenne n'existe en aucun point. En d'autres mots, les trajectoires sont non différentiables. [...] Le carré de la vitesse est de l'ordre de $1/\delta t$, et devient donc infini quand δt tend vers zéro. »

Ce que Feynman décrit ici (et qu'il avait compris dès les années 1940) est très précisément ce que l'on appelle maintenant une courbe *fractale* (concept qui n'existait pas à l'époque). Mieux encore, sa découverte suivant laquelle le carré de la vitesse varie comme l'inverse de la résolution temporelle n'est rien d'autre que l'expression d'une dimension fractale égale à deux ! Ce résultat a été retrouvé en utilisant d'autres méthodes par Abbott et Wise[39] et de nombreux autres auteurs au début des années 1980. Ces trajectoires quantiques potentielles, bien que toutes différentes et en nombre infini, possèdent bien une propriété géométrique commune : toutes sont des courbes fractales de dimension 2.

Ainsi Feynman, non seulement établit pour la première fois la non-différentiabilité des trajectoires quantiques, mais va plus loin et les décrit en des termes qui les identifient exactement à ce que Mandelbrot a nommé plus tard courbes fractales. Si Feynman avait connu ce concept et celui de dimension fractale qui lui est lié, il aurait pu traduire ses résultats en ces termes et pousser plus loin l'interprétation et l'analyse géométrique.

Mais sans attendre Feynman, l'interprétation de Copenhague de la mécanique quantique elle-même ne dit rien d'autre : l'abandon du concept de trajectoire signifie précisément d'abandonner, au moins en partie, les concepts *classiques* d'accélération, de vitesse, éventuellement de position. C'est-à-dire ceux de différentiabilité des vitesses et des coordonnées, peut-être même de continuité[40]. Les relations de Heisenberg elles-mêmes enlèvent tout sens physique à la limite « δx ou δt tend vers zéro », puisqu'il faudrait utiliser une impulsion et une énergie infinies pour faire une telle mesure infiniment précise.

Il faut insister ici sur un point : abandonner la différentiabilité n'implique pas l'abandon de la *continuité*. Les mathématiciens savent bien depuis le siècle dernier qu'il existe des fonctions continues mais non différentiables (qui sont apparues, au moment de leur découverte, comme des sortes de « monstres »).

Depuis Newton, toute la physique mathématique est fondée sur l'intégration et la différentiation. L'apogée de la physique classique est la théorie de la relativité générale, dont les équations sont invariantes sous les *transformations continues et deux fois différentiables* au moins du système de coordonnées, comme nous l'avons rappelé. Il est ainsi clair, d'emblée, qu'une éventuelle physique future admettant des processus partout non différentiables ne saurait en rien être classique, car la physique classique repose dans son ensemble sur cet axiome, même si c'est souvent sous forme implicite.

Etendre la relativité ?

Une voie d'approche géométrique du problème quantique semble donc toujours possible, qui consisterait à généraliser les principes de relativité et de covariance à des changements de systèmes de coordonnées qui ne soient plus *a priori* différentiables. Quelles seraient les équations d'une telle « super-relativité », invariantes sous ces nouvelles transformations extrêmement générales ? Elles incluraient automatiquement celles d'Einstein en les généralisant, et décriraient donc des structures nouvelles allant au-delà de la gravitation. Quelles seraient ces structures ? Serait-il possible qu'elles incluent les lois quantiques ?

Tenter de résoudre ce problème sous cette forme se révèle un projet extrêmement difficile. Et cela pour une raison bien simple : le calcul différentiel est l'outil fondamental de la physique depuis Leibniz et Newton. Les lois de la physique moderne, comme Poincaré l'exprimait si bien, ce sont des équations différentielles. Abandonner la différentiabilité, n'est-ce pas abandonner les équations différentielles, comme le craignait Einstein ? Ce serait abandonner la méthode même qui a fait de la physique une science « exacte » et prédictive. Quel outil reconstruire ? Tout serait à refaire.

Heureusement, une autre voie est possible qui, d'une manière étonnante, se ramène à la précédente tout en fournissant un outil mathématique qui apporte une solution au problème que l'on vient d'évoquer. Face à un tel mur, rien ne sert de foncer tête baissée. Il faut le contourner. Un tel problème ne se résout pas, il se dépasse. La relativité d'échelle, c'est précisément l'art de traiter de la non-différentiabilité à l'aide d'équations différentielles !

Chapitre XV

LA RELATIVITÉ D'ECHELLE

La clé du problème se trouve implicitement contenue dans les travaux de Feynman et dans leur réinterprétation en termes de fractals. Il n'est clairement pas possible de garder le concept de vitesse au sens classique sur une trajectoire potentielle d'une particule quantique. Cette vitesse étant formellement infinie, Feynman nous dit qu'elle « n'existe pas ». Mais elle n'est infinie *qu'à la limite* où l'on fait tendre l'intervalle de temps δt vers zéro.

Nous touchons là du doigt l'essence de la question ! La méthode différentielle en physique repose sur le projet cartésien, qui a pu être appelé réductionniste (mais auquel on doit trois siècles de succès extraordinaires, il ne faut pas l'oublier) : on décompose l'objet complexe à étudier en ses parties plus simples. Cette simplicité permet une description locale (différentielle) qui, après intégration, permet d'appréhender les propriétés globales du système.

Mais qu'arrive-t-il si les parties, au lieu d'être « plus simples », se révèlent plus complexes, ou simplement différentes ? Si, en observant l'objet considéré avec un microscope (à plus petite échelle, avec un accélérateur de particules), au lieu d'observer le comportement lisse, « rectifié », attendu, de nouvelles structures apparaissent, puis d'autres, puis d'autres encore, et cela sans fin ? Cette apparition continue de nouvelles structures au cours d'un « zoom » vers les petites échelles est précisément le résultat que fournit l'expérience. Cela est vrai des objets. Ne pourrait-il en être de même de l'espace-temps qui les contient ?

Structure de l'électron

L'électron lui-même fournit l'exemple typique d'un tel comportement. Bien qu'authentique particule élémentaire, l'électron est, d'un certain point de vue, plus simple à grande échelle qu'à petite échelle. Dans une expérience classique, il se comporte comme une particule ponctuelle, sans structure interne. Il en est de même pour l'électron dans un atome, à l'échelle de l'Angström[41]. Cette échelle reste « non relativiste », au sens où les vitesses caractéristiques impliquées sont de l'ordre du centième de la vitesse de la lumière.

Mais si l'on veut le décrire à des échelles de longueur cent fois plus petites, inférieures à sa longueur de Compton[42], l'électron devient plus complexe et se trouve soumis à de curieux phénomènes. La raison en est que la longueur de Compton d'une particule est donnée, à une constante près, par l'inverse de sa masse. Il faut donc une énergie dépassant l'énergie de repos de la particule, suffisante pour en créer d'autres, pour faire des mesures à cette échelle.

La nature même de la charge électrique conduit l'électron à émettre et absorber en permanence des photons, les particules du champ électromagnétique. Certains de ces photons peuvent être émis par un électron et absorbés par une autre particule (ce qui crée une interaction entre l'électron et cette particule). Mais la plupart d'entre eux sont réabsorbés par l'électron lui-même. Ces photons sont dits virtuels, car on ne peut les observer directement. Les observer serait les capter par une autre particule, avant leur absorption par l'électron qui les a émis. Leur temps de vie, donné par la relation de Heisenberg, est extrêmement court : plus ils sont énergétiques, moins ils « vivent » longtemps. Ils font ainsi, d'une certaine manière, partie de l'électron. Ils contribuent d'ailleurs à son « auto-énergie », c'est-à-dire à sa masse.

Mais sur des échelles de longueur et de temps très courts, ces photons deviennent tellement énergétiques (au-delà de deux fois la masse de l'électron) qu'ils peuvent se transformer durant un temps très bref en une paire électron-positron (voir *figure* 18). A des échelles de longueur encore deux cents fois plus petites (donc d'énergie deux cents fois plus grande), on atteint le seuil de création de paires muons-antimuons[43]. Et, peu à peu, en diminuant l'intervalle auquel on considère l'électron, on rencontre à l'intérieur de celui-ci l'ensemble des particules élémentaires, sous forme de paires particule-antiparticule ! Celles-ci incluent entre autres, en plus de l'électron et du muon, le lepton *tau* et les quarks *u*, *d*, *c*, *s*, *b* et *t*.

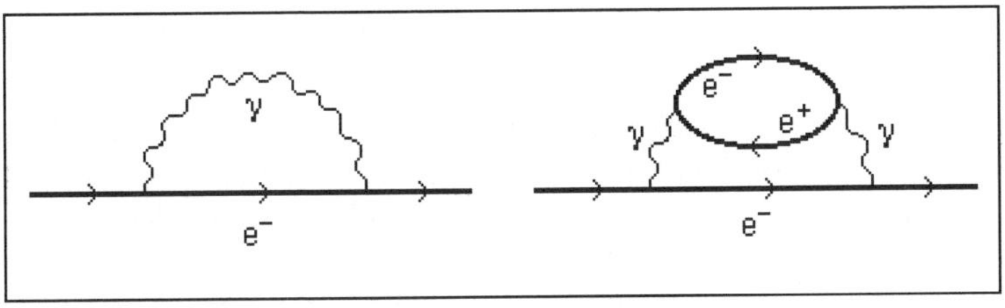

Figure 18. *Particules virtuelles internes à l'électron*. Un électron émet et absorbe en permanence des photons (ce qui est la nature même de la charge électrique). Sur des intervalles de temps très courts, ces photons dépassent deux fois l'énergie de masse de l'électron et peuvent se transformer en paire électron-positron (schéma de droite).

Ces structures internes[44] sont appelées virtuelles en raison de leur bref temps de vie, mais elles ont bien un caractère de réalité puisque leur existence est déterminante dans la production de la masse et de la charge de l'électron. En fait, le calcul de leur contribution à cette masse et à cette charge leur donne même des valeurs infinies dans le cadre quantique standard ! Ces infinis ne seraient pas directement observables car ils correspondraient à l'électron « nu », vu à la plus petite échelle possible. En revanche, les contributions du nuage de particules virtuelles qui

« habillent » l'électron impliquent que sa charge et sa masse doivent varier en fonction de l'échelle en dessous de sa longueur de Compton (voir *figure* 19).

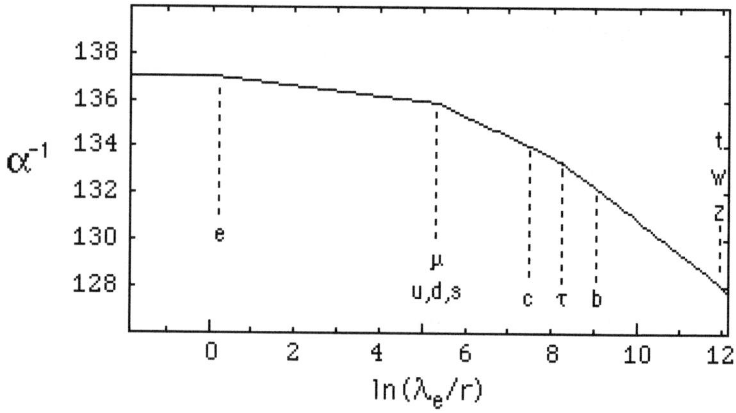

Figure 19. *Variation de la charge électrique en fonction de l'échelle de longueur.* On a porté ici l'inverse du carré de la charge (qu'on appelle « constante de structure fine »), en unités adimensionnelles. Le passage d'un tiret au suivant sur l'axe horizontal correspond à une diminution de l'échelle considérée par un facteur 2.72. La charge reste constante et égale à sa valeur macroscopique (≈ 137) jusqu'à l'échelle de Compton de l'électron. En deçà, les paires virtuelles électron-positron contribuent à sa valeur, qui se met à augmenter vers les petites échelles. Pour des intervalles de longueur 200 fois plus petits, les paires de muons puis de quarks contribuent à leur tour, ce qui amplifie la variation de la charge.

Cette variation a été observée expérimentalement : alors que le carré de la charge électrique ne vaut que 1/137 à l'échelle de Compton de l'électron, il vaut 1/129 à l'échelle des bosons de l'interaction faible, 200 000 fois plus petite. Ainsi l'électron peut être considéré comme simple à grande échelle et de plus en plus complexe vers les petites échelles !

Résolutions en physique

Les mesures de coordonnées spatio-temporelles sont toujours effectuées à une certaine *résolution* finie. Il en est d'ailleurs ainsi en physique de n'importe quelle mesure.

Dans certains cas la résolution correspond à la précision de l'appareil de mesure : ainsi, dans le domaine de la physique classique, une mesure faite avec une meilleure résolution donnera le même résultat avec une meilleure précision. Dans d'autres cas, elle correspond à l'existence d'une limitation physique intrinsèque. Par exemple, il est douteux que la distance entre la Terre et le Soleil puisse être mesurée à un instant précis avec une incertitude de 1 Fermi[45]. Une telle mesure risque de n'avoir jamais aucun sens physique[46], puisqu'il s'agirait de déterminer les positions des centres de gravité de ces deux corps macroscopiques avec la résolution du noyau d'un atome.

Mais, dans le cas de la physique quantique, le statut physique des résolutions change d'une manière plus radicale encore. La résolution de l'appareil de mesure se met à jouer un rôle complètement nouveau par rapport au cas classique : les résultats de mesure en dépendent d'une manière essentielle, comme le décrivent par exemple les relations de Heisenberg. Celles-ci énoncent que le résultat d'une mesure d'impulsion dépend de la résolution spatiale à laquelle elle a été faite : la fluctuation des valeurs obtenues pour l'impulsion sera en effet inversement proportionnelle à la résolution spatiale. De même, le résultat d'une mesure d'énergie dépend de la résolution temporelle.

Il n'est pas inutile d'insister sur l'importance de la résolution en physique. Un ensemble quelconque de données ne prend sens que s'il est accompagné des « erreurs de mesure » ou des « incertitudes », et plus généralement par les résolutions caractérisant le système considéré. Une

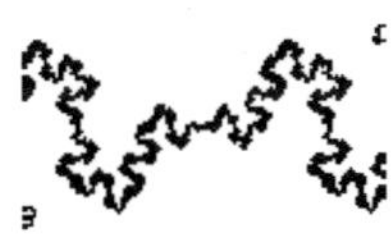

information complète sur des mesures de position et d'instant n'est obtenue que si l'on se donne non seulement les coordonnées spatio-temporelles, mais aussi les résolutions avec lesquelles sont mesurées ces coordonnées. Bien qu'une telle analyse joue déjà un rôle primordial dans la théorie de la mesure et l'interprétation de la mécanique quantique, il faut pourtant remarquer que ses conséquences concernant la nature de l'espace-temps aux échelles quantiques n'ont pas encore été tirées. Ce manque pourrait venir du fait que les résolutions n'apparaissent de manière explicite ni dans la définition des systèmes de coordonnées ni dans les équations fondamentales de la physique. Cela semble contradictoire avec le fait qu'elles deviennent des variables essentielles en théorie quantique, puisqu'elles transportent une partie de l'information nécessaire à la compréhension de la signification physique des résultats de mesure.

Relativité des échelles

Les intervalles de longueur et de temps sont des quantités toujours relatives : il n'existe aucune échelle absolue dans la nature (même s'il existe des échelles universelles). Ainsi, de même qu'il y a relativité des positions et des instants, de l'orientation des axes et du mouvement, il y a aussi relativité des échelles. Les résolutions avec lesquelles les positions et les instants sont mesurés, étant elles-mêmes données par des intervalles de longueur ou de temps, sont soumises à cette relativité des échelles. Une des propositions essentielles de la théorie de la relativité d'échelle est que les résolutions spatio-temporelles doivent être incluses dans la définition même des systèmes de coordonnées. Plusieurs arguments conduisent à cette nouvelle conception comme nous allons le voir maintenant.

Changements d'unités

Jusqu'à ce jour, la physique a pris en compte les transformations du système de coordonnées spatio-temporelles qui correspondent aux changements d'origine et d'orientation des axes (ce qui inclut le mouvement dans l'espace-temps). Les coordonnées de l'origine, les angles identifiant les axes, la vitesse relative sont des grandeurs qui caractérisent l'état du système de coordonnées.

N'existe-t-il pas d'autres grandeurs essentielles pouvant jouer un rôle similaire ?

Les résultats de mesure en physique dépendent, en particulier, du choix des *unités*. Quelques tentatives ont été faites pour inclure la transformation des unités dans les lois physiques. Cependant, le choix de l'unité est dans la plupart des cas un choix purement arbitraire qui ne décrit pas les conditions de la mesure, mais seulement leur transcription en termes de résultat numérique. On ne s'attend pas à voir les changements d'unité jouer un rôle autre que trivial.

Analysons néanmoins plus à fond la signification et le rôle physique des unités. La nécessité où nous sommes de les utiliser pour mesurer des intervalles de longueur et de temps est directement liée à la relativité de toutes les échelles dans la nature. Quand on affirme que l'on mesure une longueur, on détermine effectivement *le rapport des longueurs de deux corps* (dont l'un est pris comme unité). De même que la vitesse absolue d'un corps n'a pas de sens physique, mais seulement la vitesse d'un corps par rapport à un autre, comme le découvrit Galilée, la longueur d'un corps ou la période d'une horloge n'a pas de sens physique en soi, mais seulement le rapport des longueurs de *deux corps* ou le rapport des périodes de *deux horloges*.

Quand on dit qu'un corps a une longueur de 132 cm, ce que l'on entend par là est qu'un second corps, auquel on attribue arbitrairement une longueur de 1 cm et que l'on définit comme « unité », doit être dilaté 132 fois pour obtenir la longueur du premier corps. Les mesures *directes* d'intervalles de longueur et de temps se ramènent toujours, en dernier recours, à des rapports de dilatations. La tendance des physiciens à définir un système unique d'unités a été certainement une bonne chose, qui a permis une comparaison rationnelle des résultats de mesures entre laboratoires et pays différents. Cependant, le fait de ramener toutes les longueurs à un unique corps de référence (ou une unique période pour les mesures de temps) a donné une fausse impression d'absolu : cette méthode a masqué la caractéristique essentielle de la relation entre intervalles de longueurs, qui est d'être une relation deux à deux.

Ce qui a permis cette utilisation d'une unité unique est la simplicité de la loi de composition des dilatations, donnée directement par leur produit. Il n'y a aucun doute que cette loi soit extrêmement bien vérifiée dans le domaine classique : un corps de longueur 2.1 m mesure aussi 210 cm avec certitude, sachant qu'un mètre égale cent centimètres. Cependant, on peut remarquer que la connaissance que l'on a des lois de dilatation dans les deux domaines de la *physique quantique* et de la *cosmologie* n'est qu'indirecte. Des mesures de type métrique d'intervalles de distance et de temps y deviennent impossibles. Dans ces deux domaines, les valeurs attribuées à des intervalles de longueurs et de temps sont déduites des observations d'autres variables (par exemple énergie et impulsion des particules à petite échelle, luminosité et diamètre apparent des astres à grande échelle) et d'une théorie sous-jacente (respectivement la mécanique quantique et la relativité générale), qui ont été construites sous l'hypothèse implicite que les lois de dilatation habituelles étaient correctes. Une telle situation peut se comparer au statut des lois de mouvement avant l'avènement de la relativité restreinte : il semblait également évident que la loi de composition des vitesses ne pouvait être que $w = u + v$.

Nous verrons qu'une telle analyse conduit effectivement à faire des propositions nouvelles concernant la nature des lois d'échelle dans les deux domaines asymptotiques des très grandes et des très petites échelles.

Changement de résolution

Considérons maintenant le statut physique des *résolutions*. Ce statut est profondément relié à celui des unités : l'intervalle de résolution avec laquelle une mesure est faite correspond à l'unité physique minimale accessible pour l'expérience considérée. Il n'y a aucun changement des conditions physiques si l'on se contente d'exprimer un résultat de mesure de longueur dans une autre unité, par exemple (8.152 ± 0.001 m) sous la forme (815.2 ± 0.1 cm) ; la limite d'une telle réexpression est atteinte quand l'unité choisie devient de l'ordre de la résolution qui est de 1 mm dans l'exemple, ce qui donnerait (8 512 ± 1 mm). L'utilisation d'une unité beaucoup plus petite que le mm pour exprimer un tel résultat n'aurait aucun sens. Par exemple, dans un résultat du type (8 512.003 ± 1 mm), les dernières décimales n'ont aucun sens physique. En revanche, refaire la mesure de la même longueur avec une meilleure résolution prend une signification physique nouvelle et essentielle : les conditions de la mesure ont changé, pas seulement l'expression du résultat. Par exemple, à la résolution de 1 μm, on pourrait trouver 8 512.076 ± 0.001 mm, résultat qui serait en accord avec la mesure de plus basse résolution. Mais les nouvelles décimales comportent bien une information nouvelle.

Un changement de résolution correspond à un changement explicite des conditions expérimentales. Mesurer une longueur avec une résolution de 1/10 mm implique l'utilisation d'une loupe ; à 10 μm, il faut un microscope ; à 0.1 μm, un microscope électronique ; à 1 Å, un microscope à effet tunnel ou à effet de champ. A des échelles plus petites encore, les mesures de longueur deviennent indirectes, sachant qu'on atteint, puis passe en deçà de la taille des atomes.

Quand on entre dans le domaine quantique, c'est-à-dire pour les résolutions inférieures aux longueurs et au temps de De Broglie[47] d'un système (cela sera précisé ultérieurement), le statut physique des résolutions change radicalement, comme nous l'avons déjà évoqué. Alors que, dans le domaine classique, on peut identifier résolution et précision de la mesure (deux mesures faites à des résolutions différentes donnent le même résultat, mais avec plus ou moins de précision), dans le domaine quantique, en revanche, les résultats de mesure sont affectés par la résolution de l'appareil.

Dans la mécanique quantique, la dépendance d'échelle est déjà présente implicitement, en particulier à travers les relations de Heisenberg. Mais elle n'est explicitement apparente ni dans les axiomes, ni dans les variables physiques, ni dans les équations. Dans ces conditions, la théorie actuelle ne doit-elle pas être considérée comme conceptuellement incomplète ? Une théorie physique complète ne devrait-elle pas inclure dans ses variables et dans ses équations l'ensemble de l'information physique fourni par l'expérience ? Autrement dit, il s'agit de demander que la théorie de la mesure, plutôt que d'être ajoutée de manière externe à la théorie (sous forme d'énoncés interprétatifs posés *a posteriori*), en fasse partie intégrante, et que la dépendance essentielle observée pour les lois physiques en fonction des résolutions spatio-temporelles s'exprime dès le niveau des équations fondamentales de la physique. Une telle théorie n'aurait pas besoin d'interprétation si les règles opératoires y sont d'emblée posées au niveau de ses fondations.

Universalité de la relation de Heisenberg

L'interprétation de la mécanique quantique peut alors être analysée plus à fond à la lumière de telles idées. Nous avons fait la remarque que seules, parmi les propriétés des objets physiques, celles qui avaient un caractère d'universalité pouvaient être mises en regard avec des propriétés de l'espace-temps lui-même. Dans le domaine quantique, ce critère d'universalité conduit à particulariser deux relations fondamentales : celle de De Broglie et celle de Heisenberg.

L'universalité de la relation d'Einstein-de Broglie est une manifestation de l'universalité de la dualité onde-corpuscule : tout système physique, même non élémentaire, possède des propriétés ondulatoires caractérisées par la longueur d'onde et la période de De Broglie, qui sont inversement proportionnelles à l'impulsion et l'énergie du corps. Cela a été vérifié expérimentalement par des expériences d'interférence et de diffraction sur des particules élémentaires comme des électrons ou des photons, mais aussi sur des objets composites comme des noyaux ou des atomes.

La relation de Heisenberg, quant à elle, est une conséquence directe du formalisme de base de la mécanique quantique. Même si la relation de Heisenberg est une inégalité et non une égalité stricte, l'existence d'une valeur minimale possible pour le produit des résolutions en position et en impulsion est une loi universelle de la nature. Pourtant cette loi, en dépit de son universalité, est souvent considérée dans la théorie quantique actuelle comme une propriété des « objets » quantiques eux-mêmes, ou plutôt du mécanisme de mesure[48]. On peut objecter à ce point de vue que la relation de Heisenberg peut être établie de manière générale sans faire aucune allusion à quelque mesure particulière que ce soit, sachant qu'elle se déduit en fait d'une propriété purement mathématique. C'est donc une conséquence directe de la nature ondulatoire des systèmes quantiques. Si l'écart à la valeur limite inférieure (limite donnée par la moitié de la constante de Planck, $\hbar/2$) fluctue en fonction des conditions de l'expérience, il n'en est pas de même de cette limite qui est totalement indépendante de l'appareil de mesure.

Une nouvelle interprétation des mesures quantiques est alors possible : la dépendance essentielle des lois physiques en fonction des résolutions spatio-temporelles, qui se manifeste dans les relations de Heisenberg, préexisterait à toute mesure et constituerait une propriété géométrique de l'espace-temps lui-même. Les mesures effectives ne feraient rien d'autre que révéler cette propriété universelle de la nature. Ainsi, une des manières naturelles de mettre en œuvre le principe de relativité d'échelle sera l'introduction d'un nouvel espace-temps possédant de telles propriétés de dépendance d'échelle universelle.

Il est remarquable que nous soyons arrivé là aux mêmes conclusions que précédemment, bien que par un chemin complètement différent. Nous étions alors partis d'une analyse des limitations du principe de relativité actuel : étant restreint aux changements de coordonnées deux fois différentiables, la nécessité de son extension aux mouvements non différentiables se fait sentir, surtout après la mise en évidence par Feynman du caractère continu mais non différentiable des trajectoires typiques des particules en mécanique quantique. Or l'une des principales clés de toute l'approche relativiste d'échelle est le théorème suivant lequel la continuité et la non-différentiabilité de l'espace-temps impliquent son caractère explicitement dépendant des résolutions. Partant ensuite, et indépendamment d'une tentative de traduction géométrique des relations de Heisenberg, nous arrivons également à ce même concept d'une dépendance d'échelle fondamentale de l'espace-temps (allant jusqu'à la divergence), c'est-à-dire, suivant la définition générale adoptée ici, à la notion d'espace-temps *fractal*.

L'identification entre les deux généralisations souhaitées de la relativité, celle du mouvement non différentiable et celle des échelles, est maintenant complète. Il ne s'agit plus de rajouter une hypothèse à la physique (celle que l'espace-temps est de nature fractale à l'échelle microscopique), mais au contraire d'aller vers une plus grande généralité, donc vers un caractère plus inévitable encore des lois physiques. On *abandonne* l'hypothèse implicite que l'espace-temps est différentiable, ce qui, en gardant celle de sa continuité, *implique* sa dépendance explicite en fonction des résolutions et sa divergence d'échelle. Mais là où il s'agit effectivement de relativité et de covariance, et non d'une généralisation arbitraire et sans contrainte, c'est qu'on exige que les nouvelles lois écrites sur un tel espace-temps non différentiable (et donc fractal) gardent la même forme que dans le cas différentiable.

Le principe de relativité d'échelle

Venons-en enfin à la définition et à l'énoncé du principe de relativité d'échelle, principe qui va permettre de structurer les nouvelles lois d'échelle. L'existence de lois de dépendance explicite des variables en fonction des résolutions spatio-temporelles est en effet impliquée par une telle approche.

L'idée qui sous-tend la relativité d'échelle consiste à remplacer les grandeurs physiques habituelles par des fonctions dépendant explicitement des résolutions. Voyons pourquoi, en considérant les premières de ces grandeurs, les coordonnées spatio-temporelles. La coordonnée d'un point situé sur un des axes d'un repère (éventuellement curviligne) est sa distance à l'origine mesurée le long de cet axe. Cette coordonnée, une fois l'unité fixée, est un nombre. Mais admettons maintenant que nous définissions un système d'axes qui ne soit plus seulement curviligne, mais fractal. Cela peut être un choix (bien compliqué !) dans un espace plat ou courbe. En revanche, dans un espace fractal, c'est une nécessité, car tout système de coordonnées y est fractal. Dans ce cas, avec les méthodes usuelles, la coordonnée est la longueur d'une courbe fractale mesurée entre deux points : elle est donc infinie. Si l'on introduit maintenant explicitement la résolution, cette « longueur » redevient finie à toute résolution non nulle. Considérée à toutes les résolutions possibles, la coordonnée n'est plus un nombre, mais une fonction explicite de la résolution. Il en sera de même de toute grandeur physique dépendant des coordonnées spatio-temporelles.

Les résolutions prennent alors le sens nouveau de variables essentielles, intrinsèques à la nature de l'espace-temps. Le nouveau cadre de travail consiste à considérer le *continuum de toutes les résolutions possibles*[49] et les relations qui les relient, sous forme d'un « espace des échelles ».

Tous ces éléments peuvent maintenant être combinés pour arriver à la proposition, faite indépendamment par Garnet Ord de l'université d'Ontario et par moi-même au début des années 1980, et plus récemment par Mohamed El Naschie de l'université de Cambridge, que les propriétés quantiques résultent de la nature fractale de l'espace-temps à petite échelle.

Mais, une fois les résolutions introduites explicitement, quel sens physique leur attribuer ? Une première possibilité consiste à étendre la notion de système de référence en y introduisant les résolutions spatio-temporelles comme de nouvelles coordonnées. On peut voir de manière imagée l'introduction des résolutions comme l'attribution d'une *épaisseur* aux axes du système de coordonnées : cela correspond plus à la réalité des mesures effectivement réalisées, vu l'impossibilité de réaliser pratiquement les axes infiniment fins qu'on suppose implicitement dans la physique actuelle.

Cependant, cette conception des résolutions comme coordonnées généralisées s'est révélée insuffisante. Elle n'incorpore pas l'analyse faite ci-dessus sur le caractère relatif des résolutions. Le fait que les résolutions spatio-temporelles possèdent cette même propriété de relativité qui caractérise déjà le mouvement est pourtant remarquable : *seul un rapport entre deux échelles a un sens, on ne saurait définir un intervalle de longueur ou de temps de manière absolue.*

Nous interpréterons donc les résolutions, non pas comme nouvelles coordonnées du système de référence, mais comme *grandeurs caractérisant son état.* De même que les vitesses caractérisent l'état de mouvement relatif du système de coordonnées, de même les résolutions spatio-temporelles définiront son *état d'échelle,* état toujours relatif à un autre système. Cette redéfinition, en assurant un parallélisme complet avec les théories de la relativité déjà construites (qui portent sur les déplacements statiques et le mouvement), permet d'appliquer la relativité aux échelles.

Aussi, en étendant la formulation d'Einstein du principe de relativité du mouvement, un « *principe de relativité d'échelle* » peut s'énoncer sous la forme suivante :

> « Les lois de la nature doivent être valides dans tous les systèmes de coordonnées, quel que soit leur état d'échelle. »

Le principe de relativité étendu exigera la validité des lois de la nature dans tous les systèmes de coordonnées, quel que soit leur état de mouvement *et d'échelle.* La traduction mathématique de la relativité d'échelle sera enfin la covariance d'échelle (qui va compléter la covariance de mouvement) :

> « Les équations de la physique gardent leur forme (sont covariantes) sous n'importe quelle transformation d'échelle (c'est-à-dire sous les contractions et les dilatations des résolutions spatio-temporelles). »

Chapitre XVI

RELATIVITÉ D'ECHELLE RESTREINTE

La puissance du principe de relativité, en particulier son caractère constructif sur lequel nous avons insisté précédemment, peut maintenant être utilisée pour tenter d'établir la structure des lois d'échelle. Quelles sont les lois de dilatation et de contraction des résolutions ? Quelles sont les lois de dépendance des différentes grandeurs physiques en fonction de la variation de l'échelle qui satisfont au principe de relativité ? Cette question peut prendre deux formes : les lois actuellement admises, déduites de l'expérience (comme celles de composition des dilatations, données par leur produit, ou encore les lois de puissance à exposant constant des fractals ordinaires) sont-elles en accord avec ce principe ? Sont-elles les plus générales des lois possibles ?

En d'autres termes, les lois qui nous semblent « les plus simples » sont-elles bien celles qui sont optimisées par la nature ? Quelles lois générales sont compatibles avec le principe de relativité d'échelle, ne serait-ce que dans le cadre restreint des transformations d'échelle linéaires ?

La réponse à cette simple question, comme on va maintenant le voir, conduit à la proposition d'un profond changement de cadre pour les physiques de l'infiniment petit et de l'infiniment grand. Nous serons entraînés dans des développements un peu plus techniques dans les deux prochains paragraphes pour montrer comment on l'obtient. Mais elle peut déjà être résumée ici en quelques mots : de même que la relativité du mouvement conduit à introduire une vitesse indépassable, de même la relativité d'échelle conclut à l'existence de deux échelles finies, indépassables, l'une minimale et l'autre maximale, possédant les propriétés physiques auparavant dévolues au zéro et à l'infini.

Lois d'échelle « galiléennes »

Le premier point à examiner concerne le problème des lois de contraction et de dilatation ordinaires, qui sont considérées en général comme inattaquables – mais il faut se rappeler comment, avant l'avènement de la relativité restreinte du mouvement, la loi de composition des vitesses donnée par leur simple somme semblait également incontournable.

Si l'on part d'une échelle λ_1 et qu'on la dilate d'un facteur ρ[50], on obtient une nouvelle échelle $\lambda_2 = \rho\,\lambda_1$. Une nouvelle dilatation de λ_2 par un facteur ρ' fournit une échelle $\lambda_3 = \rho'\,\lambda_2$. Dans la physique actuelle, on admet que le rapport de dilatation entre λ_3 et λ_1 est $\rho'' = \rho \times \rho'$ et est donc donné par le produit des deux dilatations initiales. Par exemple, il est admis sans discussion que si une échelle (n° 1) est deux fois plus grande qu'une autre (n° 2), elle-même trois fois supérieure à une échelle n° 3, la première (n° 1) est six fois plus grande que la troisième (n° 3).

C'est en utilisant une notation logarithmique que les transformations d'échelle prennent tout leur sens. Celle-ci s'introduit naturellement dès qu'il s'agit de rapports d'échelle. Par exemple, un utilisateur de zoom sur un appareil photographique ou un camescope n'aura pas tendance à agrandir 2, puis 3, 4, 5, 6 fois, mais bien 2, 4, 8, 16, 32 fois ; les mesures d'intensité sonore se font en décibels, définis également en termes de logarithmes. Ceux-ci transforment le produit des dilatations en une somme. Une dilatation d'un facteur $10 = 10^1$, puis

$100 = 10^2$ conduit à un facteur $1\,000 = 10^3$. Autrement dit, les logarithmes transforment le produit $10 \times 100 = 1\,000$ en la somme $1 + 2 = 3$. Sous cette forme naturelle, la loi de composition des dilatations prend la même forme que celle des vitesses en théorie galiléenne (une somme).

La comparaison ne s'arrête pas là. Mesurons la longueur d'une courbe fractale standard (de dimension fractale constante) entre deux points, à une résolution donnée, puis à une autre. Comment la longueur de la courbe a-t-elle changé au cours de ce changement de résolution ? C'est par l'analyse des effets d'une telle transformation que le principe de relativité d'échelle peut être mis en œuvre, de même que c'est en étudiant les effets d'un changement de vitesse que les lois de la relativité du mouvement peuvent être établies.

La longueur mesurée le long de la courbe fractale est vue, dans le cadre de pensée relativiste d'échelle, comme une coordonnée curviligne généralisée : nous admettons en effet de pouvoir travailler sur un système de coordonnées fractal. Le changement de résolution, quant à lui, est considéré comme un changement de système de coordonnées : mais c'est l'état d'échelle de ce système qui a maintenant changé, quand l'origine, l'orientation des axes et l'état de mouvement sont restés les mêmes. L'invariant de la transformation est la dimension fractale, qui est supposée rester constante.

Le résultat que l'on obtient est fascinant : on peut montrer qu'une transformation d'échelle sur une telle coordonnée fractale prend exactement la forme mathématique de la transformation de Galilée du mouvement[51] ! La longueur y joue le rôle de la coordonnée de position, la dimension fractale le rôle du temps, et la résolution, comme il se doit, de la vitesse (longueur et résolutions étant pris en logarithmes). Le comportement fractal auto-similaire (voir *figure* 4) est ainsi la solution la plus simple au problème des transformations d'échelle et se

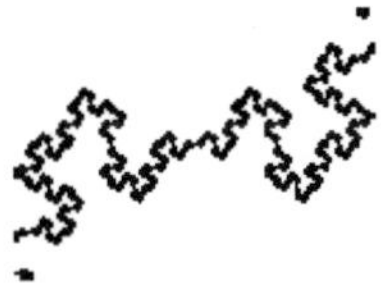

révèle l'équivalent pour les lois d'échelle de ce qu'est le mouvement rectiligne uniforme à vitesse constante pour ce qui concerne les lois du mouvement.

Autrement dit, l'auto-similarité est une sorte d'« inertie d'échelle ». L'analyse par la relativité avait permis de conclure que le mouvement galiléen « est comme rien » et manifeste le plus simple des mouvements possibles, sans cause nécessaire. On arrive au même type de conclusion concernant les fractals auto-similaires (à dimension fractale constante). Une fois qu'on a admis que la dépendance d'échelle est intrinsèque à la nature des choses, car elle manifeste une plus grande généralité (l'abandon de la différentiabilité), on peut rechercher la plus simple des lois d'échelle possibles, qui se révèle être celle des fractals auto-similaires. Voilà pourquoi *« les fractals sont partout*[52] *»* !

Nous pouvons maintenant répondre à la première question que nous nous sommes posée : les lois fractales invariantes d'échelle satisfont bien au principe de relativité, car la transformation de Galilée est bien la solution (même si elle est particulière et dégénérée) du problème relativiste.

On peut cependant aller plus loin. En effet, il ne s'agit pas d'une simple analogie entre lois du mouvement et lois d'échelle, mais bien du même problème. Dans les deux cas, mouvement (à une dimension) et échelle, nous recherchons la loi de transformation de deux variables, dépendant d'un paramètre relatif (respectivement vitesse et résolution) qui satisfait au principe de relativité. Le même problème ne doit-il pas avoir la même solution ?

Or la solution galiléenne, comme on le sait maintenant dans le cas des lois du mouvement, n'est qu'une approximation, la solution correcte étant la transformation de Lorentz. La transformation de Galilée est un cas très particulier de transformation de Lorentz, dans lequel la vitesse limite c est infinie, ce qui provoque une sorte de dégénérescence de la loi. Qu'en est-il des lois d'échelle ?

Lois d'échelle « lorentziennes »

Pour répondre à une telle question, il faut tenter d'oublier ce que l'on sait (ou que l'on croit savoir) sur les lois de dilatation et de contraction, et se poser le problème sans *a priori*. Il s'agit de déterminer comment deux variables, la longueur et la dimension fractale, sont affectées dans une transformation ne dépendant que d'un paramètre, la résolution. Cela va nous obliger à un nouvel effort d'abstraction. En effet, la recherche d'une loi plus générale nous conduit à introduire une « dimension fractale » qui devient elle-même variable. Elle jouerait alors un rôle totalement nouveau pour les lois d'échelle, celui d'une variable dynamique.

Pour mieux comprendre ce point de vue, il faut se souvenir que ce qu'on appelle aujourd'hui temps en physique a connu une évolution similaire. Avant Galilée, le temps était « la mesure du mouvement ». Il n'était pas vu comme primaire, mais comme devant se déduire des positions et du mouvement. Galilée invente l'espace-temps (même si espace et temps restent découplés) en traitant les variables temporelle et spatiale sur un même plan, et en en déduisant la notion de vitesse. C'est une évolution similaire que la relativité des échelles suggère. Les variables de position (sur une courbe fractale généralisée) et la dimension fractale sont maintenant traitées au même niveau, et les résolutions spatio-temporelles deviennent des variables *dérivées* (de même que la vitesse est la dérivée de la position).

Comme en relativité du mouvement, la difficulté du problème général (*a priori* hautement non linéaire[53]) conduit à ne considérer dans un premier temps que le problème restreint des transformations *linéaires* (c'est la relativité « restreinte » d'échelle[54]).

Ce problème est posé pour les lois d'échelle sous la

même forme mathématique que dans le cas du mouvement ! Or la solution générale à ce problème est bien connue : ce n'est pas le groupe de Galilée, mais celui de Lorentz, comme nous l'évoquions précédemment dans cet ouvrage.

Ce raisonnement conduit naturellement à l'idée que les lois, aujourd'hui admises, de dilatation et de contraction, qui sont considérées comme une évidence incontournable, ne soient qu'une approximation à nos échelles de lois plus générales dont la structure deviendrait « lorentzienne » vers les très petites échelles (c'est-à-dire aux très hautes énergies).

Dans de telles lois, la dimension fractale n'est plus constante, mais devient variable et joue pour les échelles le même rôle que joue le temps pour le mouvement. Cette variable se combine maintenant avec les coordonnées fractales pour former un *vecteur* d'un espace à cinq dimensions : coordonnées fractales et dimension fractale ne se transforment plus indépendamment, mais collectivement en tant que *composantes* d'un vecteur. Si l'on admet le principe de relativité d'échelle, on n'a guère le choix : la solution générale au problème des transformations d'échelle linéaires est la transformation de Lorentz, dont celle de Galilée n'est qu'un cas dégénéré et extrêmement particulier.

La longueur de Planck comme échelle invariante et indépassable

Quelle est la nature des nouvelles lois ? Elles se caractérisent par plusieurs propriétés originales par rapport aux lois d'échelle habituelles. Considérons tout d'abord la nouvelle loi de composition des dilatations et contractions. On peut montrer qu'elle prend la même forme mathématique que la loi de composition des vitesses en théorie d'Einstein, mais ce sont maintenant les rapports de dilatation entre résolutions qui jouent (*via* leur logarithme) le rôle des vitesses[55].

La principale propriété nouvelle de cette transformation est l'apparition d'une échelle de longueur $\mathbb{\Lambda}$ minimale, indépassable (vers les plus petites échelles), invariante sous les dilatations et les contractions[56]. Il en est automatiquement de même en ce qui concerne le temps, car la relativité d'échelle s'appuie sur la relativité du mouvement de

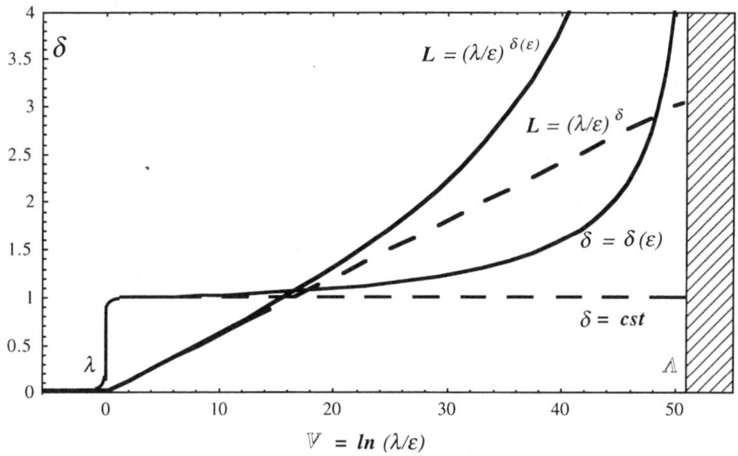

Figure 20. *Lois fractales en relativité restreinte d'échelle* (comparer à la *figure* 12 sachant que les échelles deviennent de plus en plus petites vers la droite dans ce diagramme). Une courbe non fractale aux grandes échelles (sa longueur L est constante et sa dimension fractale effective $1 + \delta$ vaut 1) devient fractale vers les petites échelles : dans le cadre des lois ordinaires, sa dimension fractale $1 + \delta$ devient alors égale à 2 et sa longueur diverge comme une loi de puissance (pointillés). Dans le cadre des nouvelles lois lorentziennes (traits pleins), la dimension fractale devient elle-même fonction de l'échelle [courbe $\delta = \delta(\varepsilon)$] et tend vers l'infini, ainsi que la longueur de la courbe, quand la résolution tend vers l'échelle minimale, indépassable (grisé à droite). Les valeurs numériques correspondent au cas où l'échelle de transition ($\mathbb{V} = 0$) est la longueur de Compton de l'électron ($3.86\ 10^{-13}$ m) et l'échelle limite invariante ($\mathbb{V} = 51.5$) l'échelle de Planck. A titre de comparaison, l'échelle minimale atteinte par les accélérateurs de particules actuels correspond à $\mathbb{V} = 12$.

Poincaré et Einstein et vient la compléter, mais ne se substitue bien sûr pas à elle : les relations fondamentales entre espace et temps demeurent. Il apparaît ainsi une échelle minimale pour tout intervalle temporel $\mathbb{T} = \mathbb{\Lambda}/c$.

L'échelle minimale va jouer pour les résolutions le même rôle que joue la vitesse de la lumière pour les vitesses. Elle remplace le point zéro, qui n'a plus de sens physique dans ce cadre. Mais il est important d'insister sur le fait qu'il ne s'agit pas d'une sorte de mur, ni d'une barrière ni d'une quantification de l'espace-temps. La nature de cette échelle limite est plutôt celle d'un horizon. Elle ne remet pas en cause la non-différentiabilité de l'espace-temps dont nous sommes partis, ni l'apparition sans fin de structures lors de grossissements successifs. C'est simplement l'*effet* des grossissements qui est changé. De même que, du point de vue du mouvement, on peut ajouter indéfiniment des vitesses les unes aux autres (il n'y a pas de limite à des changements de repères successifs), mais que le résultat restera toujours inférieur à c, de même *un nombre arbitrairement grand de contractions successives, appliquées à une échelle initiale quelconque, conduira à une échelle qui restera toujours supérieure à l'échelle limite* $\mathbb{\Lambda}$. Ainsi, l'espace et le temps, dans le nouveau cadre, restent indéfiniment divisibles. C'est le résultat de ces divisions qui est limité, non la possibilité de diviser.

L'échelle limite possède en fait toutes les propriétés physiques auparavant attribuées au point zéro : les échelles d'énergie et d'impulsion tendent maintenant vers l'infini quand on s'approche de $\mathbb{T}$ et $\mathbb{\Lambda}$, la longueur d'une courbe fractale diverge, mais également la dimension fractale. Tout cela confirme le caractère indépassable de la longueur minimale, au sens où toutes les échelles comprises entre elle et le zéro n'ont plus d'existence.

De même qu'on peut résumer la relativité du mouvement en affirmant que, du point de vue des vitesses, 2 + 2 ne font plus 4, la relativité d'échelle propose que, en ce qui concerne les résolutions, 2×3 pourraient ne plus faire 6 (voir *figure* 21).

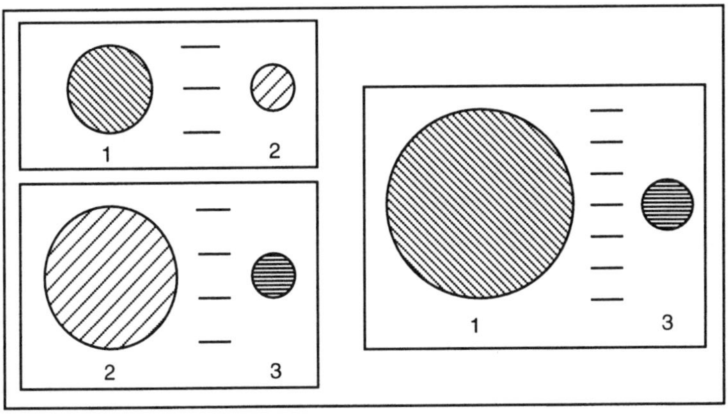

Figure 21. *Nouvelles lois de dilatation.* L'objet n° 1 est 2 fois plus grand que l'objet n° 2. L'objet n° 2 est 3 fois plus grand que l'objet n° 3. Cependant, dans le cadre des lois de dilatation « lorentziennes », l'objet n° 1 est moins de 6 fois plus grand que l'objet n° 3. Seuls comptent les rapports deux à deux. La loi définissant la composition de ces rapports n'est plus leur produit direct.

Une dernière question fondamentale se pose : Quelle est la valeur de cette échelle limite, unique et universelle par nature ? Faut-il introduire une nouvelle échelle fondamentale dans les lois de la physique ? Ou bien cette échelle existe-t-elle déjà dans la physique actuelle, mais reste simplement à interpréter comme échelle invariante ?

La deuxième proposition semble la plus naturelle. En effet, l'échelle de longueur de Planck, $\Lambda = (G\,\hbar/c^3)^{1/2}$ semble avoir toutes les propriétés requises pour être identifiée à l'échelle limite. Nous avons vu qu'à partir des trois constantes fondamentales de la physique, G, $\hbar$ et c, on peut construire trois grandeurs, la masse de Planck, la longueur de Planck et le temps de Planck, dont les valeurs numériques, $2\ 10^{-5}$ g (c'est-à-dire $1.2\ 10^{19}$ GeV en énergie), $1.6\ 10^{-35}$ m et $5.4\ 10^{-44}$ sec, dépendent du choix (arbitraire) de nos unités. Elles constituent ainsi trois unités naturelles pour ces quantités fondamentales. De plus, cette échelle est déjà introduite dans la physique actuelle comme une sorte de barrière naturelle, car elle représente la limite au-delà de laquelle les effets de la gravitation deviennent aussi importants que les effets quantiques. C'est le continuum espace-temps lui-même qui semble se briser dans les tentatives, très difficiles, de construction d'une théorie (la « gravitation quantique ») qui décrirait les phénomènes physiques à de telles énergies[57]...

Un autre argument justifie cette réinterprétation du sens physique de l'échelle de Planck. Considérons une expérience de pensée dans laquelle une règle de taille égale à la longueur de Planck serait observée depuis un système de référence en mouvement relatif par rapport à lui. Elle devrait être soumise à une contraction de Lorentz. Or l'échelle de Planck ne dépend d'aucun objet particulier dans la nature. D'autres échelles fondamentales et universelles existent (comme la longueur de Compton de l'électron ou l'échelle électrofaible), mais toutes sont des caractéristiques d'« objets » physiques particuliers (électron, bosons faibles, champs de Higgs...). On peut ainsi trouver étonnant que l'échelle de Planck dépende du mouvement du repère où on la mesure. Ce problème est résolu dans la nouvelle transformation, car elle devient dans son cadre totalement invariante sous toute dilatation ou contraction, y compris celle de Lorentz liée au mouvement.

Si l'intervention de $\hbar$ et de c, dans la définition de l'échelle microscopique minimale, semble naturelle, il peut ne pas en être de même de G, constante macroscopique caractéristique du champ de gravitation. Cependant, G n'intervient pas ici en tant que constante de la gravitation de Newton, mais bien en tant que constante d'Einstein, qui relie la matière et la géométrie de manière universelle en relativité générale. Nous allons d'ailleurs voir dans la suite que, dans le cadre de la relativité d'échelle et de l'approche fractale à la mécanique quantique, $\hbar$ prend également le sens nouveau d'une constante reliant géométrie et matière.

En dernier recours, si l'expérience confirme le rôle nouveau proposé ici pour l'échelle de Planck, la relativité restreinte d'échelle mènera à une refondation de la question des unités de longueur et de temps. Rappelons, en effet, que la relativité restreinte du mouvement a déjà conduit à supprimer l'unité de longueur. Celle-ci est maintenant déduite de l'unité de temps et de la vitesse de la lumière, qui a été définitivement fixée. La vitesse de la lumière vaut un par essence. En effet, toute valeur différente provient d'un choix d'unité inadéquat. Dès l'instant où l'on admet qu'il existe un espace-temps à quatre dimensions et non un espace et un temps séparés, l'unité d'espace et l'unité de temps doivent être choisies identiques (nous prenons bien la même unité pour mesurer des largeurs et des hauteurs). Les vitesses, étant le rapport d'un intervalle de longueur sur un intervalle de temps, deviennent alors des grandeurs sans dimension, des nombres purs. Finalement, la relativité restreinte énonce que ces nombres ne varient pas entre zéro et l'infini, mais entre zéro et un.

Il en sera de même pour les intervalles de longueur et de temps : si la structure lorentzienne des lois de dilatation se confirme à petite échelle (au niveau de la « structure interne » des particules), l'échelle de Planck jouera pour eux le rôle d'un 1 fondamental. En unité naturelle de Planck, il serait dans la nature de tout intervalle de longueur ou de temps d'être un nombre sans dimension toujours supérieur à un.

Ces nouvelles lois d'échelle pourraient avoir des conséquences observables aux très hautes énergies bientôt atteintes par les grands accélérateurs de particules. Récemment, C. Castro[58] a pu montrer que la relativité restreinte d'échelle formait un cadre particulièrement bien adapté aux développements récents des théories des cordes (dans lesquels on suppose que les particules ne sont plus ponctuelles mais étendues sur une dimension). Ce concept de lois d'échelle lorentzienne a également pu être appliqué dans l'étude de la turbulence par B. Dubrulle et F. Graner, sous une forme différente[59].

Mais, avant d'examiner quelques-unes de ses conséquences possibles (nous en dirons plus sur la nature de l'échelle de Planck dans la Cinquième Partie de cet ouvrage), nous allons revenir aux lois de dilatation ordinaires et montrer comment le concept d'espace-temps fractal peut s'appliquer à la théorie quantique dans le domaine microscopique.

Chapitre XVII

RELATIVITÉ D'ECHELLE ET THÉORIE QUANTIQUE

Introduction

Nous avons vu comment une analyse des propriétés du monde quantique permettait de concevoir l'espoir que ce comportement si particulier ait une origine géométrique, mais dans le cadre d'une géométrie nouvelle, non différentiable et fractale. Peut-on aller plus loin et tenter de refonder la mécanique quantique sur de telles bases ? En d'autres termes est-il possible de reconstruire les axiomes de la mécanique quantique à partir d'un principe premier, tel que celui de relativité d'échelle ? L'origine du comportement quantique serait alors élucidée comme manifestation de la géométrie fractale et non différentiable de l'espace-temps à petite échelle, de même que la gravitation et ses propriétés sont déjà comprises, en relativité générale, comme manifestations de sa courbure à grande échelle.

Il n'est pas question de prétendre que la théorie de la relativité d'échelle ait atteint jusqu'au bout un tel but : la mécanique quantique garde une grande partie de son mystère. Mais quelques avancées significatives ont pu être effectuées, que nous allons évoquer maintenant.

L'argument peut se résumer comme suit. La non-différentiabilité de l'espace-temps implique (au minimum) trois effets. Le premier est que chaque géodésique devient fractale. Le deuxième est qu'il existe une infinité de géodésiques là où une seule intervenait classiquement. Le troisième est que le concept de vitesse moyenne (qui reste définissable, comme l'avait souligné Feynman) n'est plus unique, mais double. La prise en compte de ces trois effets dans les équations du mouvement transforme la mécanique classique en une mécanique de type quantique.

Géodésiques fractales

La première étape consiste à établir les lois d'échelle internes dont les effets induits sur le mouvement, on l'espère, pourraient se manifester sous forme de propriétés quantiques. Nous avons vu précédemment que les fractals de dimension constante apparaissent naturellement comme solutions les plus simples de lois relativistes d'échelle. C'est également le comportement obtenu par Feynman pour les trajectoires quantiques potentielles : rappelons qu'il avait identifié les trajectoires typiques des particules en mécanique quantique à (ce qu'on appelle aujourd'hui) des courbes fractales de dimension 2.

C'est dans le cadre restreint d'une description des géodésiques comme courbes fractales de dimension 2 que nous nous placerons dans la suite. Mais il est bien entendu que des généralisations des résultats obtenus sont possibles, dès l'instant que ces hypothèses restrictives seront relâchées (en passant à une dimension fractale différente de 2, puis à une structure lorentzienne des lois d'échelle).

Infinité de géodésiques et probabilités

Dans une théorie géométrique de l'espace-temps, la réponse à la question : Quelle trajectoire suivent les particules libres ? est *une géodésique de l'espace-temps,* c'est-à-dire la ligne la plus courte à conditions initiales fixées. Mais un espace-temps fractal se caractérise par la présence d'obstacles à toutes les échelles, qui vont démultiplier le nombre de géodésiques au point de le rendre infini. L'équation des géodésiques d'un espace donné est une équation différentielle qui exprime cette optimisation du trajet suivi, au niveau infinitésimal. Il faut imaginer un espace-temps fractal comme fluctuant localement, à toutes les échelles, dans l'espace et dans le temps, d'une manière extrêmement complexe (voir *figures* 11 et 22). Aussi, la solution de cette optimisation n'est pas, dans ce cas, un petit déplacement élémentaire particulier, mais *une infinité* d'entre eux !

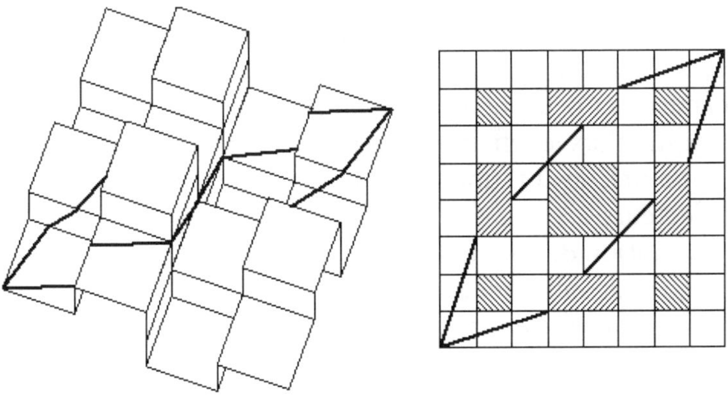

Figure 22. *Géodésiques sur un générateur de surface fractale.* Dès la première étape de la construction d'une surface fractale, même pour un modèle très simple et déterminé, les lignes les plus courtes entre deux points (les géodésiques) deviennent multiples. (A gauche, version continue repliée, à droite, version lacunaire dépliée, dans laquelle les grisés indiquent les points qui se raccordent dans le pliage). A l'étape suivante, une nouvelle démultiplication aura lieu pour éviter les nouveaux obstacles qui apparaîtront dans chaque carré (voir *figure* 11). A la limite, le nombre de géodésiques est infini.

On peut se faire une idée de cette multiplication à l'infini des trajectoires possibles à partir des effets de mirage gravitationnel en relativité générale[60]. La lumière suit, en théorie d'Einstein, des géodésiques particulières de longueur (quadridimensionnelle) nulle. L'effet d'une masse est de courber l'espace-temps, ce qui implique en conséquence la courbure des géodésiques. Un des résultats de cette déviation de la lumière est que, autour d'une masse ponctuelle, deux trajets peuvent relier une source à l'observateur. On obtient alors deux images d'un même objet au lieu d'une ! De tels effets de mirage gravitationnel ont aujourd'hui été observés en grand nombre. Si la masse est étendue, comme dans le cas où le déflecteur est une galaxie, on trouve trois ou cinq images. Mais la distribution de masse déflectrice peut devenir très complexe, comme dans le cas où c'est un amas de galaxie dans son ensemble en plus des galaxies individuelles qui le composent. Le nombre et les déformations d'images d'un même objet peuvent ainsi devenir impressionnantes. Qu'on imagine alors les effets d'un espace-temps fractal, dont tous les points, ayant une courbure infinie, deviennent des déflecteurs…

La notion de particule suivant une trajectoire bien définie ne peut subsister dans un tel cadre. Admettons qu'une particule ait été émise en un point. Comment prédire son évolution, sachant qu'elle a pu suivre une infinité de trajectoires toutes équivalentes ? Tout ce qu'on peut faire maintenant est de décrire l'évolution de la famille constituée de toutes ces géodésiques potentielles, qui constituent une sorte de fluide.

L'approche probabiliste devient une nécessité dès lors qu'on veut faire des prédictions. Le caractère statistique de la théorie à construire s'impose ainsi, non en tant que loi fondamentale, mais en tant que conséquence de la nature de l'espace-temps (et de *notre* volonté de faire des prédictions théoriques). L'espace-temps pourrait, au moins en principe, être parfaitement déterminé, mais sa nature fractale (dans laquelle n'existe aucune limite inférieure aux structures apparaissant à des échelles de plus en plus petites) implique, de manière définitive, l'indétermination des trajectoires.

On voit là comment l'introduction d'un concept nouveau, celui d'un espace-temps structuré, permet d'exprimer de manière nouvelle le problème de l'indéterminisme. Il y a bien indéterminisme, et de manière incontournable, dans l'approche de la relativité d'échelle, mais cet indéterminisme est celui des trajectoires. Il est expliqué à partir de la nature géométrique de l'espace-temps, mais, celui-ci, inversement, n'y est pas soumis *a priori*. Une telle théorie n'est donc pas, comme l'exigeait Einstein dans sa critique de la théorie quantique, statistique par essence, au niveau d'un principe premier, mais elle l'est par nécessité logique, comme conséquence d'un principe plus profond.

Nature des particules

L'approche fractale permet d'apporter un éclairage nouveau au concept de particule élémentaire. On peut espérer pouvoir abandonner l'idée de point massif possédant des propriétés « internes » (spin, charges, autres nombres quantiques...) et identifier les « particules » (avec leur double nature d'onde et de corpuscule) aux géodésiques d'un espace-temps fractal elles-mêmes. Dans ce cadre, chaque type de particule correspondrait à des sous-ensembles de géodésiques possédant des propriétés géométriques communes qui définissent sa nature (échelle de transition fractal-non fractal pour la masse, structure interne suivant les échelles pour le spin et la charge...).

Dans la théorie quantique actuelle, l'électron, du point de vue de sa nature corpusculaire, est totalement ponctuel. Les grandeurs essentielles qui le définissent, comme sa masse, son spin ou sa charge, sont ainsi considérées comme des quantités purement « internes ». Le spin, moment angulaire interne de la particule, reste une grandeur liée à une symétrie de l'espace-temps (l'isotropie), mais n'a pas de contrepartie classique. La charge et les autres nombres quantiques caractérisant les particules correspondent à des symétries elles-mêmes internes, qui n'ont pas de contrepartie dans l'espace-temps.

Le concept d'espace-temps fractal permet de reconsidérer ce point de vue. Il ne s'agit plus simplement de l'espace-temps au sens classique du terme, structuré par les déplacements et les rotations (les lois du mouvement), mais d'un « espace-temps-zoom » dont la description implique la prise en compte de nouvelles structures liées aux transformations des résolutions (lois d'échelle). La possibilité soulevée par cette remarque est que les nombres quantiques internes résultent finalement de symétries liées aux transformations d'échelle, et qu'ils acquièrent ainsi une signification géométrique, au sens de la nouvelle géométrie non différentiable. Le concept de particule ne concernerait alors plus un objet qui « posséderait » une masse, un spin ou une charge, mais s'identifierait aux géodésiques fractales d'un espace-temps non différentiable, géodésiques dont masse, spin et charge seraient des propriétés géométriques communes[61]. Un tel programme est bien sûr loin d'être réalisé jusqu'au bout, mais, déjà, quelques résultats allant dans cette direction semblent encourageants[62].

Tout d'abord, la longueur d'onde ($\lambda = \hbar/p$) et la période de De Broglie ($\tau = \hbar/E$), associées à une particule, trouvent une interprétation géométrique en tant que transition fractal/non fractal (ce sont les échelles en deçà desquelles apparaissent des retours en arrière des trajectoires, respectivement spatiaux et temporels). A partir de cette échelle de De Broglie, on peut calculer l'énergie, l'impulsion, la vitesse classique (moyenne), la vitesse de phase et, finalement, la masse de la particule. Toutes ces grandeurs se trouvent donc ramenées à des caractéristiques géométriques de trajectoires fractales. Cependant, il faut bien comprendre qu'il ne s'agit pas là de structures géométriques dans l'espace-temps, mais bien dans le nouvel espace incluant les échelles qui décrit l'ensemble des résolutions possibles dans la nature (voir *figure* 3).

Il en est de même du moment angulaire interne (le spin) : celui-ci ne peut exister classiquement, car il est proportionnel au carré du rayon de la particule, qui est nul. Mais il est aussi proportionnel à la vitesse de rotation, qui peut être infinie sur une trajectoire fractale ! Le résultat remarquable est le suivant : on peut montrer que ce produit, qui s'écrit de manière imagée comme zéro fois l'infini, est toujours nul quand la dimension fractale de la trajectoire est inférieure à 2 (la situation classique de dimension 1 en est un cas particulier), toujours infini quand elle est supérieure à 2, mais devient fini pour la valeur « critique » $D = 2$. Or cette valeur est précisément celle que l'on obtient à partir de la relation de Heisenberg, ou d'une manière équivalente, que l'on peut déduire de l'analyse de Feynman des trajectoires typiques des particules quantiques. L'existence du spin s'impose donc à partir de l'hypothèse fractale. Quant à la charge électrique, on peut montrer qu'elle peut être comprise comme grandeur invariante trouvant son origine dans la symétrie d'échelle elle-même[63].

Dualité classique quantique

Les trajectoires potentielles vont donc constituer un ensemble infini de courbes, elles-mêmes toutes fractales. La description d'une quelconque de ces courbes fait intervenir des coordonnées moyennes, macroscopiques, qui s'identifient, à la limite, à la trajectoire classique (dans le cas où elle existe), et des fluctuations fractales, dépendantes d'échelle (voir *figure* 23). Ces fluctuations sont négligeables aux résolutions plus grandes que la longueur de De Broglie du système : c'est le comportement classique. Mais elles dominent fortement les déplacements moyens à très petite échelle. Une partie des effets quantiques provient de ces fluctuations.

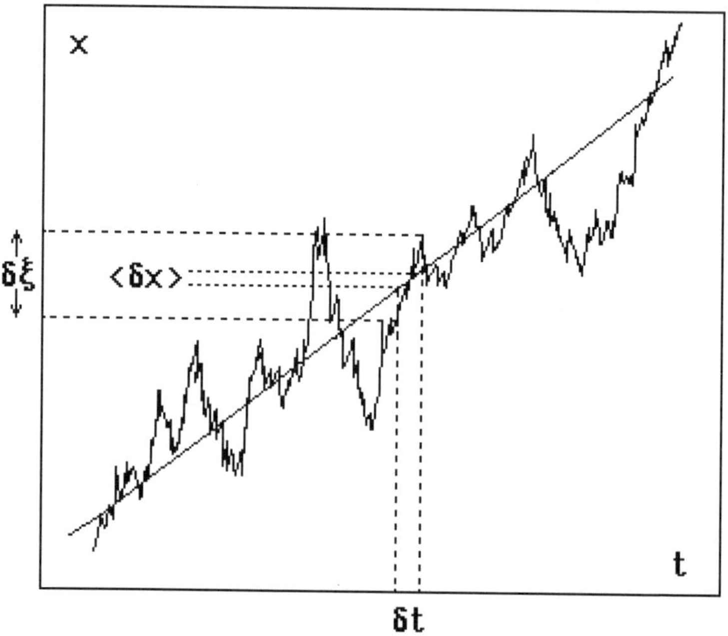

Figure 23. *Evolution au cours du temps d'une coordonnée sur une trajectoire fractale.* A grande échelle, il existe une vitesse moyenne, et la variation moyenne de la coordonnée est $\delta x = <\delta X>$, de l'ordre de δt. En revanche, à petite échelle, la fluctuation par rapport à cette moyenne domine, $\delta X \approx \delta\xi$, et devient beaucoup plus grande que δt. Elle est donnée en valeur absolue par $\delta\xi \approx \delta t^{1/D}$, où D est la dimension fractale de la trajectoire.

Ainsi les comportements classiques et quantiques sont une question d'échelle, mais le caractère *relatif* de la transition (qui dépend de la masse et de la vitesse, et/ou de la température) explique qu'il puisse exister des effets quantiques macroscopiques. Il en est ainsi par exemple de la supraconductivité, qui apparaît à basse température, en dessous d'une température critique dépendant du matériau (dans ce phénomène, les électrons libres se regroupent par paires et acquièrent ainsi les propriétés quantiques collectives d'un gaz de bosons, ce qui leur permet de s'écouler sans résistance).

Irréversibilité et caractère complexe de la fonction d'onde

Le dédoublement de variables classique/fractal n'est pas tout. Un autre dédoublement, tout aussi fondamental, cette fois au niveau des vitesses moyennes, vient de la non-différentiabilité de l'espace-temps et du principe de réversibilité microscopique.

Considérons une géodésique fractale potentielle arrivant en un point donné à un instant donné. Il y a une infinité de géodésiques sortantes, à partir desquelles on peut calculer une vitesse moyenne « vers l'avant ». Chaque point de l'espace-temps joue ainsi le rôle d'une sorte de diffuseur (rappelons-nous l'analogie avec une multiplication à l'infini de mirages gravitationnels). Mais un tel processus est fondamentalement irréversible localement[64] : dans un renversement du signe de l'élément différentiel temporel, la non-différentiabilité de l'espace implique qu'il n'y a plus réversibilité du processus. Précisons, mieux encore, ce qu'il en est. Du point de vue des méthodes usuelles, la dérivée d'une variable non différentiable n'existe pas (donc en particulier la vitesse, qui est la dérivée de la position), par définition. La méthode de la relativité d'échelle consiste à réintroduire une dérivée, explicitement dépendante de la résolution. Ce n'est qu'à la limite d'un intervalle de résolution nul (seul cas considéré par les méthodes classiques) que la dérivée n'existe pas, soit qu'elle devienne infinie, soit qu'elle fluctue sans limite. Mais ce point zéro limite n'a pas vraiment de sens physique – nous avons déjà largement insisté sur ce point –, car il faudrait une énergie infinie pour l'atteindre. On peut donc sans problème s'en passer, et remplacer la dérivée mathématique idéale par une dérivée physique devenant une fonction explicite de l'intervalle temporel. Mais c'est là qu'un fait nouveau apparaît : alors que la dérivée ordinaire est invariante dans le changement de signe de l'élément différentiel temporel, il n'y a aucune raison qu'il en soit de même pour la nouvelle dérivée[65]. Il y a donc deux dérivées au lieu d'une ! Appliqué à la coordonnée spatiale, ce raisonnement implique qu'il y a deux vitesses au lieu d'une, dédoublement qui subsiste en ce qui concerne les vitesses moyennes.

Un tel dédoublement de la vitesse moyenne avait déjà été introduit par Nelson[66], dans le cadre de son approche stochastique de la mécanique quantique. Nelson identifiait le mouvement des particules à un mouvement brownien et parvenait à obtenir une équation de Schrödinger en termes d'un processus de diffusion non classique. Il faut cependant remarquer qu'il ne se justifie pleinement, à notre avis, que dans un cadre où l'espace-temps lui-même se trouve affecté. En effet, il est bien clair que le vrai mouvement brownien (celui de microparticules plongées dans un liquide), bien que non différentiable dans sa description physique, ne donne pas lieu à un dédoublement des vitesses moyennes. Il en est certainement de même si l'on se contente de considérer des trajectoires fractales dans un espace qui ne le serait pas. Une fois moyennées, ces trajectoires redeviennent classiques à grande échelle. C'est le fait de considérer, non des trajectoires fractales *a priori,* mais un espace fractal dont les géodésiques seront fractales en conséquence, qui est ici essentiel. C'est parce que l'espace-temps est arbitrairement chaotique à toutes les échelles que le dédoublement des vitesses demeure, même en moyenne.

Pourtant, la symétrie par renversement du temps, c'est-à-dire la réversibilité, est une symétrie fondamentale en physique, d'abord en relativité, où l'« invariance par réflexion » joue un rôle essentiel dans l'établissement de la transformation de Lorentz, mais également en microphysique. Nous avons deux processus au lieu d'un, sans pouvoir affirmer, au niveau primaire de description où nous sommes placés, ce qu'est le futur et ce qu'est le passé. Aussi *les deux processus doivent être considérés comme également valables* pour la description des lois physiques.

Il s'agit là d'un point essentiel. Dans le cas classique (différentiable), le problème ne se pose pas, sachant que, dans le renversement du sens du temps, le même comportement local est obtenu. Si l'espace-temps n'est plus différentiable, les deux processus deviennent *a priori* différents, alors qu'ils sont tous les deux aussi bien qualifiés pour la description des lois élémentaires. Lequel choisir ? Celui qui s'écoule vers le « futur » ? Mais le choix du sens du temps « vers le futur » ou « vers le passé » est complètement arbitraire. Une seule solution semble possible : prendre en compte, d'une manière permanente, les *deux* processus ensemble, en les combinant sous forme d'un nouveau processus double. Les nombres complexes réalisent la représentation la plus simple d'un tel processus dédoublé. Celui-ci, pris dans son ensemble, redevient réversible (le couple « passé-futur » s'échange en « futur-passé » dans un renversement du temps, et se trouve donc globalement inchangé). Telle est l'origine, dans cette théorie, du caractère complexe de la fonction d'onde et des autres grandeurs physiques, d'où proviennent en grande partie les propriétés paradoxales du monde quantique.

On remarquera qu'avec cet effet de dédoublement des vitesses, la non-différentiabilité se révèle plus profonde que la fractalité, comme l'indiquait déjà le fait que la dépendance d'échelle est une conséquence de l'abandon de la différentiabilité (si l'on garde la continuité).

Avant de passer à la dernière étape, celle de la démonstration de l'équation de Schrödinger, la théorie doit donner un sens à la fonction d'onde. Quel est la nature de cet outil mathématique ? Pourquoi et comment vient-il remplacer les outils classiques ? La réponse est simplement qu'en relativité d'échelle la fonction d'onde n'est rien d'autre qu'une reformulation de la grandeur fondamentale appelée *action*. Un tel résultat est à mettre en regard avec l'intégrale de chemin de Feynman, dans laquelle l'amplitude de probabilité se calcule comme intégrale d'une fonction de l'action classique.

En effet, une fois introduite une dérivation complexe, donc une vitesse complexe, qui combine les vitesses « passé » et « futur », l'ensemble de la mécanique classique peut être reformulé. Il faut se souvenir que l'action est définie comme une intégrale au cours du temps d'une certaine fonction des coordonnées et des vitesses, appelée « fonction de Lagrange ». La vitesse étant maintenant écrite en termes de nombres complexes, il en est de même de cette fonction, donc de l'action et, finalement, de la fonction d'onde elle-même. Le principe d'action (qui n'est plus un principe de moindre action, car il n'y a pas de relation d'ordre dans le plan complexe) reste définissable en tant que principe « d'action stationnaire » : suivant ce principe, les trajets physiques sont ceux qui annulent la variation de l'action. C'est, finalement, l'ensemble de la mécanique classique qui peut être reformulée par cette méthode. Le résultat en est sa transformation en une mécanique de nature quantique, comme nous allons le voir[67] !

Mouvement libre et équation de Schrödinger

Les dernières étapes vers cette transformation de la mécanique classique en mécanique quantique doivent comporter la démonstration des autres de ses principaux axiomes, principe de correspondance (qui fait correspondre aux observables un opérateur agissant sur la fonction d'onde), équation de Schrödinger et interprétation statistique de Born (selon laquelle le carré du module de la fonction d'onde donne la probabilité de présence).

L'exemple de la théorie de la relativité générale d'Einstein est essentiel pour cette dernière tâche. Les effets de la courbure de l'espace-temps sur les différentes grandeurs physiques y sont décrits à l'aide d'une « dérivée covariante ». Celle-ci ajoute des termes nouveaux par rapport à la dérivation ordinaire, sous forme d'un effet de rotation des vecteurs dans leurs déplacements, dû précisément à cette courbure (c'est-à-dire au champ de gravitation).

Si l'outil covariant de la relativité générale, fondé sur la différentiabilité, n'est plus adapté à la description des effets des déplacements dans un espace-temps fractal, le concept de dérivation covariante, qui traduit ces effets de manière universelle (il faut construire des règles qui le rendent applicable à toutes les grandeurs physiques), est toutefois fondamental et doit être gardé et reconstruit. Il est effectivement possible de résumer les trois effets principaux de l'abandon de la différentiabilité (infinité de géodésiques, fluctuations fractales de dimension 2, irréversibilité locale) en termes d'un tel outil, qui prend la forme d'un opérateur de « dérivation covariante quantique[68] ».

Cet opérateur de dérivation, écrit en termes de nombres complexes, complète la transformation de la mécanique classique en mécanique quantique, et surtout met en œuvre la relativité d'échelle grâce à une authentique covariance. Il permet de justifier définitivement l'énoncé fondamental de cette approche suivant lequel le mouvement des particules quantiques peut être décrit comme celui des géodésiques d'un espace fractal.

Quelle est, en effet, la forme covariante d'une équation des géodésiques ? C'est tout simplement l'équation du mouvement inertiel, qui exprime que la *particule libre* se meut suivant un mouvement rectiligne et uniforme à *vitesse constante,* c'est-à-dire à accélération nulle.

L'accélération est nulle : telle est déjà la forme de l'équation des géodésiques en relativité générale. Mais cette simple équation est exprimée en termes de la dérivée covariante contenant les effets de la courbure ; quand ceux-ci sont explicités, l'équation du mouvement galiléen se transforme, par le « miracle » de la covariance, en une équation généralisant l'équation de la dynamique de Newton dans un champ de gravitation.

Un résultat semblable s'obtient en relativité d'échelle. Une équation gardant la forme de celle du mouvement classique inertiel[69] (qui exprime que la particule va, localement, tout droit et à vitesse constante), mais écrite en utilisant la nouvelle dérivée, se transforme, une fois l'expression de celle-ci explicitée, en... équation de Schrödinger d'une particule libre ! De même que les effets de la gravitation apparaissent comme manifestation de la géométrie courbe de l'espace-temps, *on voit ainsi les effets quantiques émerger comme manifestation de sa géométrie non différentiable et fractale*. Plus généralement, *l'équation de la dynamique newtonienne pour une particule dans un potentiel se transforme en l'équation de Schrödinger correspondante.*

Ces résultats ont permis récemment à R. Hermann[70] d'obtenir par simulation numérique des solutions de l'équation de Schrödinger sans avoir à l'écrire explicitement, uniquement par la description des lois de déplacement élémentaires données par la relativité d'échelle.

Le principe de correspondance pour l'impulsion et l'énergie (qui, en mécanique quantique, leur associe certains opérateurs différentiels) peut également être démontré, non plus sous forme d'une correspondance, mais bien d'une égalité stricte. Enfin, l'interprétation de Born, qui permet de déduire la densité de probabilité de la fonction d'onde, s'impose également de manière naturelle. En effet, l'ensemble des géodésiques peut être décrit comme une sorte de fluide, dont la densité est effectivement donnée par le carré du module de la fonction d'onde (la partie imaginaire de l'équation de Schrödinger s'identifie à une équation de continuité pour ce fluide). Au cours d'une expérience réelle, les particules seront soumises à des probabilités proportionnelles à cette densité.

Bien sûr, cela n'est qu'un début. La théorie quantique non relativiste, correspondant aux « basses » énergies (celles des atomes) régies par l'équation de Schrödinger, n'est qu'un petit maillon d'une vaste chaîne qui s'est développée depuis la fondation de la mécanique quantique, en 1925. En allant vers de plus hautes énergies (noyaux, particules élémentaires), il faut passer aux situations relativistes des vitesses de l'ordre de celle de la lumière.

Ce n'est plus seulement l'espace qui est fractal, dans ce cas (cette hypothèse était suffisante pour obtenir l'équation de Schrödinger), mais l'espace-temps. Les trajectoires potentielles effectuent alors des retours en arrière non seulement dans l'espace, mais dans le temps. Cela ne pose pas de problème de causalité, car les tronçons de trajectoire qui remontent le cours du temps sont simplement interprétés, ainsi que l'avait proposé Feynman, comme des antiparticules. La théorie rend compte des paires virtuelles de particules-antiparticules[71] et résout le problème de la longueur infinie des trajectoires (qui aurait pu conduire à des vitesses infinies, en contradiction avec la relativité restreinte) : il y a bien divergence de la longueur dans l'espace, mais aussi dans le temps, si bien que le rapport des deux reste limité par la vitesse *c*.

L'évolution de la théorie devra traiter des équations de Klein-Gordon, puis de Dirac (qui ont déjà été étudiées par J.-C. Pissondes dans le nouveau cadre[72]), tenir compte des champs électromagnétiques, faibles et forts, puis du champ électrofaible... La vaste tâche qui consisterait à traduire ces différents niveaux de la théorie quantique en termes de relativité d'échelle et d'espace-temps fractal commence à peine.

Finalement, la nouvelle théorie, comme nous l'espérions initialement, ne vient pas se substituer à la théorie quantique, ni ne suggère de résoudre le problème de l'incompatibilité classique/quantique en tentant d'établir une passerelle entre les deux. La solution proposée est obtenue à l'aide d'une description qui n'est en soi ni classique ni quantique, mais d'un niveau plus profond, et qui se réduit respectivement aux descriptions classique ou quantique suivant les conditions de mouvement et d'échelle. Ce nouveau niveau de description est celui de la structure interne, en échelle, de l'espace-temps fractal.

Cinquième Partie

Des particules élémentaires aux grandes structures de l'univers

La théorie de la relativité d'échelle permet de proposer des solutions à un certain nombre de problèmes de la physique actuelle. Nous allons évoquer quelques exemples de telles propositions, obtenues dans les trois domaines d'application privilégiés de la théorie, la physique des hautes énergies, la cosmologie et l'étude des systèmes auto-organisés. Bien sûr, la nouveauté de ces résultats oblige à les considérer comme préliminaires : certains d'entre eux ont déjà été validés, mais, comme toujours en sciences, des confirmations indépendantes seront nécessaires avant de les admettre comme définitivement établis.

Chapitre XVIII

PHYSIQUE DES PARTICULES

Un changement aussi profond du cadre de référence que celui proposé en relativité restreinte d'échelle entraîne de nombreuses conséquences en physique, qui doivent être étudiées une à une. L'essentiel étant que la théorie soit réfutable. Dans le domaine des particules élémentaires[1], on s'attend en particulier à voir des corrections croissantes et non négligeables à la mécanique quantique standard vers les très grandes énergies (au-delà de l'énergie du plus massif des fermions élémentaires, le quark *top* de masse 174 GeV/c^2), ce qui devrait pouvoir être éprouvé par la prochaine génération d'accélérateurs.

Le changement le plus immédiat concerne la relation entre échelle de masse-énergie-impulsion et échelle de longueur-temps (voir *figure* 24). Dans la théorie quantique actuelle, ces deux échelles sont directement inverses l'une de l'autre, comme le montrent les relations de Compton ou de Heisenberg. L'énergie-impulsion tend vers l'infini quand l'intervalle de temps-longueur tend vers zéro. Dans les nouvelles lois de relativité d'échelle restreinte, cet intervalle ne peut plus devenir inférieur à l'échelle de Planck. Mais, de même que l'énergie et l'impulsion d'une particule massive tendent vers l'infini quand sa vitesse tend vers celle de la lumière en relativité restreinte du mouvement, à l'échelle de longueur de Planck correspond maintenant une énergie infinie.

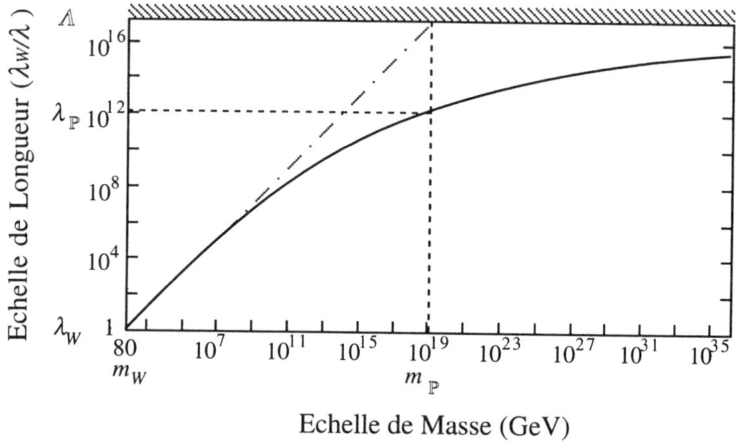

Figure 24. *Nouvelle relation entre échelles de longueur et d'énergie en relativité d'échelle restreinte.* Dans la théorie quantique usuelle, les échelles de masse-énergie et de longueur-temps sont inverses l'une de l'autre (point-tirets). Dans le cadre des nouvelles lois de dilatation (ligne continue), l'échelle de longueur de Planck $\mathbb{A}$ devient un horizon indépassable et inatteignable (grisé en haut de la figure). Il lui correspond une énergie infinie. A l'échelle de masse de Planck $m_{\mathbb{P}}$ correspond maintenant une nouvelle échelle de longueur, qui s'est révélée être, relativement à l'échelle des bosons faibles (≈ 100 GeV), l'échelle de grande unification ($\lambda_{\mathbb{P}}$, qui est 10^{12} fois plus petite que l'échelle électrofaible dans le modèle standard minimal).

Grande unification

Or, en théorie standard, à l'échelle de longueur de Planck (10^{-33} cm) correspond l'énergie de Planck (10^{19} GeV). Cela ne peut plus être le cas. Une nouvelle échelle de longueur universelle, totalement contrainte par la théorie (elle n'a pas de paramètre libre ajustable), bien que relative à l'échelle d'observation, s'introduit ainsi naturellement. On trouve que cette échelle est 10^{-12} fois plus petite que celle des bosons de jauge de la théorie électrofaible (100 GeV), ce qui correspond à l'échelle de grande unification dans le modèle standard minimal ! Ce résultat signifie que, dans le nouveau cadre, l'unification des trois interactions fondamentales se fait à l'énergie de Planck. Mais, comme l'énergie de Planck est précisément celle où la gravitation devient du même ordre que les autres forces, si unification il doit y avoir, ce ne peut être qu'une unification *totale* des quatre interactions, presque simultanément (voir *figure* 25).

Si ce résultat est plus satisfaisant pour l'esprit que l'unification en deux temps de la théorie actuelle, il n'en rend pas le problème (celui de construire une théorie unifiée) plus facile. Mais il aurait l'avantage de mettre un terme (au moins partiel) à une des interrogations fondamentales de la physique : pourquoi la constante de la gravitation a-t-elle sa valeur[2] ?

On peut la poser autrement, en se ramenant à l'expression quantique d'une telle force, c'est-à-dire en l'écrivant en unités naturelles données par le produit de la constante de Planck et de la vitesse de la lumière $\hbar c$. Ce type d'expression permet de définir une constante de couplage sans dimension, comme par exemple la constante de structure fine dans le cas de l'interaction électromagnétique[3]. Appliquée à la force gravitationnelle, cette méthode introduit la masse de Planck comme unité de masse[4] et implique une constante de couplage… égale à un ! La question de la valeur de G prend alors une forme nouvelle : si la masse de Planck doit ainsi jouer le rôle d'une unité naturelle de masse, ne s'attendrait-on pas que cette unité soit réalisée sous forme des particules les plus élémentaires et fondamentales de la nature ? C'est effectivement le cas. On peut considérer, en effet, que les particules les plus fondamentales de la nature seront les bosons transportant l'interaction unique totalement unifiée, et dont seraient issues à plus basse énergie les particules d'interaction des champs désunifiés (photons, bosons faibles et gluons) : cette unification ayant lieu, dans le nouveau cadre, directement à l'énergie de Planck, une grande partie de ces bosons auront précisément la masse de Planck[5], et réaliseront ainsi physiquement cette unité universelle de masse.

Variation de la charge

Il est également intéressant de constater que le nouveau cadre, grâce à la présence de l'échelle minimale invariante sous les dilatations, résout automatiquement certains problèmes de divergence qui demeuraient en théorie quantique. En effet, la masse et la charge « nues », c'est-à-dire à résolution nulle et énergie infinie, restaient formellement infinies en électrodynamique quantique. On peut montrer que le sens nouveau attribué à l'échelle de Planck règle ce problème.

Cela permet de poser de manière renouvelée la question de l'origine et des valeurs des charges (c'est-à-dire des constantes de couplage des interactions fondamentales). Dans la théorie actuelle, celles-ci varient explicitement en fonction de l'échelle (voir *figure* 19) : par exemple, la constante de structure fine (le carré de la charge électrique), qui vaut 1/137 à l'échelle de Compton de l'électron (énergie 0.5 MeV), a augmenté jusqu'à environ 1/129 à l'échelle des bosons électrofaibles (énergie d'environ 100 GeV). Cette variation avait ouvert l'espoir de pouvoir calculer la valeur macroscopique, observée à basse énergie, de ces « constantes » à partir de leur valeur à échelle nulle. Malheureusement, dans le modèle standard, les charges sont ou nulles ou infinies à la limite d'une résolution nulle, ce qui a empêché jusqu'à aujourd'hui de mettre en œuvre un tel programme.

Le problème peut être résolu en relativité d'échelle, théorie dans laquelle les charges nues prennent une valeur finie, à partir desquelles on peut retrouver les valeurs observées des constantes de couplage à basse énergie, et même effectuer des prédictions théoriques nouvelles pour certaines d'entre elles (voir plus loin et *figure* 25).

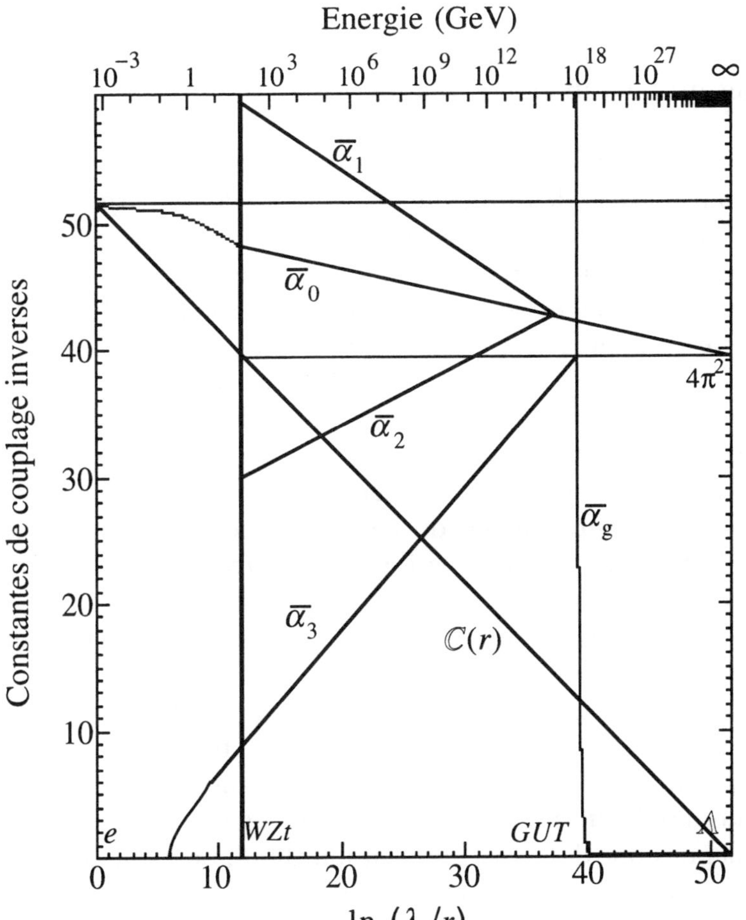

Figure 25. *Variation des charges dans le modèle standard minimal en relativité d'échelle restreinte.* On a reporté ici la variation en fonction de l'échelle des inverses des carrés des charges des interactions fondamentales, entre l'échelle de l'électron et celle de Planck. Deux autres échelles fondamentales apparaissent dans ce diagramme, celle de grande unification (GUT), qui s'identifie dans la nouvelle théorie à l'échelle d'énergie de Planck, et celle de l'unification électrofaible (WZ). De nombreuses structures prévues par la nouvelle théorie sont apparentes dans cette figure (valeur $4\pi^2$ des couplages inverses et leur intersection avec $\mathbb{C} = \ln (r/\mathbb{\Lambda})$).

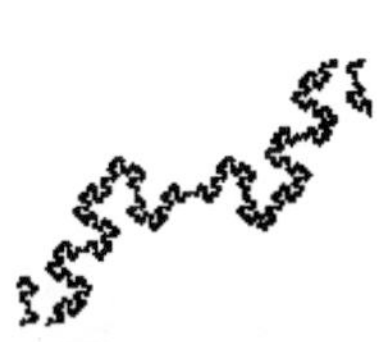

Nature de la charge électrique et du champ électromagnétique

La relativité d'échelle permet également d'éclairer d'un jour nouveau le problème de la nature de la charge et des champs d'interaction. En effet, l'existence d'une structure « interne » des particules (c'est-à-dire des géodésiques fractales auxquelles on les identifie) implique celle de symétries, non plus dans l'espace-temps mais dans les nouvelles dimensions d'échelle. De même que sur les symétries d'espace et de temps se constituent des grandeurs invariantes comme l'énergie, l'impulsion et le moment angulaire[6], de même des quantités conservées (ici, quelle que soit l'échelle) apparaîtront du fait de ces nouvelles symétries d'échelles, quantités qui peuvent être identifiées aux charges.

Quant aux champs d'interaction, électromagnétisme et interaction faible qui se mélangent en champ électrofaible à haute énergie (constantes de couplage α_1 et α_2 *figure* 25) et interaction forte (α_3 *figure* 25), ils sont décrits comme « champs de jauge » dans la théorie quantique actuelle. La notion d'« invariance de jauge » joue un rôle essentiel dans la physique des particules d'aujourd'hui, bien que certains de ses aspects restent obscurs. Il s'agit de transformations sur les fonctions d'ondes, qui n'ont pas de contrepartie classique. L'importance de cette notion tient au fait que la conservation de la charge et l'existence même du champ électromagnétique lui sont directement liées.

Or l'invariance de jauge pose un étonnant problème. La nature du champ électromagnétique ne change pas dans une transformation (dite « de jauge ») faisant intervenir une fonction totalement arbitraire de l'espace et du temps ; pourtant cette fonction réapparaît, couplée à la charge, dans la fonction d'onde de l'électron. Autrement dit, cette fonction « arbitraire », considérée en général comme dénuée de sens physique, est la variable conjuguée de la charge. Elle détient donc la clé de sa nature, de même que l'uniformité de l'espace et du temps sont les clés de la nature de l'impulsion et de l'énergie. Comment pourrait-elle rester arbitraire dans ces conditions ?

Le cadre de la relativité d'échelle permet de proposer une solution à ce problème. L'idée de base est de décrire l'électron comme un objet purement géométrique (un réseau de géodésiques fractales), structuré en échelle en deçà de sa longueur de Compton. Considérons maintenant l'une de ces microstructures et observons-la (par la pensée) au cours d'un déplacement spatial ou temporel de l'électron. Il est impossible que cette structure soit demeurée à la même échelle au cours de ce déplacement, car, si c'était le cas, les échelles ne seraient plus relatives, mais absolues. Du fait même de la relativité des échelles, l'échelle correspondant à cette structure a dû varier. En d'autres termes, un déplacement dans l'espace-temps doit induire un effet de dilatation ou de contraction des échelles internes de l'électron.

Or on trouve que ce champ de dilatation induit par les déplacements peut s'identifier au champ électromagnétique, ayant toutes ses propriétés. Si l'on fait maintenant le même raisonnement pour n'importe quelle autre des structures internes, et que l'on compare les deux effets, on trouve… la relation d'invariance de jauge. Cependant, dans cette invariance de jauge reconstruite, la fonction qui était arbitraire ne l'est plus, car elle s'identifie à un rapport entre échelles (en logarithme). L'invariance de jauge peut ainsi se ramener à une invariance d'échelle (dans le cadre du sens nouveau donné aux résolutions spatio-temporelles).

Cette nouvelle interprétation de l'invariance de jauge n'a pas de conséquence en relativité d'échelle galiléenne (dans laquelle les résolutions ne sont pas limitées inférieurement). En revanche, elle permet l'obtention de

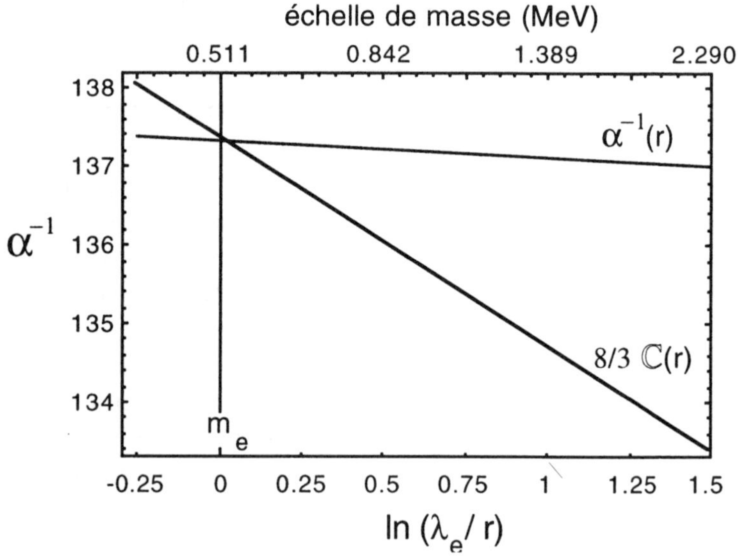

Figure 26. *Relation entre masse et charge de l'électron*. Ce diagramme est un agrandissement de la *figure* 25 autour de l'échelle de l'électron. La constante α_0 de la *figure* 25 est égale à la constante de structure fine α (portée ici) multipliée par 8/3. La convergence observée à l'échelle de masse de l'électron entre α^{-1} (asymptotique) et $8\mathbb{C}/3$, où $\mathbb{C}(r) = \ln(r/\mathbb{\Lambda})$, est prévue par la nouvelle théorie et permet de calculer la masse de l'électron à partir de sa charge.

résultats nouveaux dans le cadre des lois d'échelles lorentziennes où l'échelle de Planck devient une échelle minimale. Rappelons-nous, en effet, que les conditions de quantification en mécanique quantique viennent de l'existence de conditions aux limites. Par exemple, c'est la contrainte qu'ont les angles de toujours varier entre 0 et 360° qui implique la quantification universelle des moments angulaires. Il en est de même ici. La limitation par l'échelle de Planck des rapports d'échelle possibles implique la quantification des charges et permet d'écrire des relations nouvelles entre masses et charges, qui sont bien vérifiées expérimentalement (voir les structures des *figures* 25 et 26)[7].

Chapitre XIX

COSMOLOGIE

Les applications en cosmologie de la relativité d'échelle sont de deux ordres[8]. L'un étudie les conséquences sur la description de l'univers primordial (théorie du big bang) des nouvelles lois de dilatation introduites dans le domaine microscopique. L'autre envisage que des lois d'échelle lorentziennes puissent aussi s'appliquer aux très grandes échelles, ce qui conduirait à l'introduction d'une échelle de résolution maximale, indépassable et invariante sous les dilatations, possédant les propriétés physiques de l'infini.

L'univers primordial est l'un des domaines naturels d'application de la relativité restreinte d'échelle, et cela pour plusieurs raisons convergentes : en raison des grandes températures et des grandes énergies des premiers instants, la théorie du big bang avait déjà rapproché la théorie quantique et la cosmologie ; l'expansion de l'univers peut elle-même se décrire comme une loi d'échelle universelle (la dilatation au cours du temps de toutes les interdistances entre galaxies) ; de plus, la relativité d'échelle apporte des corrections nouvelles importantes aux très petites échelles, aussi bien spatiales que temporelles, qui sont justement l'apanage des « premiers instants ».

Le problème de l'origine

Une première conséquence touche au problème de l'origine. Le point zéro, spatial ou temporel, n'ayant plus de sens physique (plus d'existence !) dans le cadre relativiste d'échelle, on ne saurait plus faire commencer l'expansion à l'instant $t = 0$. La singularité posait d'ailleurs un problème pour certains modèles cosmologiques : par exemple, dans le modèle hyperbolique ouvert (celui qui semble favorisé par les observations actuelles), l'univers est infini dans sa topologie la plus simple, et cela à tout instant t différent de zéro, aussi petit soit-il, alors que sa partie spatiale disparaît « d'un coup » à l'instant $t = 0$! En relativité d'échelle, ce problème ne se pose plus, car l'expansion débuterait asymptotiquement à partir de l'échelle de Planck, pour laquelle l'espace-temps est complètement dégénéré (le temps de Planck est un « horizon »).

Mais il semble de toute façon prématuré de tenter d'appréhender cette période, sachant que nous sommes sans doute très loin d'en comprendre les lois. Il ne suffit peut-être pas de construire une théorie de la gravitation quantique pour appréhender ce domaine. En effet, une telle tentative (qui n'a pas abouti à ce jour) repose sur l'idée que la gravitation devrait être décrite par la théorie quantique des champs quand effets quantiques et effets gravitationnels deviennent du même ordre. Mais s'il ne fait aucun doute que la théorie actuelle de la gravitation devient insuffisante à l'échelle d'énergie de Planck, on oublie souvent qu'il en est très probablement ainsi de la théorie quantique elle-même ! Ce sont toutes nos théories physiques qui sont à « remettre à zéro » à cette énergie, et nous sommes probablement encore très loin d'entrevoir même ce que sera cette théorie unifiée.

Il faut ajouter à cela que, durant les tout premiers instants du big bang, il n'y a plus d'échelle statique à laquelle rapporter les intervalles de longueur et de temps : seuls gardent un sens les rapports de dilatation et de contraction. En d'autres termes, parler d'époques telles que 10^{-30} s après la singularité ou de rayon d'univers de 10^{-25} cm n'a probablement aucun sens physique.

Horizon et causalité

Un des problèmes pour lesquels la relativité d'échelle propose une solution nouvelle est celui de l'horizon et de la causalité. Rappelons son énoncé : l'Univers est rempli d'un bain de photons à la température de 2.73 kelvins, fossile des premiers instants. Si l'on observe ce rayonnement de corps noir cosmologique dans deux directions opposées du ciel, on trouve que sa température (une fois corrigée de notre mouvement propre par rapport à lui) est pratiquement la même, à environ 10^{-5} près. Or, en raison de l'existence de la singularité initiale, les régions de l'Univers d'où provient ce rayonnement n'ont jamais pu être causalement reliées dans leur propre passé. Comment, dans ces conditions, peuvent-elles montrer la même température (sachant qu'un corps noir est un rayonnement en équilibre thermodynamique avec ses sources, et que sa thermalisation se fait précisément par interactions continuelles) ? La réponse qu'on apporte en général à ce problème est que l'Univers primordial aurait connu une phase d'inflation (c'est-à-dire d'expansion exponentielle) qui aurait permis de relier toutes les régions aujourd'hui observées. Mais cette solution est à la fois *ad hoc* et partielle. Elle ne relie entre elles que les régions de l'Univers aujourd'hui observables, et ne serait plus valable dans un avenir très lointain, sans compter qu'elle nécessite l'introduction d'un nouveau champ d'interaction (et même de toute une gamme de champs) totalement inobservé et dont rien, par ailleurs, ne vient confirmer l'existence.

En relativité d'échelle, le problème ne se pose pas, grâce aux nouvelles lois de dilatation qui prennent la forme de la transformation de Lorentz (voir *figure* 27). Ces lois impliquent que n'importe quelle distance, mesurée à la résolution de Planck, aurait la longueur de Planck. Un tel énoncé peut sembler, au premier regard, extrêmement paradoxal, pour ne pas dire absurde. La taille de ce livre, le diamètre de la Terre, notre distance à la nébuleuse d'Andromède, l'Univers lui-même se réduiraient (même aujourd'hui, pas seulement au cours du big bang) à l'échelle de Planck ! Mais une simple expérience de pensée montre qu'il en est bien ainsi, sans contradiction aucune. Pour faire une mesure *effective* de n'importe laquelle de ces longueurs à la résolution de Planck, il faut construire une règle dont les graduations sont séparées par la longueur de Planck. Mais les relations de Heisenberg généralisées dans le nouveau cadre énoncent qu'il faudrait une énergie-impulsion infinie ne serait-ce que pour tracer de telles graduations, ou pour les comparer aux longueurs à mesurer. Où trouver une telle énergie ? Seul l'Univers dans son ensemble peut la fournir (et encore, uniquement s'il est infini). Il faudrait, pour faire une telle mesure, injecter l'ensemble de l'Univers dans l'échelle de Planck, ce qui se ramène finalement à l'énoncé initial (qui traduit, bien sûr, en dernier recours, l'impossibilité de faire des mesures explicites à la résolution de Planck).

Appliquée aux premiers instants, cette nouvelle structure implique que tous les points de l'Univers se trouvent automatiquement reliés à l'époque de Planck, ce qui règle le problème de causalité (*figure* 27).

Echelle maximale et constante cosmologique

Un des principaux résultats de l'approche relativiste concerne l'universalité de la transformation de Lorentz. L'application du principe de relativité aux lois de dilatation vers les petites échelles mène à l'introduction d'une échelle minimale, invariante sous les dilatations. Mais qu'en est-il si l'on applique les mêmes principes vers les très grandes échelles, c'est-à-dire à la cosmologie. On obtient alors un résultat semblable : l'apparition d'une

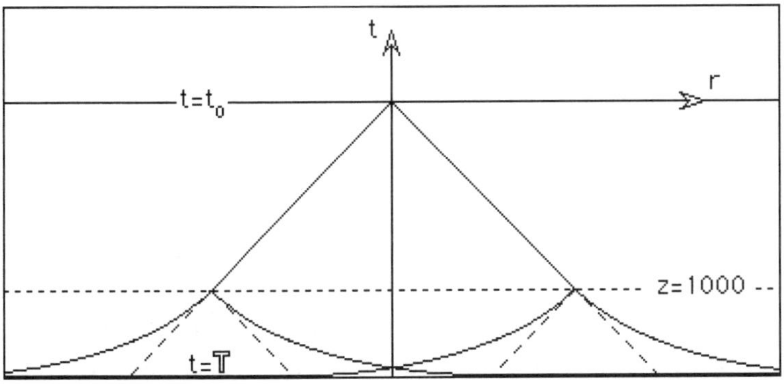

Figure 27. *Evasement des cônes de lumière* vers l'époque de Planck en relativité d'échelle restreinte. Dans ce nouveau cadre, tous les points de l'Univers ont pu communiquer entre eux dans le passé. L'axe horizontal correspond à l'espace et l'axe vertical au temps. Le bas du diagramme est le big bang (qui débute dans la nouvelle théorie asymptotiquement à partir du temps de Planck. La ligne pointillée (z = 1 000) correspond à l'époque de la combinaison des noyaux et des électrons en atomes. L'époque actuelle est en haut ($t = t_0$).

échelle maximale, invariante sous les dilatations, horizon pour les résolutions possibles dans la nature, et qui posséderait les propriétés physiques de l'infini de même que l'échelle minimale possède celles du zéro. Là encore, il faut bien comprendre qu'il ne s'agit en rien d'une barrière, d'une limite ou d'une finitude au sens ordinaire du terme. A la question : peut-on considérer une échelle donnée, et la multiplier par 2, puis par 2, etc. à l'infini ?, la réponse reste toujours oui. En revanche, c'est le résultat de ces multiplications successives qui se trouve maintenant limité. Les deux premiers produits donneront un peu moins que quatre, le troisième moins que huit, etc. Il s'agit d'une limite pour les résolutions possibles dans la nature, qui ne prend de sens que dans le nouveau cadre où celles-ci sont devenues des variables explicites, intrinsèques à la nature de l'espace-temps, redevenu fractal aux très grandes échelles.

S'il est naturel d'identifier l'échelle minimale avec l'échelle de longueur de Planck $\mathbb{\Lambda}_{\mathbb{P}}$, qu'en est-il de l'échelle maximale ? Existe-t-il déjà une échelle de longueur, fournie par la théorie ou l'observation, et dont les propriétés pourraient être réinterprétées (et mieux comprises) en termes de cette échelle maximale ?

La relativité générale d'Einstein fournit bien une échelle invariante dont le sens n'est pas clair et qui a déjà fait couler beaucoup d'encre : c'est l'échelle de la constante cosmologique. Cette constante a été introduite par Einstein, en 1917, dans ses équations du champ de gravitation, pour permettre des solutions cosmologiques statiques (en accord avec les résultats d'observations stellaires de l'époque, qui se réduisaient à notre propre galaxie, laquelle est globalement statique) satisfaisant au principe de Mach[9]. L'identification par Hubble des nébuleuses spirales comme objets extragalactiques en 1924, puis la découverte de l'expansion de l'Univers semblèrent rendre cette constante non nécessaire. Cependant, Elie Cartan avait démontré entre-temps que les équations d'Einstein avec constante cosmologique constituaient la solution générale du problème que s'était posé Einstein, aussi n'y a-t-il aucune raison de l'exclure *a priori*.

Or il se trouve que la constante cosmologique Λ a la dimension d'une courbure, si bien qu'elle est l'inverse du carré d'une certaine longueur cosmique : $\Lambda = 1/\mathbb{L}^2$. Supposer une constante cosmologique nulle revient à prendre l'échelle cosmique $\mathbb{L}$ infinie, *a priori*. La petitesse de Λ (les limites observationnelles indiquent qu'elle est inférieure à $3\ 10^{-56}\ cm^{-2}$) manifeste simplement le fait que la longueur correspondante est à l'échelle cosmologique (voir *figure* 28).

Plusieurs arguments permettent d'identifier la nouvelle échelle de résolution maximale à cette longueur cosmique. Le premier est qu'il est étrange de voir une longueur invariante, statique comme l'est $\mathbb{L}$, définie à une échelle de

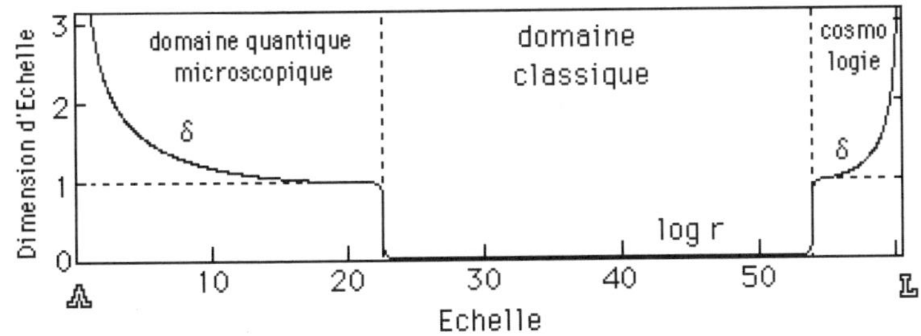

Figure 28. *Variation, en fonction de la résolution, de la dimension fractale effective* (donnée par $D = \delta + 1$) *des géodésiques de l'espace-temps, en relativité d'échelle restreinte.* Il apparaît dans ce cadre une échelle de résolution minimale, identifiée à l'échelle de Planck, et une échelle maximale, liée à la constante cosmologique. La symétrie d'échelle est brisée en deux échelles de transition (non absolues), qui séparent l'espace des échelles en trois domaines : un domaine classique, intermédiaire, où l'espace-temps ne dépend pas explicitement des résolutions car les lois du mouvement sont dominantes par rapport aux lois d'échelle ; et deux domaines asymptotiques vers les très petites et très grandes échelles (microscopique et cosmologique) où les lois d'échelles dominent celles du mouvement, ce qui rend explicite la structure fractale sous-jacente de l'espace-temps.

longueur de l'ordre de la taille de l'Univers, où tous les objets physiques réels sont *a priori* entraînés par l'expansion. Le deuxième est un calcul de gravitation quantique fait par S. Hawking, selon lequel la probabilité des valeurs possibles de Λ est maximale pour la valeur zéro, c'est-à-dire $\mathbb{L}$ infinie. Mais ce calcul est fait dans un cadre où les lois de dilatation sont les lois ordinaires (qui correspondent à une relativité « galiléenne » d'échelle). Généralisé à des lois lorentziennes, on prévoit que la valeur la plus probable de $\mathbb{L}$ soit maintenant donnée par l'échelle qui joue le rôle de l'infini dans le nouveau cadre, c'est-à-dire l'échelle maximale, invariante sous les dilatations.

L'existence des deux échelles minimale et maximale introduit ainsi dans la théorie un nombre pur $\mathbb{K}$, invariant, donné par le rapport de ces deux longueurs $\mathbb{K} = \mathbb{L} / \mathbb{\Lambda}_{\mathbb{P}}$, dont la valeur est de l'ordre de 5×10^{60}. L'existence de ce nombre, qui correspond à un rapport de dilatation maximal possible entre résolutions, permet la compréhension de certaines relations cosmologiques empiriques (appelées coïncidence des grands nombres d'Eddington-Dirac), jusqu'ici obscures. Voyons comment.

Densité d'énergie du vide

Zeldovich a tenté d'élucider la nature de la constante cosmologique à partir de la remarque suivante (due initialement à Lemaître). Dans les équations d'Einstein, la constante cosmologique joue *a priori* un rôle géométrique. Mais il se trouve que sa contribution a la même forme que celle que donnerait une densité d'énergie du vide quantique. Rappelons que le vide, en mécanique quantique, n'est pas le néant : c'est l'état d'énergie minimum d'un champ, qui n'est pas *a priori* nul (c'est ce qui permet à l'électron de ne pas s'écrouler sur le noyau dans un atome). D'où l'idée que la constante cosmologique soit la manifestation de la densité d'énergie de tous les points zéros des différents champs existant dans la nature. Plus généralement, la constante cosmologique vraie doit être la somme d'une éventuelle constante géométrique et de la densité du vide. Malheureusement, si l'on veut calculer cette densité d'énergie, on trouve... l'infini ! Peut-être ne faut-il intégrer les points zéros des champs que jusqu'à l'échelle de Planck, qui représente une sorte de barrière de la physique dans la théorie standard : on trouve alors une constante cosmologique effective 10^{120} fois plus grande que ses estimations astrophysiques !

La solution proposée à ce problème en relativité d'échelle (voir *figure* 29) consiste à décrire le vide comme un fractal et à considérer sa densité d'énergie non comme un nombre, mais comme une fonction explicite de

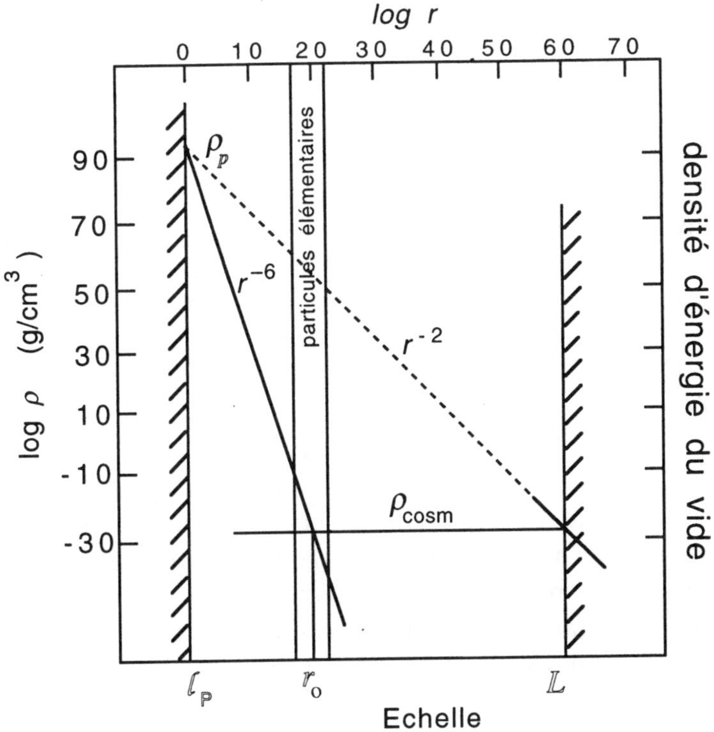

Figure 29. *Variation en fonction de la résolution de la constante cosmologique effective* (proportionnelle à une densité d'énergie du vide). Elle est calculée comme la somme d'une constante géométrique, ρ_{cosm}, et de l'auto-énergie gravitationnelle des fluctuations du vide quantique, qui varie comme $1/r^6$. Ces deux termes se croisent dans le domaine d'échelle des particules élémentaires (≈ 1 MeV à 100 GeV). Le fait que la densité varie comme l'inverse de la sixième puissance de l'échelle, alors que la constante cosmologique varie comme l'inverse du carré de la longueur cosmique, permet d'expliquer la relation empirique de Dirac $(\mathbb{L}/\mathbb{l}_p) = (\mathbb{r}_0/\mathbb{l}_p)^3$, où on a dénoté ici $\mathbb{l}_p$ la longueur de Planck.

l'échelle, en accord avec la méthode de base de cette théorie. Il n'y a alors pas de raison d'attribuer à l'Univers (à l'échelle cosmologique) la valeur de la densité d'énergie calculée à l'échelle de Planck. En fait, l'énergie est définie à une constante additive près, si bien que le vide peut fort bien se ramener à une énergie nulle. En revanche, en ce qui concerne les *fluctuations* de l'énergie du vide, si celles-ci s'annulent en moyenne, leur carré moyen ne saurait s'annuler du fait des relations de Heisenberg. Or ces fluctuations vont interagir gravitationnellement les unes avec les autres, et produiront une auto-énergie de couplage gravitationnel qui, elle, ne peut être évitée. La densité de cette auto-énergie varie en fonction de l'échelle comme l'inverse du carré du volume, ce qui permet de proposer une explication partielle à la relation des grands nombres de Dirac. Celle-ci énonce que l'échelle des particules élémentaires se trouve au tiers de l'échelle de l'Univers dans l'espace des échelles en notation logarithmique (voir *figures* 3 et 29), ce qu'on obtient effectivement par le calcul de relativité d'échelle. On obtient alors une valeur acceptable de la constante cosmologique ($1.36\ 10^{-56}\ cm^{-2}$)[10], donc de l'échelle de longueur maximale[11]. Il faudra attendre des mesures astrophysiques directes pour voir confirmer ou infirmer cette possibilité.

Chapitre XX

FORMATION ET EVOLUTION DE STRUCTURES

Venons-en, pour finir, à l'une des propositions de la nouvelle approche dont les conséquences pourraient être les plus larges : l'idée que le formalisme de la relativité d'échelle (y compris certains de ses outils de type quantique) puisse s'appliquer (sur de relativement grandes échelles de temps et au prix d'une interprétation différente) à des systèmes considérés jusqu'à maintenant comme strictement classiques.

La raison d'une telle proposition est la suivante : comme nous l'avons montré rapidement dans la Quatrième Partie, l'équation de Schrödinger peut être obtenue d'une manière très générale à partir de l'équation fondamentale de la dynamique. Dans toutes les situations où l'on ne peut plus attribuer aux corps des trajectoires individuelles bien précises, car ils peuvent suivre un grand nombre de trajectoires potentielles ; où chacune de ces trajectoires virtuelle est une courbe fractale de dimension 2 (ce qui correspond à une perte totale d'information) ; où, enfin, il y a irréversibilité aux petites échelles de temps ; dans tous ces cas, on peut remplacer la dynamique classique déterministe par une description statistique en termes d'amplitude de probabilité et d'équation de Schrödinger. Le carré de cette amplitude donnera alors la densité de probabilité de la structure recherchée (que les particules individuelles ne font que traverser). G. Ord est également arrivé récemment à une conclusion semblable concernant l'universalité de l'équation de Schrödinger, de même que G. Reinisch (Observatoire de la Côte d'Azur).

Il faut, bien sûr, insister encore sur le fait que la théorie correspondante n'est *pas* la mécanique quantique standard, telle qu'elle est appliquée aux atomes et aux particules. Dans le domaine microphysique où elle porte sur des objets élémentaires, elle est associée à une interprétation et à une théorie de la mesure qui n'ont aucune raison de rester valables en macrophysique.

L'avantage de la nouvelle description est qu'elle peut se faire en termes de fonctions d'onde, solutions d'une équation de Schrödinger généralisée, dont une densité de probabilité pourra se déduire. Celle-ci s'interprète alors comme tendance du système à former des structures. En abandonnant l'espoir de suivre les trajectoires individuelles, on gagne la possibilité de décrire une auto-organisation, une morphogenèse de systèmes complexes. En effet, l'une des propriétés de la théorie quantique est de prédire des structures caractéristiques de morphologie bien déterminée (du type des orbitales atomiques), d'une manière qui est liée aux conditions aux limites et aux diverses contraintes spatio-temporelles auxquelles est soumis le système. Des solutions stationnaires peuvent être obtenues indépendamment de toute condition initiale, ce qui permet de régler des problèmes du type de « l'œuf et la poule ».

Structures gravitationnelles

Il paraissait logique de tenter, dans un premier temps, de valider la nouvelle théorie dans le domaine même où le chaos fut pour la première fois mis en évidence, la mécanique céleste. Cela s'imposait d'autant plus que notre propre système solaire semble montrer de nombreuses structures dont toutes ne sont pas bien expliquées par le modèle standard de formation (distribution des distances des planètes, de leur moment angulaire, de leur masse...).

Il s'agit d'appliquer la nouvelle théorie à des corps plongés dans un champ de gravitation. Cela impose des contraintes nouvelles, qui vont distinguer encore plus la théorie de son pendant microphysique. La principale de ces contraintes est le principe d'équivalence d'Einstein, qui doit rester valable dans le nouveau cadre. Cela se traduit par le fait que, dans l'équation des géodésiques généralisée (qui se transforme en équation de Schrödinger), la masse inerte de l'objet dont on suit le mouvement doit disparaître. De plus, dans le problème de Kepler, on s'attend que les fluctuations fractales croissent avec la masse gravitationnelle active du corps central, comme c'est déjà le cas pour la courbure de l'espace-temps. Le résultat de ces deux contraintes est qu'au lieu de voir apparaître, comme en microphysique, une constante ayant la dimension d'un moment angulaire (qui s'identifie à la constante d'action de Planck, $\hbar$), *on prédit l'apparition d'une constante w ayant la dimension d'une vitesse.* On prévoit ainsi une quantification universelle des *vitesses* des corps astronomiques : comme nous allons le voir, cette prédiction est maintenant vérifiée par les données d'observation depuis notre propre système solaire jusqu'aux échelles cosmologiques.

Problème de Kepler

En appliquant la nouvelle théorie au problème de Kepler d'un corps orbitant dans un potentiel central (qui peut correspondre à des planètes autour d'une étoile ou encore à des systèmes doubles d'étoiles, de galaxies ou d'autres astres), on trouve que, contrairement aux prédictions de la théorie classique, toutes les distances ne sont plus équiprobables. La distribution des probabilités montre des pics marqués pour des valeurs quantifiées de la distance. En fonction d'un certain nombre quantique entier *n*, on prédit que les distances doivent varier comme n^2 et les vitesses comme $v_n = w/n$.

Galaxies

Or, il y a une vingtaine d'années, un effet statistique de quantification des différences de décalage spectral entre les deux membres de paires de galaxies était découvert par William Tifft de l'université d'Arizona[12]. Traduites en vitesse radiale (celle-ci est la composante de la vitesse sur la ligne de visée, qui se manifeste via l'effet Doppler-Fizeau par le décalage spectral), ces différences n'avaient pas la distribution continue attendue, mais se concentraient autour de valeurs particulières comme 144 km/s, 72 km/s, 36 km/s et 24 km/s (voir *figures* 30 et 31). Cet effet rencontra d'abord le plus grand scepticisme, mais il fut par la suite confirmé par de nombreux auteurs, et retrouvé dans d'autres situations, y compris à l'échelle plus globale de notre superamas local de galaxies[13]. Il semblait si étonnant et incompréhensible qu'il amena son auteur et d'autres astrophysiciens à envisager que les décalages spectraux concernés aient une origine autre que l'effet Doppler-Fizeau. Une telle interprétation, qu'aucune théorie solide ne soutenait, aurait ébranlé les bases mêmes de la cosmologie.

La relativité d'échelle rend compte de ces pics[14], sans pour autant devoir abandonner l'interprétation des décalages vers le rouge en termes d'effet Doppler. Au contraire, c'est bien en identifiant les décalages spectraux à de vraies vitesses que l'effet s'explique. Ce résultat est confirmé par l'étude des positions relatives des galaxies dans les paires.

Un autre effet du même type, mais à l'échelle du superamas local de galaxies (≈ 30 Mpc) a été aussi découvert par Tifft et récemment confirmé par Guthrie et Napier[16]. Il peut également être interprété dans les mêmes termes (*figure* 31), suivant notre prédiction que certaines valeurs des vitesses sont plus probables que d'autres.

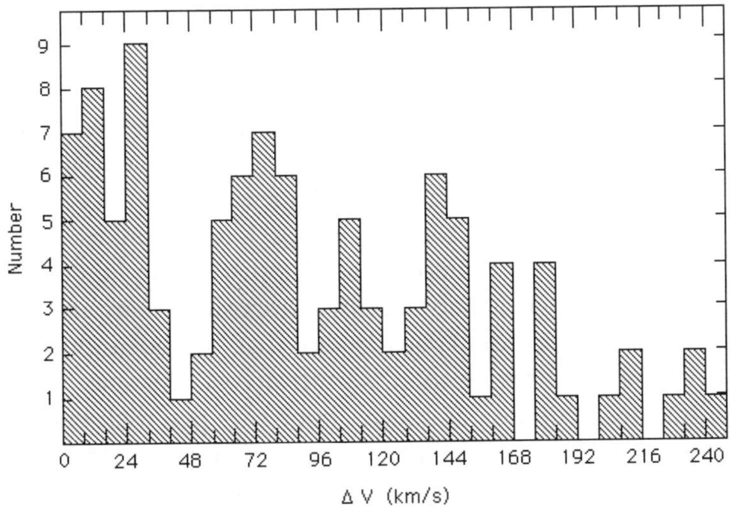

Figure 30. *Adéquation entre prédictions théorique et observation pour les paires de galaxies :* ce diagramme donne la distribution de la différence des vitesses radiales 21 cm (à haute précision) entre les deux membres de paires de galaxies isolées, dans l'échantillon de Schneider et Salpeter. On s'attend à trouver des pics de probabilité pour les vitesses v_n = 144/n km/s, où n est un nombre entier. Effectivement, on peut montrer que les pics à 144 km/s, 72 km/s et 24 km/s sont statistiquement significatifs et se retrouvent dans la distribution des positions relatives projetées[15].

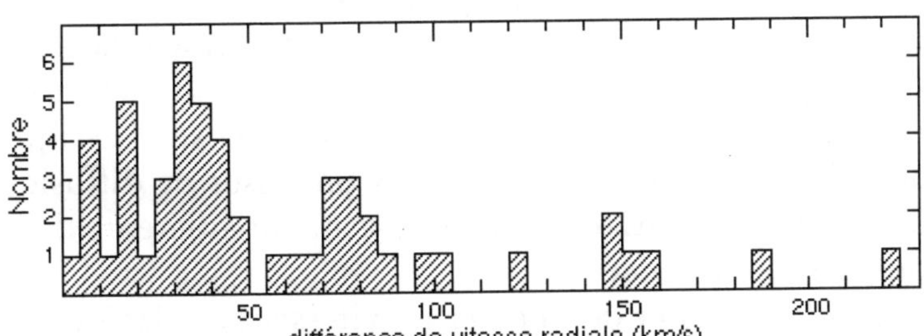

Figure 31. *Adéquation entre prédiction théorique et observations à l'échelle du superamas local de galaxies*. Ce diagramme donne la distribution de la différence des vitesses radiales entre couples de galaxies membres de groupes, dans l'échantillon de Guthrie et Napier, confirmant l'existence attendue de pics de probabilité en ≈ 144, 72, 36 et 18 km/s.

Système Solaire

Nous pouvons maintenant passer à l'étude de notre Système solaire, armés de la conjecture que la nouvelle constante fondamentale macroscopique vaut w_0 = 144 km/s, ou un ses multiples ou sous-multiples. L'intuition de l'existence d'une loi de structuration des distances planétaires remonte à Kepler. De nombreuses propositions empiriques ont été faites (lois de Titius-Bode), mais se sont montrées peu convaincantes et non significatives, car pas assez contraintes (trop de paramètres pour trop peu d'objets).

Notre prédiction d'une loi en n^2 apporte un jour nouveau sur cette question, car elle est faite sans aucun paramètre libre (sachant que la constante de base elle-même, w_0 = 144 km/s, bien que non prédite théoriquement, est prédéterminée par les observations extragalactiques, qui sont totalement indépendantes des données planétaires). Il avait déjà été remarqué, d'ailleurs, que des lois empiriques en n^2 donnaient un bien meilleur ajustement de notre système planétaire que les lois d'échelle[17]. On peut également rappeler à cette occasion la tentative de H. Jehle[18], qui avait proposé dès 1938 d'appliquer la toute récente mécanique quantique au Système solaire, et celle de Ph. Blanchard[19], de l'université de Bielefeld en Allemagne, qui avait utilisé la mécanique stochastique de Nelson comme description des processus de diffusion dans le disque initial (mais d'une manière différente de la proposition faite ici).

Il suffit en effet de calculer les vitesses des planètes du Système solaire interne (planètes telluriques) pour vérifier aussitôt que notre prédiction théorique est vérifiée dans ses moindres détails (*figure* 32). Les vitesses des planètes du Système solaire interne sont effectivement données par $v_n = w_0/n$ km/s, où $w_0 = 144.3 \pm 1.2$ km/s, et où Mercure, Vénus, la Terre et Mars prennent respectivement les rangs $n = 3, 4, 5$ et 6 : on retrouve, dans notre propre système planétaire, les valeurs des vitesses observées dans les effets de quantification des décalages spectraux de galaxies, à des échelles 10^{12} fois plus grandes : ≈ 48 km/s pour Mercure, ≈ 36 km/s pour Vénus, ≈ 29 pour la Terre, ≈ 24 pour Mars !

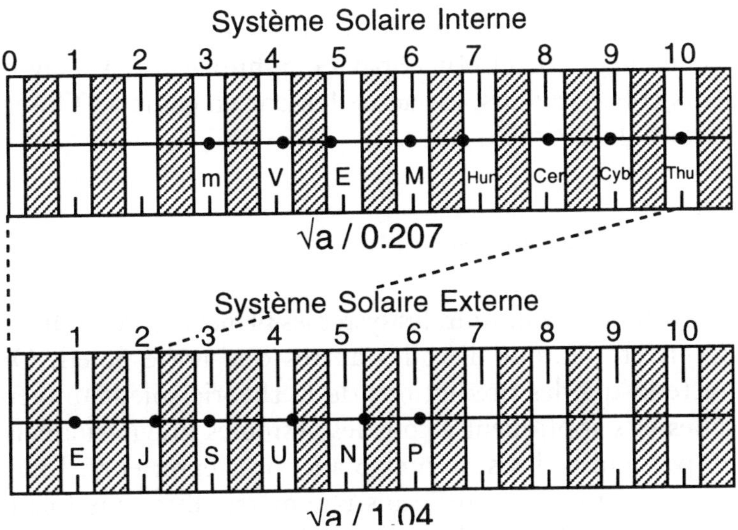

Figure 32. *Adéquation entre théorie et observations dans notre Système solaire* : la figure compare les positions observées des planètes à la prédiction théorique (blanc : pics de densité de probabilité ; gris : minima de densité de probabilité). Le Système solaire interne dans son ensemble est l'orbitale $n = 1$ du système externe, ce qui permet de raccorder les constantes des deux systèmes.

Cette loi s'étend jusqu'à la ceinture d'astéroïdes, où les principaux pics (en masse) correspondent à $n = 7$ à 10. Sa validité pour les systèmes de satellite autour des planètes géantes a été récemment confirmée avec une haute signification statistique[20]. On notera que Mercure n'est pas la première planète dans ce cadre, mais la troisième. Deux orbitales intramercurielles sont donc prévues, l'une à ≈ 0.18 UA ($n = 2$) et l'autre à ≈ 0.05 UA du Soleil ($n = 1$).

S'il semble très improbable qu'un petit corps ait pu subsister à ≈ 0.05 UA du Soleil (il serait vite évaporé), l'existence d'une petite planète à 0.18 UA n'est pas totalement exclue[21]. Sa masse devrait être inférieure au 1/1 000 de celle de la Terre, pour ne pas perturber le résultat bien établi de l'avance du périhélie de Mercure prévu par la relativité générale d'Einstein (42.98 secondes d'arc par siècle, la valeur observée étant 43.11 ± 0.21). La recherche d'un tel objet, par G. Schumacher, J. Gay et leurs collaborateurs, est actuellement en cours à l'Observatoire de la Côte d'Azur.

Planètes extrasolaires

Evoquons, pour finir, les systèmes planétaires récemment découverts autour d'étoiles autres que notre Soleil. On s'attend que les prédictions de la théorie soient universelles et s'appliquent à tous les systèmes gravitationnels, en particulier les systèmes planétaires extérieurs. Etant totalement contraintes, sans paramètre libre, une fois la valeur de w_0 fixée, elles peuvent être comparées aux nouvelles observations, y compris à des systèmes où une seule planète existe (ou a été découverte). Le résultat est remarquable (*figure* 33), en particulier par le fait que l'orbitale fondamentale à ≈ 0.05 UA (pour une masse solaire) est déjà réalisée par trois planètes, dont la première qui ait été découverte, 51 Peg B. Cette courte distance à son étoile avait semblé étonnante au moment de sa découverte, alors qu'on peut rappeler qu'elle avait été prédite plusieurs années auparavant par la relativité d'échelle[22]. Ainsi, même si pour des raisons particulières d'évolution, les orbitales $n = 1$ et 2 ne sont pas réalisées dans notre propre système planétaire, les systèmes extrasolaires ont d'ores et déjà démontré leur existence : la vitesse moyenne des trois exoplanètes les plus proches de leur étoile est

≈ 144 km/s et celle des deux suivantes ≈ 72 km/s, qui sont précisément les vitesses observées dans les différents « effets Tifft » galactiques et extragalactiques !

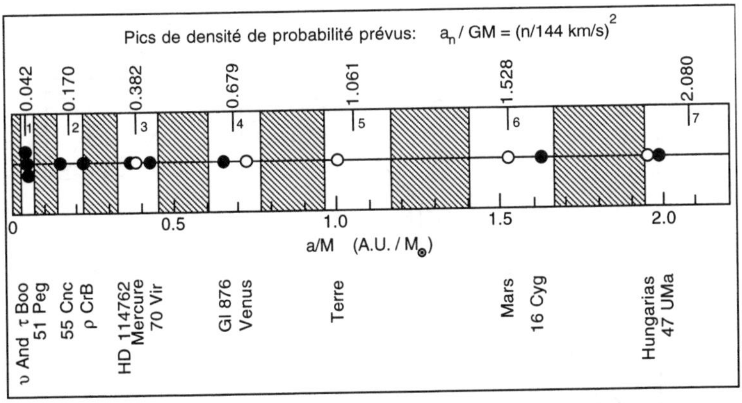

Figure 33. *Adéquation entre prédictions théoriques et observations pour les exoplanètes.* Ce diagramme compare, pour le Système solaire interne et les planètes extrasolaires récemment découvertes, les valeurs prédites aux valeurs observées des demi-grands axes des orbites planétaires (les zones de haute probabilité sont en blanc, celles de basse probabilité en grisé). Les pics de probabilité ne sont pas ajustés, mais sont fixés *a priori* (ils correspondent à la constante w_0 = 144 km/s). La probabilité d'obtenir une telle configuration par hasard est inférieure à 1/10 000.

Planètes autour d'un pulsar

Plus extraordinaire encore est le cas des trois planètes découvertes autour du pulsar PSR B1257 + 12. L'accord avec la théorie est si précis que les termes du second ordre peuvent être éprouvés[23]. En effet, la conservation de l'énergie implique que, en l'absence de perturbation, les planètes doivent se trouver aux valeurs moyennes des distributions de probabilité, qui sont légèrement différentes des pics, en $n^2 (1 + 1/2n)\, a_0$ au lieu de $n^2\, a_0$. L'accord est au niveau de quelque 10^{-4} (voir *figure* 34), dix fois meilleur qu'avec la formule en n^2 (pour laquelle il serait déjà remarquable).

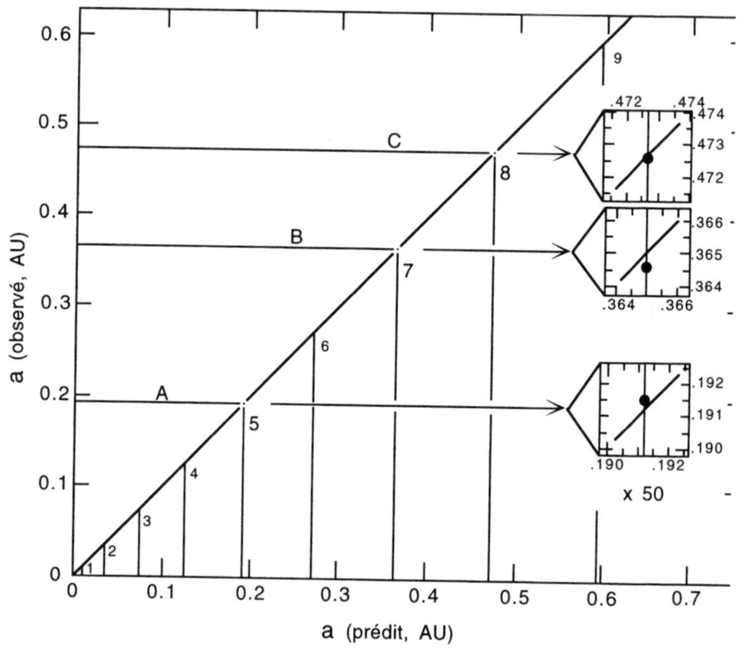

Figure 34. *Adéquation entre théorie et observations pour le système de trois planètes autour du pulsar PSR B1257 + 12.* Le diagramme compare les valeurs observées des demi-grands axes des trois planètes orbitant autour du pulsar PSR B1257 + 12 aux valeurs possibles prédites théoriquement. L'accord entre prédiction et observations est beaucoup plus précis que la résolution du diagramme, aussi trois encarts grossis par un facteur ≈ 50 ont été insérés pour montrer les faibles différences résiduelles. On a supposé, ici, que la masse du pulsar était de 1.48 masse solaire, ce qui correspond à une vitesse dans l'état fondamental pour ce système de 3 w_0. La qualité de l'alignement ne dépend pas de ce choix, seulement la valeur de la pente. La probabilité d'obtenir par hasard une telle configuration serait de l'ordre de 1/100 000.

Remarquons, pour finir, que ces résultats ne sont qu'une partie d'un ensemble beaucoup plus vaste de structures prédites par la théorie. Vers les échelles extrêmement grandes et petites (temporellement et spatialement), d'autres conséquences plus ultimes de la relativité d'échelle sont attendues.

Dans le cas des systèmes gravitationnels, seul le problème de Kepler a été évoqué ici, mais d'autres types de quantifications sont prédits et ont pu être confirmés pour d'autres potentiels, le cas extragalactique (univers à grande échelle) étant particulièrement intéressant. Des vérifications de la théorie dans de multiples systèmes sont en cours, sur une vaste gamme d'échelles (système solaire très interne, satellites des planètes géantes[24], astéroïdes et comètes, étoiles doubles[25], zones de formation d'étoiles, dynamique galactique, groupes et amas de galaxies...).

Conclusion

Nous avons voulu montrer dans cet ouvrage comment le principe de relativité n'est pas un principe définitivement figé, mais évolutif, et présenter les grandes lignes d'une tentative actuelle pour le généraliser. Nous avons tenté de décrire ici les principes physiques sous-jacents à la nouvelle théorie, et aussi essayé de présenter (de manière non exhaustive) quelques conséquences possibles de cette approche. Comme nous l'avons vu, la théorie de la relativité d'échelle permet en effet de proposer des solutions concrètes à un certain nombre de problèmes restés non résolus dans le cadre de la physique actuelle.

Mais la relativité d'échelle, étant aussi une extension du mode de pensée relativiste, permet d'apporter un éclairage nouveau sur des questions qui vont au-delà de la seule physique. Beaucoup de problèmes apparemment insolubles trouvent une solution par la seule extension de nos structures mentales. Ce qui paraît impossible à une époque donnée ne l'est plus un jour, non parce que le monde extérieur a changé, mais parce que notre esprit s'est ouvert à des possibilités nouvelles, auparavant cachées. En guise de conclusion (et d'ouverture, car nous ne sommes qu'au début d'une telle entreprise : il n'est pas impossible qu'il faille plusieurs siècles pour décrypter le foisonnement de structures impliquées par l'abandon de la différentiabilité), nous allons évoquer quelques-unes de ces questions.

L'introduction explicite des échelles dans notre mode de pensée peut aider à mieux comprendre certains problèmes relevant d'autres sciences que la physique. Ainsi, dans les sciences de la vie, s'est fait jour une tendance à réduire la description des systèmes vivants à leur code génétique ou à leurs gènes. Or ceux-ci, en particulier les plus évolués, se caractérisent par l'emboîtement de nombreux stades d'organisation : atomes, bases du code génétique, ADN, chromosome, noyau, cellule, tissu, organe, organisme. Il est possible d'envisager que tous ces niveaux coexistent, que chacun ait ses modes de fonctionnement propres, qu'aucun ne soit réductible aux autres, mais qu'ils soient tous reliés les uns aux autres. Chaque degré est essentiel et contient une information nouvelle irréductible à celle des niveaux précédents. Cette information circule aussi entre les échelles, de la petite vers la grande, mais également dans l'autre sens, assurant la cohésion de l'ensemble.

Dans le passage, il y a un milliard d'années, du monocellulaire au pluricellulaire, la nouvelle structure complexe n'a pas effacé l'ancienne : l'être pluricellulaire que nous sommes est un ensemble de cellules, tout en ne s'y réduisant pas, non une énorme cellule. C'est un nouveau niveau d'organisation qui est apparu. Non seulement il n'a pas supprimé le stade cellulaire, mais au contraire il le protège et augmente ses possibilités de survie.

Ce raisonnement peut être étendu à l'organisation sociale. Nous pouvons vivre au niveau des associations locales, de la ville, de la région, de la nation, de l'Europe, de la planète : aucun de ces niveaux ne doit se substituer aux autres, tous sont nécessaires, peuvent avoir leur mode d'organisation démocratique propre, et assurer la cohésion du tout par une double communication, entre éléments d'un même plan (par exemple les pays européens entre eux), mais aussi entre échelles différentes (Europe et Etats).

Une question qui a passionné physiciens et philosophes est celle de la nature du temps et de son écoulement. La relativité permet d'en élucider de nombreux aspects.

Tout d'abord, la relativité restreinte d'Einstein et Poincaré identifie le temps à une quatrième dimension de l'espace-temps. La raison pour laquelle nous n'en avons pas conscience, alors que nous avons conscience des trois dimensions de l'espace, est purement conjoncturelle. En effet, une rotation dans l'espace-temps est simplement un changement de vitesse relative. Comme nous n'avons accès, pour le moment, qu'à de toutes petites vitesses par rapport à la vitesse de la lumière, les rotations qui nous sont accessibles dans l'espace-temps sont minuscules, alors que nous pouvons tourner comme nous voulons dans l'espace. Si, un jour, l'homme accède à des vitesses proches de la vitesse de la lumière, il verra l'espace-temps !

La relativité restreinte implique également, par l'existence du cône de lumière, la séparation entre passé et futur et permet donc la causalité. Si l'espace-temps avait été euclidien, on aurait pu faire un tour complet dans l'espace-temps et retourner dans son passé simplement en accélérant, avec les problèmes de causalité que cela aurait provoqué. L'existence d'une vitesse maximale indépassable limite les rotations possibles et sépare le passé et le futur.

Venons-en maintenant à la question de l'écoulement du temps. Pourquoi le temps s'écoule-t-il ? Nous savons maintenant que le temps est une des coordonnées de l'espace-temps et que ce qui est temps dans un repère peut devenir espace dans un autre. Aussi, cette question ne peut avoir de sens en soi. On doit se demander si l'espace s'écoule aussi ! Or l'« écoulement » de l'espace, c'est le mouvement. Nous avons longuement insisté sur l'aspect naturel, inévitable, du mouvement. Il est dans la nature des choses que, par rapport à un repère quelconque, les trois coordonnées spatiales changent. C'est l'immobilité qui pose question, pas le changement. Même si nous croyons pouvoir parler du repos d'un corps macroscopique, ce n'est jamais qu'une approximation, et la mécanique quantique nous enseigne que les particules qui le composent ne sont jamais au repos. Le repos, en dernier recours, n'existe pas entre deux objets : même pour une température absolue nulle, qui est un horizon inatteignable, il faudrait tenir compte de l'énergie du vide. Il n'y a repos que dans un repère extrêmement particulier, qui est le repère propre à chaque objet, entraîné dans son mouvement.

Raisonnons maintenant, non plus dans l'espace au cours du temps, mais dans l'espace-temps. L'écoulement de la variable temporelle ne pose alors plus problème, au contraire. Les trois autres coordonnées (spatiales) relevant toujours du changement, il en est de même de la quatrième (temporelle). « Le changement est comme rien », dans l'espace et le temps... Pourtant, le repos dans l'espace existe bien, dans le repère propre à chaque objet. Qu'en est-il pour le temps ? Quand on parle de repère propre, on entend par là un repère entraîné avec l'objet, mais dans lequel le temps s'écoule (c'est le temps propre, qui définit l'invariant des théories d'Einstein). Mais on peut aller au-delà, et se placer dans *un repère totalement propre dans l'espace-temps,* qui est tout simplement le repère du *présent*. Dans ce système de référence de l'*ici et maintenant,* qui est finalement celui de chaque objet individuel, le temps ne s'écoule plus et l'invariant relativiste prend la forme qu'il a... pour la lumière, $ds = 0$! C'est un repère totalement libre et vide. Mais, bien sûr, l'extension et la multiplicité des objets impliquent la coexistence de plusieurs repères différents si bien que, dans les changements de repère, réapparaissent l'écoulement du temps et les différents phénomènes.

Si l'écoulement du temps peut ainsi se comprendre, qu'en est-il de sa flèche, c'est-à-dire du fait qu'il semble s'écouler dans le même sens pour tous les objets ? Cette manière de poser la question correspond, une fois encore, à une vision limitée à notre expérience courante de la réalité. Cela est vrai pour nous, corps macroscopiques, conscients de l'écoulement du temps à la résolution d'un centième de seconde au mieux et nous déplaçant à des vitesses infimes. Mais, changeons d'échelle et de mouvement, et imaginons-nous particules élémentaires, voyageant à des vitesses proches de celle de la lumière et maniant couramment les résolutions temporelles de 10^{-25} secondes. Que voyons-nous alors autour de nous ? Un flot de particules dont certaines vont dans le sens du temps, mais dont *d'autres remontent le cours du temps*. Feynman a en effet identifié les antiparticules à des particules qui remontent le cours du temps. Plus nous allons vers les petites échelles, plus le nombre de particules et d'antiparticules s'équilibre en raison des créations et annihilations de paires. Vers les très petites résolutions temporelles, c'est-à-dire à très haute énergie, il y a autant d'objets qui remontent le cours du temps que d'objets qui le descendent. Mieux, dans la description en termes de trajectoires fractales dans l'espace-temps, chaque particule individuelle oscille entre passé et futur aux très petites échelles, comme l'avait montré G. Ord dès le début des années 1980. La flèche du temps, elle aussi, est dépendante de l'échelle.

Une dernière question concernant le temps est celle de l'irréversibilité. Ce n'est pas l'irréversibilité ou la réversibilité des lois en soi qui posent problème, mais bien la coexistence des deux : l'un des principaux problèmes de la physique est justement la contradiction apparente entre réversibilité des lois fondamentales et irréversibilité des systèmes macroscopiques réels[1].

La relativité d'échelle ne va pas affirmer qu'en fait les « vraies » lois sont réversibles – ou irréversibles –, mais pose la question autrement : la réversibilité et l'irréversibilité n'y sont plus des notions absolues, mais deviennent relatives à l'échelle considérée.

Elle introduit tout d'abord un niveau local de description, plus profond que celui de la mécanique quantique actuelle. A ce niveau, les lois fondamentales sont irréversibles : il n'y a pas invariance par renversement du sens de l'élément infinitésimal temporel.

Les outils de la mécanique quantique sont ensuite reconstruits en combinant les deux sens de l'écoulement du temps : les lois obtenues, à un niveau plus global, redeviennent réversibles !

Puis la réduction du paquet d'onde réintroduit une irréversibilité fondamentale liée à la mesure dans le passage du quantique au classique. Pourtant, les lois de la mécanique classique du point sont réversibles (cette dernière transition reste problématique).

Le passage à la mécanique statistique d'un très grand nombre de particules réintroduit, avec la thermodynamique, une irréversibilité fondamentale décrite par la loi de l'entropie croissante. Avec le chaos dynamique, cela devient vrai même pour un petit nombre de corps : les lois de la mécanique céleste deviennent chaotiques dès le problème à trois corps. On retrouve alors l'irréversibilité sur les très grandes échelles de temps, au-delà de l'horizon de prédictibilité.

Enfin, nous avons vu dans la cinquième partie qu'on pouvait reconstruire sur cette base une théorie quasi quantique macroscopique, dans laquelle la réversibilité est retrouvée, non plus au niveau des trajectoires individuelles, mais à celui des structures considérées dans leur globalité.

Ainsi les lois de la physique peuvent connaître de nombreuses « transitions de phase » dans les changements d'échelle et passer de la réversibilité à l'irréversibilité et inversement.

Avant de conclure, ajoutons quelques mots sur le problème du zéro et de l'infini. Kant, voulant étudier le problème des limites du monde dans le temps et l'espace, avait abouti à l'une de ses antinomies de la raison pure. En se fondant sur l'impossibilité d'une série infinie de phénomènes et la nécessité de s'arrêter quelque part, la thèse affirme que « le monde a un commencement dans le temps et il est aussi limité dans l'espace ». Mais l'antithèse ne voit pas pourquoi l'on s'arrêterait ici plutôt que là et affirme que « le monde n'a ni commencement dans le temps ni limites dans l'espace, mais il est infini dans le temps comme dans l'espace ». Le but de Kant « n'est pas de se prononcer à la fin en faveur de l'un ou de l'autre parti, mais de rechercher si l'objet n'en serait point par hasard une pure illusion[2] ». L'introduction dans la nouvelle théorie d'échelles de résolution spatiales et temporelles finies et indépassables, mais qui possèdent les propriétés physiques du zéro et de l'infini, résout, nous semble-t-il, la contradiction.

Mais il ne faut pas oublier que cette solution s'obtient au prix d'un changement radical de la forme des lois de dilatation vers l'infiniment petit et vers l'infiniment grand. La nature de l'échelle de Planck et celle de l'échelle cosmique nous deviennent presque impensables. Il n'y a plus de lois à ces deux extrémités du monde des échelles, pour lesquelles la physique devient totalement dégénérée. Il faudrait un « microscope » possédant un grossissement infini pour « voir » la longueur de Planck. Inversement, la mesure à la résolution de Planck de n'importe quel intervalle de longueur, y compris de l'Univers entier, donnerait… la longueur de Planck ! Enoncé absurde ? Non, car cette mesure nécessiterait une énergie infinie, laquelle ne peut justement se trouver que dans l'Univers pris dans son ensemble. L'échelle de Planck contient tout l'Univers ! A l'autre extrémité, si l'on considère le monde à la résolution maximale donnée par la constante cosmologique, et qu'on veut doubler cette résolution, rien ne se passe : la résolution n'a pas doublé et le contenu mesuré n'a pas changé. L'existence d'une échelle cosmique invariante se traduit par l'énoncé, finalement cohérent, que l'Univers est « un », vu à sa propre résolution. Le zéro et l'infini se rejoignent. La physique des espaces-temps fractals, c'est la physique de l'infini…

Glossaire

Action. Grandeur physique ayant la dimension d'un moment angulaire (comme le produit d'une énergie par un temps ou d'une impulsion par une distance). Le *principe de moindre action* permet d'obtenir les équations du mouvement par minimisation de la variation de l'action entre trajectoires.

Amplitude de probabilité. Outil fondamental de la mécanique quantique dans l'approche de Feynman. Nombre complexe dont le carré du module donne la probabilité pour une particule d'aller d'un point à un autre, ou pour un système de passer d'un état à un autre.

Boson. Particule d'interaction de spin entier ou nul. Obéit à la statistique de Bose-Einstein.

Brownien (Mouvement). Mouvement erratique de microparticules en suspension dans un liquide. La dimension fractale des trajectoires brownienne est deux.

Champs (Théorie des). Approche physique suivant laquelle les interactions entre les corps se font, non à distance, mais à l'aide d'un intermédiaire. Par exemple, le champ électromagnétique transporte l'interaction entre électrons. La physique des particules a unifié les concepts de champ et de matière, tous deux étant décrits par des particules élémentaires, mais qui possèdent des spins différents (resp. bosons et fermions).

Chaos déterministe. Propriété d'équations différentielles non linéaires représentant des systèmes dynamiques, qui possèdent des solutions extrêmement sensibles aux conditions initiales.

Complexes (Nombres). Nombres qui généralisent à deux dimensions les nombres réels. Ils peuvent s'écrire sous forme d'une combinaison de deux nombres réels, la partie réelle x et la partie imaginaire y, comme $x + \mathrm{i}\, y$, où $\mathrm{i}^2 = -1$; ou encore à l'aide de deux autres nombres réels, le module r et la phase θ, comme $r\, \mathrm{e}^{\mathrm{i}\theta}$.

Coordonnées. Ensemble des variables permettant de repérer la position d'un point dans l'espace, ou d'un événement dans l'espace-temps.

Dérivabilité. Propriété pour une fonction de posséder une dérivée.

Dérivée. Limite du rapport de l'accroissement d'une fonction sur l'accroissement de la variable quand ce dernier tend vers zéro. La pente de la tangente à une courbe est donnée par la dérivée de la fonction qui la représente.

Différentiabilité. Propriété pour une courbe, une surface, etc., de pouvoir être assimilée à une section de droite, resp. de plan, etc., à la limite des petits intervalles tendant vers zéro.

Différentiel (Elément). Accroissement infiniment petit d'une variable.

Electrodynamique quantique. Théorie quantique de l'interaction électromagnétique, décrite au niveau élémentaire.

Electrofaible. Relatif à l'unification (partielle) des interactions électromagnétiques et faibles.

Energie. Grandeur physique conservative, c'est-à-dire invariante au cours du temps, ayant la dimension du produit d'une masse par le carré d'une vitesse. Elle trouve son origine dans la propriété d'uniformité du temps.

Equivalence (Principe d'). Principe de l'équivalence physique entre un champ de gravitation, considéré localement, et un système de coordonnées en accélération uniforme.

Fermion : Particule de matière de spin demi-entier. Obéit à la statistique de Fermi-Dirac.

Feynman (Diagramme de). Graphe qui décrit symboliquement le déroulement des processus élémentaires d'interaction entre particules. Des règles de calcul des amplitudes de probabilité sont associées à chaque graphe.

Fonction d'onde. Amplitude de probabilité ouverte à une extrémité. Solution de l'équation de Schrödinger. Le carré de son module donne la probabilité de présence de la particule.

Fractal. Objet ou ensemble montrant des structures à toutes les échelles (ou sur une large gamme). Parfois utilisé au sens plus restrictif d'objet structuré auto-similaire (dans ce cas, le fractal montre les mêmes structures, quelle que soit l'échelle).

Galilée (Transformation de). Loi de transformation des systèmes de coordonnées dans un changement de vitesse rectiligne uniforme, à l'approximation où la vitesse de la lumière serait infinie.

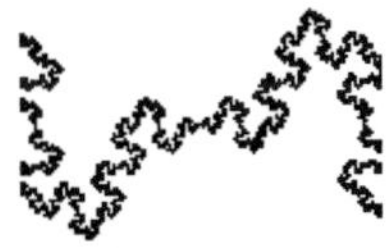

Géodésique. Chemin le plus court.

Heisenberg (Inégalité de). Le produit des incertitudes de mesure de deux observables incompatibles est toujours supérieur à la moitié du quantum d'action. Traduit l'impossibilité de mesurer simultanément avec des précisions arbitraires deux variables comme l'impulsion et la position, ou l'énergie et le temps.

Héliocentrisme. Doctrine, soutenue d'abord par Aristarque de Samos, puis par Copernic, selon laquelle le Soleil est au centre du monde et non la Terre.

Impulsion. Grandeur physique vectorielle conservative, c'est-à-dire invariante au cours du temps, ayant la dimension du produit d'une masse par une vitesse. Elle trouve son origine dans la propriété d'uniformité de l'espace.

Intégration. Opération inverse de la dérivée.

Invariance. Absence de changement sous l'effet d'une transformation.

Inertie. Tendance des corps à conserver leur mouvement.

Isotropie de l'espace. Propriété de symétrie selon laquelle les lois de la physique ne changent pas dans une rotation du système de coordonnées (la même expérience donnera les mêmes résultats pour deux orientations différentes).

Lois de conservation. Lois selon lesquelles certaines grandeurs caractérisant un système restent invariantes pendant l'évolution du système au cours du temps (énergie, impulsion, moment angulaire, charge électrique...).

Lorentz (Groupe de transformation de). Ensemble des lois de transformation des systèmes de coordonnées en relativité restreinte dans une rotation dans l'espace ou un changement de vitesse. Ces transformations forment un groupe (ensemble mathématique possédant certaines propriétés).

Moment angulaire. Grandeur physique conservative, c'est-à-dire invariante au cours du temps, ayant la dimension du produit d'une masse par une distance et une vitesse. Elle trouve son origine dans la propriété d'isotropie de l'espace.

Mouvement inertiel. Mouvement libre à vitesse relative, rectiligne, uniforme, constante.

Photon. Particule élémentaire, quantum du champ électromagnétique (en particulier, de lumière).

Planck (Constante de). Constante d'action de la mécanique quantique, ayant la dimension d'un moment angulaire.

Planck (Longueur, temps et masse de). Echelles caractéristiques de longueur, de temps et de masse que l'on peut construire théoriquement à partir des trois constantes fondamentales de la physique, G la constante de gravitation, c la vitesse de la lumière et $\hbar$ la constante de Planck.

Poincaré (Groupe de). Groupe de transformation des systèmes de coordonnées constitué du groupe de Lorentz, auquel on ajoute les translations. Forme le groupe complet de la relativité restreinte.

Principe d'inertie. Tout corps qui n'est soumis à aucune force est animé d'un mouvement rectiligne uniforme.

Référentiel. Système de référence, en particulier système de coordonnées.

Relativité. Propriété d'une grandeur qui ne peut être définie de manière absolue.

Relativité générale. Théorie relativiste de la gravitation d'Einstein, fondée sur le principe de relativité généralisé au mouvement accéléré et sur le principe d'équivalence.

Relativité restreinte. Théorie relativiste du mouvement, restreinte au mouvement inertiel, due à Einstein et Poincaré.

Renormalisation. Procédure de soustraction des infinis qui interviennent en théorie quantique des champs.

Symétrie. Utilisée en physique au sens général de loi d'invariance sous une transformation. Il peut s'agir de symétries continues (uniformité de l'espace et du temps, isotropie de l'espace), de symétries discrètes (parité : renversement dans un miroir, réflexion temporelle : changement de signe du temps), ou encore de symétries internes.

Uniformité (de l'espace et du temps). Propriété de symétrie selon laquelle les lois de la physique ne changent pas dans une translation du système de coordonnées, dans l'espace (la même expérience donnera les mêmes résultats en deux points différents) ou dans le temps (la même expérience donnera les mêmes résultats à deux instants différents).

Vide. Etat d'énergie minimum. En théorie quantique des champs, cette énergie minimum n'est pas nulle, même en l'absence de particules.

Notes

Première Partie

LES THÉORIES DE LA RELATIVITÉ DU MOUVEMENT

1. *In* GALILEO GALILEI, *Dialogue sur les deux grands systèmes du monde,* présentation de F. de Gandt et R. Fréreux, p. 17, Seuil, 1992.

2. GALILEO GALILEI, *Dialogue sur les deux grands systèmes du monde,* p. 47, Seuil, 1992.

3. *L'Espace et le Mouvement,* Ch. Vilain, Université Paris-VII, p. 60.

4. GALILÉE, *Dialogue sur les deux grands systèmes du monde,* p. 141, Seuil, 1992.

5. GALILÉE, *Dialogue,* cité dans *L'Espace et le Mouvement,* Ch. Vilain, Université Paris-VII, p. 60.

6. GALILÉE, *Dialogue sur les deux grands systèmes du monde,* p. 191, Seuil, 1992.

7. Newton s'était formé en lisant tout particulièrement les *Principes de philosophie* et le *Dialogue sur les deux grands systèmes du monde* (*cf. Histoire mondiale des sciences,* Colin Ronan, Seuil, 1988).

8. RONAN C., *Histoire mondiale des sciences,* p. 471, Seuil, 1988.

9. Voir VILAIN Ch., « Huygens and Relative Motion », *in Relativity in General,* Ed. J. Diaz Alonso et M. Lorente Paramo, Editions Frontières, 1994.

10. RONAN C., *Histoire mondiale des sciences,* p. 583, Seuil, 1988.

11. LEVEUGLE J., *La Jaune et la Rouge,* n° 494, p. 30, 1994.

12. POINCARÉ H., *La Science et l'hypothèse,* Flammarion, 1902.

13. POINCARÉ H., *Bulletin des sciences mathématiques,* 2e série, t. XXVIII, p. 302, décembre 1904.

14. A l'époque de la rédaction de ce texte, la différence entre ce que nous appelons aujourd'hui « atomes » et « molécules » n'était, bien sûr, pas encore fixée. Poincaré fait, là, allusion aux premiers travaux sur les forces intermoléculaires qu'on appelle maintenant forces de Van der Waals.

15. POINCARÉ H., *Comptes rendus de l'Académie des sciences* (5 juin 1905).

16. PAIS A., *Subtle is the Lord. The Science and the Life of Albert Einstein,* Oxford University Press, 1982. Traduction française : Interéditions.

17. *In Albert Einstein, Œuvres choisies. 1. Quanta,* Seuil/CNRS, p. 55.

18. LEVEUGLE J., *La Jaune et la Rouge,* n° 494, p. 30, 1994.

19. LORENTZ H., *Proceedings of the Academy of Sciences of Amsterdam,* 6, 809, 1904, réimprimé dans *The Principle of Relativity,* p. 11, Dover, 1952.

20. En notations modernes, la transformation obtenue par Lorentz s'écrit :

$$x' = \frac{x}{\sqrt{1-v^2/c^2}},\ y' = y,\ z' = z,\ t' = t\sqrt{1-v^2/c^2} - \frac{vx/c^2}{\sqrt{1-v^2/c^{2\prime}}}$$

qui n'est pas la transformation de la relativité restreinte.

21. PAIS A., *Subtle is the Lord. The Science and the Life of Albert Einstein,* Oxford University Press, 1982. Traduction française, *Albert Einstein : la vie et l'œuvre*, Interéditions, 1993.

22. POINCARÉ H., *Comptes rendus de l'Académie des sciences,* 5 juin 1905.

23. $x' = \frac{x - v\ t}{\sqrt{1-v^2/c^2}},\ y' = y,\ z' = z,\ t' = \frac{t - vx/c^2}{\sqrt{1-v^2/c^2}}$

24. Il s'agit de « groupe » au sens mathématique de la théorie des groupes, qui a joué un rôle de plus en plus important en physique au cours du XXe siècle.

25. Il semble qu'Einstein ait eu connaissance des travaux publiés par Poincaré jusqu'en 1902, mais pas au-delà.

26. *In Albert Einstein, Œuvres choisies. 5. Science, éthique,*

philosophie, Seuil/CNRS, p. 39, traduit de « Autobiographical Notes », *in Albert Einstein : Philosopher-Scientist,* P.A. Schilpp (ed.), Northwestern University Press, 1949.

27. *In Albert Einstein, Œuvres choisies. 2. Relativités I* (Seuil/CNRS) p. 25 (conférence à l'Université de Kyoto, 1922).

28. *In The Principle of Relativity,* p. 89, Dover, 1923.

29. En fait, la transformation de Galilée y satisfait aussi, mais elle correspond au cas particulier d'une vitesse de la lumière infinie.

30. Le facteur de Lorentz s'écrit : $\gamma = 1/\sqrt{1 - v^2/c^2}$.

31. L'invariant de Minkowski s'écrit $ds^2 = c^2dt^2 - (dx^2 + dy^2 + dz^2)$. La quantité ds/c donne le temps propre, c'est-à-dire le temps qui s'écoule pour une horloge entraînée avec le système considéré.

32. L'énergie cinétique s'écrit sous sa forme relativiste :

$$E = \frac{mc^2}{\sqrt{1 - v^2/c^2}} .$$

33. Les lois galiléennes sont une version dégénérée de celles d'Einstein-Poincaré, car elles correspondent à une vitesse *c* infinie.

34. Mathématiquement, il doit s'agir d'une loi de composition *interne,* ce qui est un des axiomes de la structure de *groupe.*

35. Nottale L., *Int. J. Mod. Phys.* A7, 4899, 1992.

36. Elle est fixée exactement depuis 1985 à la valeur 299 792 458 m/s.

37. Une nanoseconde correspond à environ 30 cm.

38. *In Albert Einstein, Œuvres choisies. 2. Relativités I,* Seuil/CNRS.

39. Sauf en attendant plusieurs heures, ce qui permet de vérifier que nous ne sommes pas vraiment dans un système inertiel, mais dans un système en rotation avec la Terre. Les forces d'inertie qui en découlent existent, mais sont trop faibles pour être ressenties. De même, sur plusieurs mois, c'est le mouvement de rotation de la Terre autour du Soleil qui se manifesterait, etc.

40. Arc contenu dans un plan passant par les deux points à relier et le centre de la sphère.

41. A un facteur de proportionnalité près qui se ramène à la constante de gravitation de Newton.

42. On néglige ici les angles droits pour ne s'intéresser qu'aux propriétés du carré semblables à celles du cercle.

Deuxième Partie

Le principe de relativité

1. Einstein A., « Les fondements de la théorie de la relativité générale », *in Œuvres choisies. 2. Relativités I,* Seuil/CNRS, p. 179, 1916.

2. Levy-Leblond J. M., *Am. J. Phys.* 44, 271, 1976.

3. Weinberg S., *Dreams of a Final Theory : The Search for the Fundamental Laws of Nature*, Vintage, London, 1993.

4. Hawking S., *Une brève histoire du temps,* Flammarion, 1989.

5. Pour illustrer ce point de vue, on peut rappeler que plus les équations de la physique sont fondamentales, plus il est difficile d'en trouver les solutions. Ainsi, le problème gravitationnel à deux corps (celui du mouvement d'une étoile double) est simple en théorie newtonienne, mais insoluble exactement en théorie d'Einstein. On pourrait imaginer que si un jour des équations d'un champ totalement unifié sont écrites, même le problème à un corps n'aura pas de solution exacte !

6. Les planètes parcourent des ellipses dont le Soleil est un foyer ; le rayon vecteur qui joint le Soleil à la planète balaie des aires égales en des temps égaux ; le rapport du cube du demi-grand axe sur le carré de la période est le même pour toutes les planètes du système solaire.

7. Les concepts newtoniens (force, champ, potentiel) se retrouvent en théorie d'Einstein comme approximation des effets de la géométrie de l'espace-temps. Les prédictions newtoniennes restent valables dans des conditions expérimentales limitées. Dans les tests de la relativité générale, on prend en compte des conditions plus larges (champ fort, grandes vitesses, grandes échelles d'espace et de temps), et des effets nouveaux apparaissent.

8. Les invariants sont des grandeurs qui, elles, ne dépendent pas du choix du système de coordonnées, car elles ne varient pas quand on en change. Par exemple, la longueur d'une règle ne dépend pas de son orientation dans l'espace, alors que ses projections sur les trois axes, horizontaux et vertical, en dépendent.

9. GALILEO GALILEI, *Dialogue sur les deux grands systèmes du monde,* p. 141, Seuil, 1992.

10. EINSTEIN A., *Œuvres choisies. 1. Quanta,* p. 249, Seuil/CNRS.

11. Notons que, comme l'a bien analysé Weinberg, il ne s'agit pas là d'écrire des équations arbitrairement compliquées qui contiendraient en elles tous les effets possibles issus du choix d'un système de coordonnées lui-même arbitrairement complexe. Il s'agit au contraire pour les équations de garder, dans un système de référence quelconque, la forme qu'elles avaient dans le système le plus simple. Sous cette forme, le principe de covariance se ramène au principe d'équivalence qui a servi à Einstein à construire sa théorie de la gravitation. En effet, les plus simples des lois sont celles du mouvement libre inertiel ; or le principe de l'équivalence (locale) d'un champ de gravitation et d'un champ d'accélération mène précisément à l'énoncé suivant lequel les particules en chute libre dans un champ de gravitation sont en fait soumises aux seules lois de l'inertie (voir Première Partie). On peut ainsi distinguer une « covariance faible », dans laquelle les équations fondamentales gardent dans une situation plus complexe la forme qu'elles avaient dans la situation précédente, plus simple ; et une « covariance forte », ou la forme des équations serait celle de la plus simple des situations possibles, le mouvement inertiel dans le vide.

12. Ce fait s'exprime mathématiquement par la relation de Pythagore : quelles que soient les valeurs mesurées pour les dimensions de la règle projetées suivant trois axes perpendiculaires entre eux, x, y et z, le carré de sa longueur est invariant (c'est-à-dire indépendant du système d'axes) et donné par la somme des carrés de chaque coordonnée, ce qui s'exprime mathématiquement par la relation $l^2 = x^2 + y^2 + z^2$. Aucune des

coordonnées individuelles *x*, *y* et *z* n'est invariante ; leur ensemble forme une grandeur vectorielle *(x, y, z)* dont elles sont les composantes. Ce vecteur est défini indépendamment du repère, bien que sa manifestation dans un repère donné fasse apparaître des composantes projetées dont les valeurs numériques varient d'un système de coordonnées à l'autre.

13. VILAIN Ch., « Huygens and Relative Motion », *in Relativity in General,* Ed. J. Diaz Alonso et M. Lorente Paramo, Editions Frontières, 1994.

14. LEIBNIZ, *Principes de la nature et de la grâce,* Aubier, 1972.

15. On pourrait objecter que les équations d'Einstein du vide (c'est-à-dire sans source) admettent comme solution triviale l'espace-temps de Minkowski, qui est donc plat, absolu et vide. Mais la vacuité même de cet espace exclut la présence d'un observateur. Le seul fait d'inclure l'observateur dans la description impliquerait l'existence d'une courbure pour l'espace-temps. L'espace-temps de Minkowski se trouve donc exclu des solutions globales acceptables (tout en décrivant toujours l'espace-temps localement, dans le référentiel en chute libre).

16. La difficulté de la tâche s'est encore accrue avec la découverte des champs nucléaires fort et faible.

17. Citons également les géométries non-commutatives, développées en particulier par Alain Connes.

Troisième Partie

LA MÉCANIQUE QUANTIQUE

1. SCHRÖDINGER E., *Mémoires sur la mécanique ondulatoire,* Editions Jacques Gabay (Sceaux), p. 20, traduit de *Annalen der Physik,* vol. 79, 1926.

2. Suivant laquelle le carré de son module donne la probabilité de présence de la particule.

3. Celles pour le système d'être dans tel ou tel état.

4. C'est-à-dire entre deux points considérés à deux instants différents.

5. FEYNMAN R., *Lumière et matière : QED, une étrange histoire,* Interéditions, Paris, 1987.

6. FEYNMAN R., *Lumière et matière : QED, une étrange histoire,*

Interéditions, Paris, 1987, p. 18, 23, 25, traduit de *QED, The Strange Theory of Light and Matter,* Princeton University Press.

7. Ce qui est pris en compte en mécanique quantique par le fait que c'est le carré du module de la fonction d'onde qui donne la probabilité de présence.

8. Au sens des nombres complexes : ceux-ci permettent précisément une description de nature vectorielle. Passer des nombres réels aux nombres complexes est équivalent, géométriquement, au passage d'une droite à un plan, c'est-à-dire d'une à deux dimensions. C'est ainsi que l'une des principales questions posées pour la compréhension de la mécanique quantique est celle de la nécessité d'utiliser les nombres complexes et leurs règles d'addition et de multiplication au lieu des simples nombres réels, suffisants en théorie classique.

9. Englert B., Scully M., Walther H., *Pour la Science,* 208, 60, 1995 ; *Nature* 351, 111, 1991.

10. Ce passage se fait à l'aide de la transformation mathématique appelée transformée de Fourier.

11. Ou encore la moitié de la constante de Planck réduite, $\hbar = 1.055\ 10^{-34}$ Jsec.

12. Dans les deux cas, il s'agit d'un produit de deux variables ayant les dimensions d'une longueur et d'une impulsion (respectivement, d'un temps et d'une énergie), leur produit ayant la dimension d'un moment angulaire (c'est-à-dire d'une action) : $\langle p \rangle\ \lambda = \hbar$, $\Delta p\ \Delta x \geq \hbar/2$. On peut les voir comme des relations statistiques portant sur les premiers et deuxièmes moments d'une distribution (moyenne et écart-type).

13. Lochak G., Diner S., Fargue D., *L'Objet quantique,* Flammarion, Nouvelle Bibliothèque scientifique, Paris, 1989.

14. Le moment angulaire d'un corps est en effet donné, en ordre de grandeur, par le produit de sa masse, du carré de son rayon et de sa vitesse angulaire de rotation. Si le rayon est nul, le moment angulaire semble donc devoir s'annuler.

15. En unité de $\hbar$: cela est rendu possible, en particulier, parce que la mécanique quantique prévoit que des différences de moment angulaire sont toujours des multiples entiers de $\hbar$, ce qui peut s'obtenir avec les valeurs 0, ± 1, ± 2, …, mais aussi ± 1/2, ± 3/2, etc.

16. Noter néanmoins que Louis de Broglie avait obtenu ces résultats dans sa thèse plus d'un an avant Bose et Einstein : *cf.* Louis de BROGLIE, « Recherches sur la théorie des quanta », *Annales de physique,* 10e série, t. III, 1925, Masson & Cie, Paris, chap. VII. Voir aussi sa biographie : Georges LOCHAK, *Louis de Broglie*, p. 77, 111, Flammarion, 1992.

17. Voir WEISSKOPF V., *La Révolution des quanta,* Hachette, 1989.

18. La masse de l'électron est de 9.109 10^{-28} g.

19. La charge de l'électron est de 1.602 10^{-19} Coulomb. Son carré, exprimé en unités quantiques, est une constante sans dimension appelée constante de structure fine, $\alpha = e^2/4\pi\hbar c$, dont l'inverse vaut 137.035990 ± 0.000006. L'origine de ce nombre pur fondamental constitue l'un des principaux mystères de la physique.

20. Qui vaut 1/2 en unités de $\hbar$.

21. Cela a également été vérifié expérimentalement : tout indique que la réduction de la fonction d'onde soit bien instantanée pour cette expérience, en accord avec la préexistence à la mesure de l'annulation de la somme des spins.

22. PAIS A., *Subtle is the Lord, the Science and the Life of Albert Einstein,* Oxford University Press, 1982, traduction française : Interéditions, Paris.

23. DELTETE R., GUY R., « Einstein's Opposition to the Quantum Theory », *American Journal of Physics* 58, 673, 1990.

24. Voir en particulier *A. Einstein, Œuvres choisies. 1. Quanta,* Seuil /CNRS, 1989.

25. « Herbert Spencer Lecture », Oxford, 1933, *in A. Einstein, Œuvres choisies*, vol. 5, p. 106, Seuil/CNRS, 1991.

26. « Lettre à Schrödinger », 22 décembre 1950, traduction dans *Albert Einstein, Œuvres choisies. 1. Quanta,* Seuil/CNRS, p. 250.

27. EINSTEIN A., BORN M., *Correspondance 1916-1955,* Paris, Seuil, 1972.

28. *Albert Einstein : Philosopher-Scientist,* P. A. Schilpp ed., 1949, traduction dans *A. Einstein, Œuvres choisies,* vol. 5, p. 47, Seuil /CNRS, 1991.

29. *Albert Einstein : Philosopher-Scientist,* P. A. Schilpp ed.,

1949, traduction dans *A. Einstein, Œuvres choisies,* vol. 5, p. 51, Seuil /CNRS, 1991.

30. « Lettre à Bohm », 28 octobre 1954, *in Albert Einstein, Œuvres choisies, 1. Quanta,* p. 256, note 10, Seuil/CNRS.

31. « Scientific Papers presented to Max Born », Oliver and Boyd, 1953, traduction dans *Albert Einstein, Œuvres choisies. 1, Quanta,* p. 256, Seuil/CNRS.

32. *Franklin Institute Journal,* vol. CCXXI, p. 313, 1936, traduction dans *A. Einstein, Œuvres Choisies, vol. 5,* p. 147, Seuil/CNRS, 1991.

33. *Albert Einstein : Philosopher-Scientist,* P. A. Schilpp ed., 1949, traduction dans *A. Einstein, Œuvres choisies,* vol. 5, p. 51, Seuil /CNRS, 1991.

34. « Lettre à Schrödinger », 22 décembre 1950, traduction dans *Albert Einstein, Œuvres choisies. 1. Quanta,* p. 250, Seuil/CNRS, 1989.

35. *In Dialectica,* vol. 2, p. 320, 1948, traduction dans *Albert Einstein, Œuvres choisies. 1. Quanta,* p. 244, Seuil/CNRS, 1989.

36. Luminet J.-P., *Les Trous noirs,* p. 232, Belfond, 1987.

Quatrième Partie

Relativité d'echelle, espace-temps fractal et mécanique quantique

1. L'Angström vaut 10^{-10} m, soit un dix millionième de mm.

2. Le Fermi vaut 10^{-4} Angström (1/10 000 Å).

3. Le parsec (abrégé en pc) vaut 3.08×10^{18} cm, soit 30 000 milliards de km. Le kpc (kiloparsec) vaut 1 000 pc.

4. Laplace, Pierre Simon de, *Œuvres complètes,* Gauthier-Villars, Paris, 1879-1912.

5. Mandelbrot B., *Les Objets fractals,* Flammarion, Paris, 1975, 1989.

6. Cette constante d'action, $\hbar$, qui a la dimension d'un moment angulaire, est la constante fondamentale de la mécanique quantique.

7. Feynman R., *Lumière et matière : QED, une étrange histoire,* p. 196, Interéditions, Paris, 1987.

8. La longueur de Compton d'une particule de masse m est donnée par $\lambda_c = \hbar/mc$.

9. Le rayon de Bohr vaut $\hbar^2/me^2$, soit 0.529 10^{-8} cm (m est la masse de l'électron et e sa charge).

10. Voir COHEN-TANNOUDJI Gilles, *Les Constantes fondamentales,* Hachette, 1997.

11. L'expression de la force s'écrit $F = m\,a$. L'accélération a est le rapport d'une longueur par le carré d'un temps [L T^{-2}] (on la mesure en m/s^2), si bien que l'équation aux dimensions d'une force est [M L T^{-2}], où M représente la dimension d'une masse.

12. La force d'attraction de Newton s'écrit : $F = -G\,M\,m\,/\,r^2$.

13. L'incertitude relative sur sa valeur est de 1/10 000. On l'estime actuellement à $G = (6.6726 \pm 0.0009)\,10^{-11}\,m^3\,kg^{-1}\,s^{-2}$, mais des expériences spatiales à venir devraient améliorer sa détermination.

14. Cette valeur est c = 299 792 458 m/s.

15. Une nanoseconde ≈ 30 cm.

16. Sa valeur numérique ($h = 6.6260755 \pm 0.0000004\ kg.m^2.s^{-1}$, résultat de mesures expérimentales, est connue à mieux que le millionième en incertitude relative.

17. La longueur de Planck vaut $\Lambda_P = \sqrt{\hbar G/c^3} \approx 1.6 \times 10^{-35}$ m, le temps de Planck $\mathbb{T}_P = \Lambda_P/c = \sqrt{\hbar G/c^5} \approx 5.4 \times 10^{-44}$ s, et la masse de Planck $m_P = \sqrt{\hbar c/G} \approx 2.2 \times 10^{-5}$ g.

18. On dit qu'une équation est « invariante d'échelle » si elle ne change pas sous l'effet d'une dilatation ou une contraction des variables. Dans un tel cas, les solutions dépendent souvent de l'échelle comme une loi de puissance (proportionnelle à r^k).

19. Nous reparlerons plus en détail au chapitre XII de ce concept, introduit par B. Mandelbrot en 1975.

20. Voir à ce sujet WEISSKOPF V., *La Révolution des quanta,* Hachette, 1989.

21. NOTTALE L., *Fractal Space-Time and Microphysics,* chap. V et VII, World Scientific, 1993 ; L. Nottale, *Chaos, Solitons & Fractals*, 7, 877, 1996 ; G. Ord, *Annals of Physics,* 250, 63, 1996 ; J. C. Pissondes, *Chaos, Solitons & Fractals*, 9, 1998 ; M. S.

El Naschie, O. E. Rossler & I. Prigogine (eds.), *Quantum Mechanics, Diffusion and Chaotic Fractals,* Pergamon, 1995.
Voir aussi les sites WEB : http ://www.daec.obspm.fr/users/nottale ; http ://pineapple.apmaths.uwo.ca/~gno/

22. Peut-être ce qui s'en rapproche le plus est-il une particule élémentaire comme l'électron, tel que la physique des particules actuelle est capable de l'analyser. La méthode employée consiste à bombarder l'électron avec d'autres particules, par exemple d'autres électrons. Le cercle à l'intérieur duquel celles-ci seront déviées de manière conséquente (ce qu'on appelle sa section efficace) définit une sorte de rayon effectif de l'électron. Or celle-ci dépend de l'énergie à laquelle est effectuée l'expérience, qui est elle-même inversement proportionnelle à l'échelle spatiale d'investigation. Le résultat est curieux : quelle que soit cette échelle, on trouve pour l'électron un rayon environ 137 fois plus petit (l'inverse de la constante de structure fine, liée au carré de sa charge électrique).

23. BALIBAR F., *Einstein, la joie de la pensée,* p. 61, Gallimard, 1993.

24. MANDELBROT B., *Les Objets fractals,* Flammarion, Paris, 1975.

25. En effet, comme p peut s'écrire sous la forme $p = q^{lnp/lnq}$, la dimension fractale vaut $D = lnp \,/\, lnq$.

26. La définition stricte de la résolution, par exemple en astronomie, correspond plutôt à l'inverse de ce rayon de lissage. Quoi qu'il en soit, la variable essentielle est le logarithme de ce rayon, log(ε), qui change simplement de signe quand ε est remplacé par son inverse.

27. La longueur d'une courbe fractale de dimension fractale D varie, en fonction de la résolution ε, comme :
$L = L_0 \,(\lambda/\varepsilon)^{D-1}$.

28. Cependant, dans le cas de l'espace-temps, bien qu'une échelle de transition supérieure doive être introduite (en accord avec le caractère classique du comportement macroscopique), nous serons amenés à postuler l'inexistence d'une échelle inférieure, assurant ainsi une non-différentiabilité stricte.

29. Cela est vrai, à moins que la structure fractale de la côte ne se prolonge sans discontinuité dans celle du rocher : mais,

même dans ce cas, une transition a toutes chances d'exister sous forme d'un saut de la dimension fractale.

30. SORNETTE D., « Discrete Scale Invariance and Complex Dimensions », *Physics Reports,* 297, 239, 1998.

31. NOTTALE L., CHALINE J., GROU P., *Univers, vie, sociétés : La Grande Réconciliation,* 1998 (à paraître).

32. WILSON K., *Scientific American,* 241, 140, 1979.

33. MANDELBROT B., *The Fractal Geometry of Nature,* p. 331 (citant H. G. Callen), Freeman, San Francisco, 1983.

34. Ce théorème peut se déduire en partie d'un théorème dû à Lebesgue (1903), suivant lequel une courbe de longueur finie est presque partout différentiable.

35. *A. Einstein, Œuvres choisies. 4. Correspondances françaises,* p. 60, Seuil/CNRS.

36. La précision relative de la théorie d'Einstein en ce qui concerne le mouvement des planètes atteint 10^{-14}, ce qui en fait la plus précise de toutes les théories physiques.

37. *A. Einstein, Œuvres choisies. 1. Quanta,* p. 249, Seuil/CNRS, 1989.

38. FEYNMAN R., HIBBS A. R., *Quantum Mechanics and Path Integrals,* McGraw Hills, 1965.

39. ABBOTT L., WISE M., *Am. J. Phys.,* 49, 37, 1981.

40. Nous n'irons pas jusque-là. L'une des bases de la relativité d'échelle consiste, au contraire, à conserver l'hypothèse de continuité de l'espace-temps, car celle-ci sous-tend le lien qui existe entre fractals et non-différentiabilité (un continuum non différentiable est nécessairement fractal), lequel n'est plus assuré si on l'abandonne. Mais d'autres physiciens s'y sont essayés : citons les tentatives de gravitation quantique en deçà de l'échelle de Planck (Wheeler, Hawking), l'espace-temps « cantorien » (El Naschie), les modèles de « relateurs arithmétiques » utilisant la théorie des nombres et montrant, comme les fractals, des imbrications de niveaux d'organisation (Moulin).

41. 1 Angström = 1 dix milliardième de mètre. L'échelle caractéristique des atomes est donnée par le rayon de Bohr, qui vaut 0.529 A.

42. La longueur de Compton de l'électron, égale à $\hbar/mc$, est 137 fois plus petite que l'échelle de Bohr (la constante de struc-

ture fine, carré de la charge électrique en unités adimensionnelles, vaut 1/137.035991).

43. La masse du muon est, plus précisément, égale à 206.77 fois celle de l'électron.

44. Ce sont des « structures internes » en un sens qui ne remet pas en cause le caractère ponctuel, non structuré, de l'électron (jusqu'aux énergies atteintes par les accélérateurs actuels) : ces structures peuvent être décrites comme celles du champ qui l'entoure.

45. Le Fermi vaut 1 dix millième d'Angström et donne la taille caractéristique d'un noyau d'atome.

46. Un tel nombre devrait comporter 26 décimales physiquement signifiantes.

47. Rappelons que la longeur de De Broglie vaut $\hbar/p$ et le temps de De Broglie $\hbar/E$ (ce qui est l'équivalent de la relation d'Einstein $E = h\,\nu$), où p est l'impulsion et E l'énergie du système considéré, h étant la constante de Planck et $\hbar = h\,/\,2\pi$ la constante de Planck réduite.

48. Mais on peut remarquer qu'elle devient une propriété de la mesure, précisément grâce à son universalité, et du fait que le processus de mesure est décrit comme une interaction entre l'appareil, qui possède des propriétés classiques *et* quantiques, et l'objet quantique à mesurer.

49. Même si, dans certains domaines d'échelle, cette dépendance peut disparaître (par dégénerescence), elle n'en est pas moins formellement universelle : cette situation est analogue au cas de la statique du point de vue des lois du mouvement, où toute dépendance explicite de la vitesse disparaît, sans mettre en cause pour autant l'universalité de la relativité du mouvement.

50. Le mot dilatation est employé ici en un sens général : on admet que la valeur de ρ peut aussi être inférieure à 1, ce qui correspond à une contraction.

51. En effet, si la longueur varie comme $L \propto \varepsilon^{-\delta}$, où $1 + \delta$ est la dimension fractale, dans une transformation d'échelle $\varepsilon \rightarrow \varepsilon' = \rho\,\varepsilon$, le couple ($\log L$, δ) se transforme comme $\log L' = \log L - \delta \log\rho$, $\delta' = \delta$. La transformation de Galilée s'écrit $X' = X - TV$, $T' = T$. Identifiant X à $\log L$ et T à δ, ce sont exactement les mêmes lois.

La loi de composition des dilatations, $\log\rho'' = \log\rho + \log\rho'$ est elle aussi analogue de la loi de composition des vitesses, $V'' = V + V'$.

52. BARNSLEY M. F., *Fractals Everywhere,* Academic Press, Orlando, 1988 ; LE MÉHAUTÉ A., *Les Géométries fractales*, Hermes, 1990.

53. Ce problème est celui d'une « relativité générale d'échelle », théorie qui reste essentielement à construire.

54. Ce problème se pose mathématiquement sous la forme suivante. Il s'agit de trouver la forme générale des quatres fonctions $A(\mathbb{V}), B(\mathbb{V}), C(\mathbb{V}), D(\mathbb{V})$, où $\mathbb{V} = \log\rho$ caractérise le changement de résolution, intervenant dans une transformation d'échelle linéaire des coordonnées généralisées (la position sur la courbe fractale et la dimension fractale $1 + \delta$) :

$$ln(L'/L_0) = A(\mathbb{V})\ ln(L/L_0) + B(\mathbb{V})\ \delta$$

$$\delta' = C(\mathbb{V})\ ln(L/L_0) + D(\mathbb{V})\ \delta,$$

qui satisfasse au principe de relativité d'échelle.

55. Pour une échelle de transition fractale/non-fractale λ donnée, si l'on applique un facteur de dilatation ρ à une échelle $\varepsilon << \lambda$ on obtiendra une nouvelle échelle $\varepsilon' << \lambda$ donnée par la formule :

$$\log(\lambda/\varepsilon') = \frac{\log(\lambda/\varepsilon) + \log\rho}{1 + \frac{\log(\lambda/\varepsilon)\log\rho}{\log^2(\lambda/\Lambda)}}.$$

Quelle que soit l'échelle λ de brisure de symétrie, l'application suivant cette loi d'un facteur de dilatation ρ quelconque à l'échelle $\varepsilon = \Lambda$ redonne exactement la même échelle Λ, qui se trouve donc invariante sous les dilatations et les contractions.

56. NOTTALE L., *Int. J. Mod. Phys.,* A7, 4899, 1992.

57. Ce problème reste non résolu en relativité d'échelle, mais il se pose dans un cadre nouveau où l'échelle de Planck *en masse* ne s'identifie plus à l'échelle *spatio-temporelle* de Planck.

58. CASTRO C., *Found. Phys. Lett.,* 10, 273, 1997.

59. DUBRULLE B., GRANER F., *J. Phys. II, France,* 6, 797, 1996.

60. Voir NOTTALE L., *L'Univers et la Lumière, Cosmologie classique et mirages gravitationnels,* Flammarion, 1994.

61. Pour être complets, nous verrons dans la suite que la

particule doit être identifiée à l'ensemble des géodésiques correspondant aux *deux* sens de l'écoulement du temps, ce qui entraîne un dédoublement du concept de vitesse et, par extension, le caractère complexe de la fonction d'onde.

62. NOTTALE L., *Chaos, Solitons & Fractals* 7, 877, 1996.

63. NOTTALE L., *in Relativity in General,* eds. Diaz Alonso & Lorente Paramo, p. 121, Frontières, 1994.

64. C'est-à-dire au niveau des intervalles différentiels qui servent à la description des géodésiques. On considère un instant donné, puis un autre séparé du premier par une différence infinitésimale, et l'on décrit la forme prise par les déplacements élémentaires durant cet intervalle de temps ainsi que les effets de ces déplacements sur les différentes grandeurs physiques. Dans le cadre relativiste d'échelle d'un espace non différentiable, on donne à l'élément différentiel temporel le sens nouveau d'une variable explicite jouant le rôle théorique d'une résolution, alors qu'en physique différentiable cet élément ne reste pas explicitement présent dans les équations : ce n'est qu'un intermédiaire, une notation pratique qui disparaît quand on le fait tendre vers zéro.

65. $\frac{x(t+dt)-x(t)}{dt}$ est *a priori* différent de $\frac{x(t)-x(t-dt)}{dt}$ qui s'échangent dans la transformation $dt \rightarrow -dt$.

66. Voir, par exemple, NELSON E., *Quantum Fluctuations,* Princeton University Press, 1985.

67. NOTTALE L., *Fractal Space-Time and Microphysics : Towards a Theory of Scale Relativity,* World Scientific, 1993.

68. Cet opérateur s'écrit $\mathscr{d}/dt = \partial/\partial t + \mathcal{V}.\nabla - i\mathcal{D}\Delta$, où $\mathcal{V}$ est la vitesse complexe et où $\mathcal{D}$ est un paramètre dépendant de la masse de la particule, $\mathcal{D} = \hbar/2m$ (*cf.* NOTTALE L., *Fractal Space-Time and Microphysics,* World Scientific, 1993).

69. Cette équation s'écrit sous forme d'une annulation de l'accélération, $\mathscr{d}^2x/dt^2 = 0$, où $\mathscr{d}/dt$ est la dérivée covariante d'échelle (voir note précédente).

70. HERMANN R., *J. Phys.,* A30, 3967, 1997.

71. ORD G., *J. Phys.,* A 16, 1869, 1983, NOTTALE L., *Int. J. Mod. Phys. A4*, 5047, 1989.

72. PISSONDES J. C., thèse de doctorat, Université Paris-VI ; *Chaos, Solitons & Fractals,* 9, 1115, 1998.

Cinquième Partie

DES PARTICULES ELÉMENTAIRES AUX GRANDES STRUCTURES DE L'UNIVERS

1. Voir, par exemple, COHEN-TANNOUDJI G., SPIRO M., *La Matière-espace-temps,* Fayard, 1986.

2. En d'autres termes, pourquoi l'amplitude de la force de gravitation s'écrit-elle $F = G\, mm' / r^2$?

3. La force électrique prend la forme : $F = e^2/4\pi r^2 = \alpha \hbar c / r^2$ dans le cas de l'interaction entre deux électrons, de charge électrique e.

4. La force de gravitation s'écrit $F = \hbar c\, (m/m_{\mathbb{P}})(m'/m_{\mathbb{P}})/r^2$, où $m_{\mathbb{P}}$ est la masse de Planck.

5. Certains d'entre eux garderaient la masse de Planck à plus basse énergie (après brisure de la symétrie du champ unique), d'autres n'auraient pas acquis de masse. Parmi ces derniers, une fraction acquiert une masse à l'échelle électrofaible (qui est 10^{17} fois plus petite en énergie que l'échelle de Planck), formant les bosons faibles, tandis que gluons et photons restent sans masse.

6. Suivant le théorème de Noether, qui associe une quantité conservative à toute symétrie.

7. NOTTALE L., *Chaos, Solitons & Fractals* 7, 877, 1996.

8. NOTTALE L., *Fractal Space-Time and Microphysics,* chap. VII-1,World Scientific, 1993 ; *Ciel et Terre, Bulletin de la Société royale belge d'astronomie,* 1998.

9. *Cf.* Chapitre V.

10. NOTTALE L., *Fractal Space-Time and Microphysics,* chap. VII-1, World Scientific, 1993.

11. Son estimation est de l'ordre de 3 gigaparsecs.

12. TIFFT W., *Astrophys. J.,* 211, 31, 1977.

13. SCHNEIDER S., SALPETER E., *Astrophys. J.,* 385, 22, 1992.
GUTHRIE B., NAPIER W., *Astron. Astrophys.,* 310, 353, 1996.

14. NOTTALE L., *Chaos, Solitons & Fractals* 7, 877, sect. 7.2, 1996.

15. TRICOTTET M., NOTTALE L., (prépublication).

16. GUTHRIE B., NAPIER W., *Astron. Astrophys.,* 310, 353, 1996.

17. Voir par exemple : PECKER J. C., SCHATZMAN E., *Astrophysique générale,* Masson, 1959.

18. JEHLE H., *Zeitschrift für Astrophysik,* 15, 182, 1938.

19. BLANCHARD Ph., *Acta Physica Austriaca,* suppl. 25, 185, 1984.

20. HERMANN R., SCHUMACHER G., GUYARD R., *Astron. Astrophys.,* 335, 281, 1998.

21. NOTTALE L., SCHUMACHER G., GAY J., *Astron. Astrophys.,* 322, 1018, 1997.

22. NOTTALE L., *Fractal Space-Time and Microphysics,* chap. VII-2, World Scientific, 1993.

23. NOTTALE L., *Astronomy and Astrophysics,* 315, L9, 1996. NOTTALE L., *Chaos, Solitons & Fractals,* 9, 1043, 1998.

24. *Op. cit.*, note 20.

25. NOTTALE L., SCHUMACHER G. LEFEVRE E.T., en préparation.

Conclusion

1. PRIGOGINE I. et STENGERS I., *La Nouvelle alliance*, Gallimard, 1979 ; PRIGOGINE I., *La Fin des certitudes*, Odile Jacob, 1996 ; LE MÉHAUTÉ A., NIGMATULLIN R. R., NIVANEN L., *Flèches du temps et géométrie fractale,* Hermes, 1998.

2. PASCAL G., *Kant,* p. 93, Bordas, 1966.

Table des matières

Deuxième Partie

Le principe de relativité

Troisième Partie

La mécanique quantique

Cinquième Partie

Des particules élémentaires aux grandes structures de l'Univers

Cet ouvrage a été composé par
I.G.S. - Charente Photogravure à L'Isle-d'Espagnac

Imprimé en France par Hérissey à Évreux - N° 85294
Dépôt légal N° 8308-10-1999 - Collection N° 47 - Édition N° 05
ISBN 2-01-2352782